경주 · 포항지진 건축물 피해조사

Site Inspection and Damage Investigation of Buildings by Earthquakes in Gyeongju and Pohang

대한건축학회
ARCHITECTURAL INSTITUTE OF KOREA

발간사

지난 2016년 9월 12일, 경상북도 경주에서 우리나라 계기지진 관측이래 최대치인 리히터 규모 5.8의 지진이 발생하였고, 9.12 경주지진 피해의 아픈 기억이 채 사라지기도 전인 약 1년 후 2017년 11월 15일, 이번에는 인근 포항에서 규모 5.4의 지진이 일어나 막대한 인명 및 재산피해를 초래하였습니다.

9.12 경주지진으로 인해 부상 23명과 110억원에 달하는 재산피해를 냈습니다. 11.15 포항지진의 경우 부상 92명 및 1,979명의 이재민이 생겨났으며, 644개소의 공공시설물 및 31,000여 개의 민간건축물이 피해를 입었습니다. 정부는 두 지진의 직접적인 구조물 피해액 및 복구비용을 각각 551억원 및 1,445억원으로 책정하였습니다. 경주지진과 비교하여 포항지진은 규모는 더 작았지만, 지진파 및 지반특성으로 인하여 그 피해액과 복구비용이 각각 5배, 10배 많았습니다. 특히 학교건축물, 필로티건축물 및 공동주택에 피해가 집중되어 설계 및 시공상 미흡한 점들이 낱낱이 드러났습니다.

이에 우리 학회에서는 지진피해조사특별위원회를 구성, 피해조사 후 지난 2017년 12월 피해사례 및 분석결과를 대외에 발표하고 관련전문가 및 기관들과 정보를 공유하였습니다. 이러한 활동의 연장선으로 보다 신뢰성 있고 심층적인 분석을 통하여 9.12 경주지진 및 11.15 포항지진에 대한「경주 · 포항지진 건축물 피해조사」를 발간하게 되었습니다.

「경주 · 포항지진 건축물 피해조사」는 한반도의 지진발생 메커니즘, 계측된 지진파의 특성과 피해규모 그리고 학교, 아파트, 필로티건축물, 비구조요소 등의 피해 / 분석 등 지진공학 전 분야에 대한 내용을 다루고 있습니다. 또한 본서의 피해원인분석을 토대로 향후 발생가능한 지진피해 경감을 위한 지진방재대책 수립방향을 제언하였습니다.

끝으로 이 책이 국내의 내진설계 및 지진방재기술을 한 단계 더 발전시킬 수 있는 밑거름이 되기를 기원하면서 경주 · 포항지진피해조사특별위원회 집필위원들과 발간에 도움을 주신 정부 및 지자체관계자, 전문가 여러분들께 깊은 감사를 드립니다.

2018년 4월 20일

사단법인 대한건축학회
회장 하기주

제 I 편 경주지진

part I

경주지진

제 1 장

한반도의 지각구조 및 지진발생 메커니즘

김 광 희*

1.1 서론

2016년 9월 12일 저녁 약 50분 간격으로 경북 경주지역에서 2회의 중규모지진이 발생하였다. 이 지진은 전국 대부분 지역에서 사람이 느낄 수 있을 정도로 큰 진동이었으며, 진앙 주변지역에서는 상당한 피해가 발생하기도 했다. 우리나라 계기지진 관측역사상 가장 큰 규모인 경주지진 발생 후 정부는 경주지역을 특별재난지역으로 선포하는 등 그동안 우려해 오던 지진재해상황이 현실화되었다. 이 지진으로 인하여 현 시점에서의 지진재해 대비상황을 재점검하는 계기가 되었고, 정부와 관련기관에서는 종합지진대응책을 마련하여 시행하고 있다. 이 글에서는 우선 우리나라의 역사지진과 계기지진 발생현황을 살펴본다. 그리고 최근 중규모지진이 빈발하고 있는 한반도 동남부에 분포하는 단층 등 지진발생 환경에 대하여 살펴본 후, 규모 5.8의 경주지진을 일으킨 단층에 대한 최근 연구결과를 간단히 소개하기로 한다.

1.2 한반도 역사지진과 계기지진

한반도 지진활동 연구에 사용되는 자료는 크게 세 종류로 나눌 수 있는데, 단층기록을 활용하는 고지진자료, 한반도에 최초로 지진계가 설치된 1905년 이전의 역사지진자료, 1905년 이후 지진계가 설치된 후 현재까지의 지진계에 감지된 계기지진자료가 있다. 지진위험성 평가를 위하여 우선 고려되어야 할 사항 중 하나인 지진발생도의 정확성과 신뢰성 확보를 위해서는 진원주변 지진계에서 관측된 자료를 분석하여 지진의 발생위치, 시간, 그리고 규모를 결정하여 사용하는 것이 바람직하다. 하지만 우리나라에서 본격적인 계기지진 관측의 시작은 비교적 최근이고, 최근의 지진 발생빈도가 낮았으며, 또한 우리나라에서 피해를

* 김광희 : 부산대학교 지질환경과학과 부교수

유발할 정도로 큰 규모의 지진발 재래주기가 매우 길기 때문에 우리나라의 장기 지진발생 성향을 충분히 이해하기 위해서는 역사지진기록과 고지진자료를 사용해야 한다.

역사지진자료는 삼국사기, 고려사, 조선왕조실록 등에 기재된 지진관련 기록을 정리하여 사용하고 있는데, 단순히 지진 혹은 지동만 기록되어 있는 경우가 많고, 경우에 따라서는 방향을 표시하거나 천둥 같은 소리가 나거나 집이 움직이거나 땅이 크게 흔들렸다고 기술되어 있는 경우도 있다. 일부 지진의 경우 당시 재산피해상황과 사람이 죽거나 부상당했다는 기록이 있기도 하다. 이와 같이 역사지진의 경우 정확한 발생시간, 위치와 규모에 대한 정보를 얻기 어려우며, 자료 연구자의 주관적인 판단과 지진발생 당시 인구분포 등에 의하여 결과가 크게 차이가 나기도 한다(e.g. 이기화, 1998; Chiu and Kim, 2004). 역사지진자료의 발굴과 정리는 아직도 진행 중이며, 가장 최근에는 경재복 등(2010)이 2,151회의 역사지진을 정리하여 진앙, 발생일시, 진도와 규모 등을 재결정하였다. 그림 1.2.1은 경재복 등(2010)이 정리한 우리나라 역사지진기록 현황이며, 그림 1.2.2는 역사지진 발생현황을 100년 단위로 보여 준다. 그림 1.2.1은 역사지진의 공간적 분포가 한반도 북동부의 지진활동이 다른 지역에 비해 상대적으로 낮음을 보여준다. 이 지역은 중생대에 다른 지역에 비하여 지각변동의 영향을 적게 받은 지역이며, 그 영향으로 낮은 지진활동을 보여주고 있는 것으로 생각된다(이기화, 1998). 그림 1.2.1은 또한 한반도의 서부, 중부, 남부에서 많은 역사지진활동이 있었음을 보여주고 있는데, 그 이유는 앞서의 경우와 마찬가지로 중생대 송림변동, 대보조산운동, 불국사변동 등에 의하여 지각이 광범위하게 파쇄되었으며, 이로 인하여 생성된 단층들이 최근의 응력장하에서 재활되었기 때문으로 생각된다(이기화, 1998). 한반도의 서부, 중부, 남부에는 또한 과거 여러 왕조의 수도가 위치하여 비교적 많은 사람들이 거주하고 있던 지역이기도 하므로 지진발생 당시의 인구분포에 의한 영향도 어느 정도 반영되어 있을 것으로 생각된다. 우리나라 역사기록에 이렇게 많은 지진이 광범위하게 분포하고 있다는 것은 우리나라에 많은 활성단층의 존재가능성을 의미하기도 한다.

그림 1.2.2의 우리나라 지진기록의 시간적 분포에서 가장 눈에 띄는 것은 15세기에서 18세기 까지 우리나라 지진활동 횟수가 급격히 증가하였으며, 19세기에 들어서는 다시 급

격히 감소했다는 것이다. 이러한 현상은 중국 북동부지역에서도 관찰되었으며, 이는 한반도가 중국 북동부지역과 지진학적으로 밀접하게 연관되어 있음을 의미하기도 한다(Mei, 1965).

1905년 조선총독부에서 인천관측소에 기계식지진계를 설치하면서 시작된 우리나라 계기지진의 역사는 1943년부터 1963년까지의 지진관측 공백기를 거친 후 1963년 미국 지질조사소(United States Geological Survey, USGS)가 주관하는 세계표준지진관측(World-Wide Standardized Seismograph Network, WWSSN) 사업의 일환으로 국립중앙관상대(서울)에 세계표준지진계 1대가 설치되면서 지진관측이 재개되었다. 이후 1978년 홍성지진(규모 5.0)과 속리산지진(규모 5.2) 발생을 계기로 장비의 현대화를 구현하였으며, 1996년 영월지진(규모 4.5)과 1997년 경주지진(규모 4.3), 그리고 1995년 일본 고베지진(규모 7.2)으로 국가지진방재체계의 미비점이 지적된 후 꾸준히 보강되어 현재의 상태에 이르고 있다(e.g. 김 등, 2006). 국내에서는 기상청과 한국지질자원연구원에서 전국적인 지진관측망을 운영하고 있으며, 한국전력연구원, 한국원자력안전기술원, 한국해양과학기술원 등에서 기관 고유목적을 달성하기 위하여 상시 지진관측망을 설치 운영하고 있으며, 일부 대학에서도 지진관측소를 운영하며 지진관측업무를 수행하고 있다.

2016년 9월 12일 경주에서 규모 5.8의 지진이 발생하기 전까지 우리나라에서는 피해를 유발할 정도로 큰 지진의 발생은 매우 제한적이었으며, 비교적 규모가 작고 지역적으로 산만하게 특별한 공간적/시간적 집중을 보이지 않고 분포하는 전형적인 판내부 지진의 특성을 보여 왔다. 기상청에서는 1978년 이후 계기지진자료를 제공하고 있으므로 큰 지진의 발생주기가 수 백 ~ 수 천 년에 이르는 전형적인 판내부지진의 특성을 보이는 우리나라 지진을 계기지진자료를 활용하여 이해하기에는 자료가 매우 부족하다.

우리나라의 지진에 관한 이해는 2016년 발생한 경주지진을 중심으로 그 전과 후가 확연히 다르므로, 우선 1978년부터 2016년까지의 지진발생에 관하여 살펴본다. 경주지진 발생 이전 우리나라에서는 규모 4.0 이상의 중규모지진은 주로 서해와 동해에서 발생하였다. 비교적 최근 서해에서는 2014년 충남 태안해역에서 규모 5.1의 지진, 2003년 인천 백령도해역에서 규모 5.0의 지진, 2013년에는 충남 보령 앞바다에서 군지진형태의 지진이 다수 발생하였다. 동해에서는 2004년 규모 5.2의 지진이 울진 앞바다에서, 2016년에는 규모 5.0의 지진이 울산 앞바다에서 발생하기도 하였다. 해역에서 발생하는 지진은 사람이 거주하는 지역과 비교적 먼 곳에서 발생하여 피해를 일으키지는 않았지만, 특별한 조건을 갖출 경우 쓰나미를 유발할 수도 있으므로 각별한 주의가 필요하다. 육상에서는 1978년 규모 5.2의 속리산지진, 1978년 규모 5.0의 홍성지진이 발생했으며, 비교적 최근에는 2008년 규모 4.8의 오대산지진이 발생하기도 했다. 우리나라 동남부의 울산단층 동쪽에서는 비교적 많은 수의 미소지진이 꾸준히 발생하고 있는데, 이 지역에는 우리나라 최대의 공업단지, 원자력발전소, 방사능폐기물처리장 등이 위치하고 있어 지진위험성 평가에 주요대상이 되는 지역이기도 하다.

1.3 경주지진

2016년 9월 12일 우리나라에서 본격적인 계기지진 관측을 시작한 이후 최대규모의 지진이 경주에서 발생하였다. 경주지진의 본진 리히터 규모는 5.8(모멘트 규모 5.4)이었고, 이보다 약 50분 전에는 규모 5.1의 전진이 발생하기도 했다. 두 지진은 전국 대부분의 지역에서 감지되었으며, 진앙주변에서는 부상 23명과 110억 원에 달하는 재산피해를 야기하였다(국민안전처, 2017). 경주지진 발생 후 정부는 경주지역을 특별재난지역으로 선포하는 등 그 동안 우려해 오던 지진재해상황이 현실화되었으며, 우리나라는 지진으로부터 안전하다는 잘못된 믿음에 기반하여 수립되었던 지진방재대책을 원점에서 재점검해야하는 상황에 직면하였다. 본 절에서는 경주지진 발생 후 부산대학교, 부경대학교, 서울대학교, 한국극지연구소(이하 경주지진 여진 연구진)의 여진감시활동과 그 연구결과를 통하여 제시된 경주지진 심부 유발단층을 간단히 소개한다.

(1) 경주지진 발생과 여진관측망 운영

2016년 9월 12일 경북 경주시 남남서쪽 약 8.2km 지점에서 저녁 7시 44분 32초 규모

5.1의 지진이 발생하였고, 한 시간이 채 지나지 않은 저녁 8시 32분 54초 경주시 남남서쪽 약 8.7km 지점에서 규모 5.8 지진이 연이어 발생하였다(기상청, 2017). 이 지진으로 경주·대구에서 최대진도 VI, 부산·울산·창원에서 진도 V, 수도권을 비롯한 전국 대부분 지역에서 진동이 감지되었으며, 부상자 23명 및 5,368건의 재산피해가 발생하였다(국민안전처, 2017). 기상청 발표에 의하면 전진발생 이후 9월 12일에는 규모 1.5 이상 지진이 134회, 13일에도 134회 발생하였으며, 2017년 7월 31일까지 630회 발생하였다. 규모별로는 규모 5 이상 지진 2회, 규모 4~5 지진 1회, 규모 3~4 지진 21회, 규모 2~3 지진 168회, 그리고 규모 1.5~2 지진이 440회 발생하였다(기상청, 2017).

경주지진 여진 연구진은 본진발생 후 약 1시간 후인 저녁 9시 38분 진앙지역인 경주시 내남면 내남초등학교에 최초의 임시지진관측소 설치를 시작으로 지진발생 당일 4개소, 9월 13일 9개소, 9월 14일 11개소, 9월 15일 3개소를 설치하여 총 27개 여진관측소의 설치하였다. 임시지진관측소 대부분은 2016년 12월까지 운영되었고, 이중 7개 관측부지는 원자력안전위원회의 연구사업 수행에 필요한 지진관측부지로 활용되고 있다. 경주지진 여진연구진이 설치한 임시지진관측망은 본진발생지역을 중심으로 약 40km×30km에 설치되었으며, 본진주변에는 2~4km 간격으로, 외곽에는 6~7km 간격으로 관측소가 설치되었다. 자료의 관측은 초당 200 샘플로 이루어졌으며, 약 한 달 간격으로 관측소를 방문하여 관측자료를 수집하였다. 그림 1.3.1은 경주지진 발생이전의 1978년부터 2016년까지의 지진발생현황과 경주지진 여진연구진이 설치한 임시지진관측소, 기상청과 한국지질자원연구원에서 주변지역에서 운영하고 있는 상시 지진관측소의 위치를 보여준다.

(2) 경주지진 유발단층

경주지진 여진연구진이 설치한 임시지진관측망과 주변에 위치한 상시 지진관측망에서 관측한 경주지진 발생 후 10일간의 자료에 관측된 전진과 본진을 포함한 803개 지진을 분석하여 전진 – 본진 – 여진과 함께 파열된 단층면의 자세를 규명하였다(그림 1.3.2 ; Kim et al., 2016; Kim et al., 2018). 지진 분포로부터 확인한 단층 파열면은 양산단층과 그 서쪽에 위치한 덕천단층 사이에 깊이 약 12~15km에 위치하고 있으며, 주향 ~28°(북북동), 경사 ~78°의 고각으로 남남동 방향으로 기울어져 있다. 단층의 모습은 진원기구해(Focal Mechanism Solution) 분석을 통해서도 유추할 수 있다. 경주지진 여진연구진은 10일간의 자료 중 비교적 규모가 큰 지진 일부를 선택하여 P파 초동을 이용한 진원기구해 분석을 실시하였다(그림 1.3.3). 대부분의 진원기구해는 NNE-SSW 방향의 주향을 보여주고 있어, 앞서 소개한 지진발생분포로부터 얻은 단층의 주향과 일치한다. 이 결과는 TDMT(Time Domain Moment Tensor) 결과와도 일치한다(Kim et al., 2016).

지진발생 위치로부터 얻은 단층파열면의 주향은 이 지역 양산단층 및 덕천단층의 주향과 약 15°차이가 있다. 대부분의 진원기구해에서 제시된 주향이 비슷한 양상을 보이지만, 북쪽과 남쪽 끝부분에서 관찰되는 진원기구해에서 제시하는 주향은 조금 더 남북방향으로 향하고 있음을 확인할 수 있고, 이러한 변화는 지진발생위치에서도 확인이 가능하다. 이러한 현상은 경주지진과 함께 발생한 단층파열면이 Strike-Slip Duplex에서 관찰되는 현상이며, 경주지진이 과거에 두 개의 단층사이에서 R-Shear 기작에 의하여 형성된 단층이 재활되었음을 지시하고 있다(e.g. Tchalenko, 1970 ; Wilcox, 1973).

◇ 참고문헌 ◇

• 기상청, 2017, 9.12 지진 대응 보고서, 기상청, 139 pages.

• 김광희, 강수영, 장인성, 박우선, 2009, 역사 및 계기지진 자료를 이용한 주요 항만지역의 지진재해 위험성, 한국해안해양공학회논문집, 21, 5, 419~425.

• 김성균, 전명순, 전정수, 2006. 국내 지진활동 및 지각구조 연구동향. 자원환경지질 39, 369~384.

• 국민안전처, 2017, 9.12 지진 백서, 405 pages.

• 경재복 등, 2010, 한반도 역사지진 목록 작성 및 DB 구축, 기상청.

• 이기화, 1998, 한반도의 역사지진자료, 지구물리, 1, 3~22.

• Chiu, J.-M. and Kim, S.G., 2004, Estimation of Regional Seismic Hazard in the Korean Peninsula Using Historical Earthquake Data between A.D. 2 and 1995. Bulletin of the Seismological Society of America, 94, 269-284.

• Kim, K.-H., Kang, T.-S., Rhie, J., Kim, Y., Park, Y., Kang, S.Y., Han, M., Kim, J., Park, J., Kim, M., Kong, C., Heo, D., Lee, H., Park, E., Park, H., Lee, S.-J., Cho, S., Woo, J.-U., Kim, J., 2016. The 12 September 2016 Gyeongju earthquakes: 2. Temporary seismic network for monitoring aftershocks. Geosci. J. 20, 753-757.

• Kim, K.-H., Kim, J., Han, M., Kang, S.Y., Son, M., Kang, T.-S., Rhie, J., Kim, Y., Park, Y., Kim, H.-J., You, Q., Hao, T., 2018. Deep fault plane revealed by high-precision locations of early aftershocks following the 12 September 2016 ML 5.8 Gyeongju, Korea, earthquake. Bull. Seismol. Soc. Am. 108, 517-523.

• Kim, Y., Rhie, J., Kang, T.-S., Kim, K.-H., Kim, M., Lee, S., 2016. The 12 September 2016 Gyeongju earthquaes: observation and remaining questions. Geosci. J. 20, 747-752.

• Mei, S. Y., 1965, Characteristics of earthquake activity in China, Acta Geophysica Sinica, 9, 1-19.

• Tchalenko, J.S., 1970. Similarities between Shear Zones of Different Magnitudes. Geol. Soc. Am. Bull. 81, 1625-1640.

• Wilcox, R.E., Harding, T.P., Seely, D.R., 1973. Basic wrench tectonics. American Association of Petroleum Geologists Bulletin 57, 74-96.

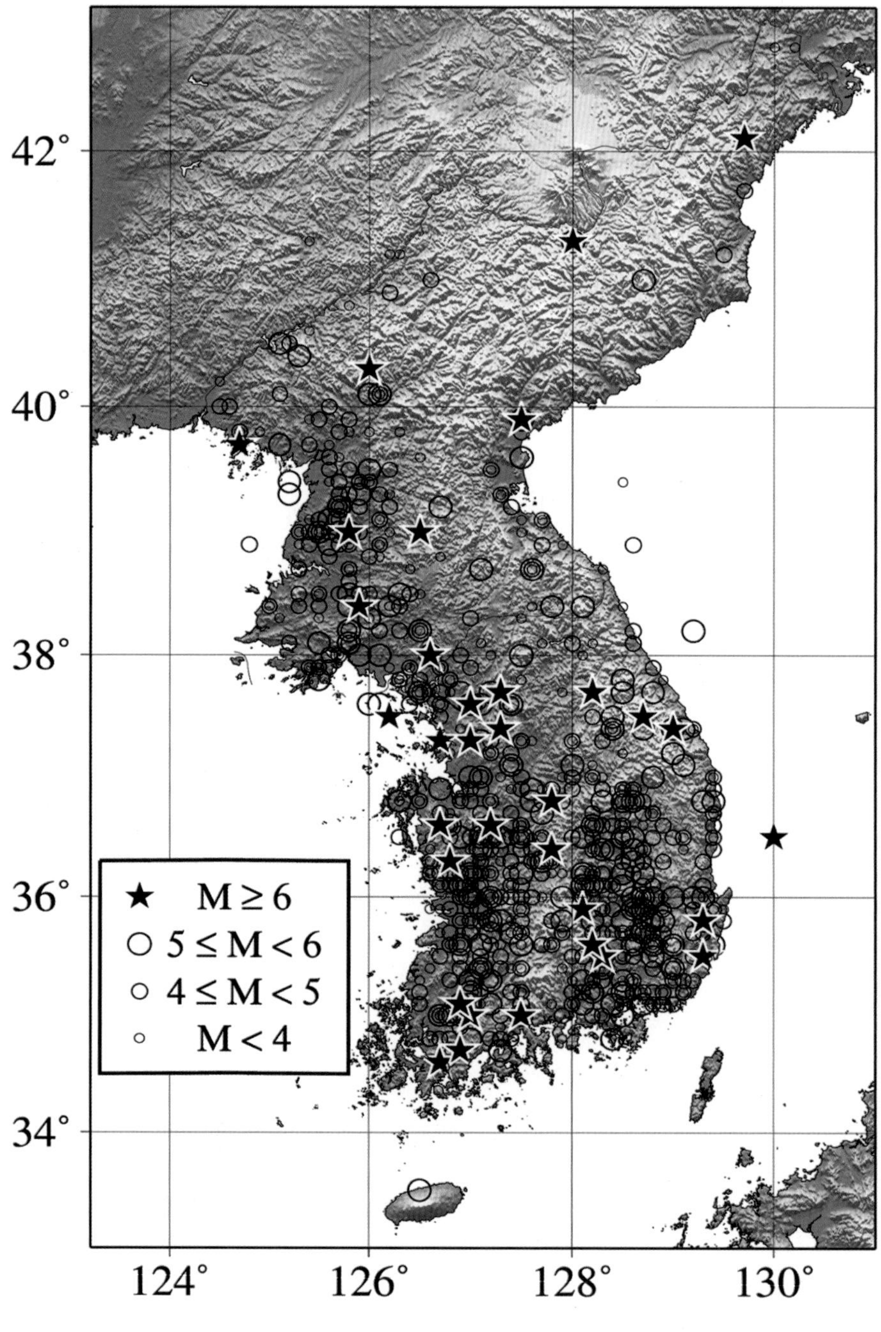

그림 1.2.1 한반도 역사지진 분포 (2~1904 ; 역사지진목록 Kyung et al., 2010 ; modified from Kim et al., 2009)

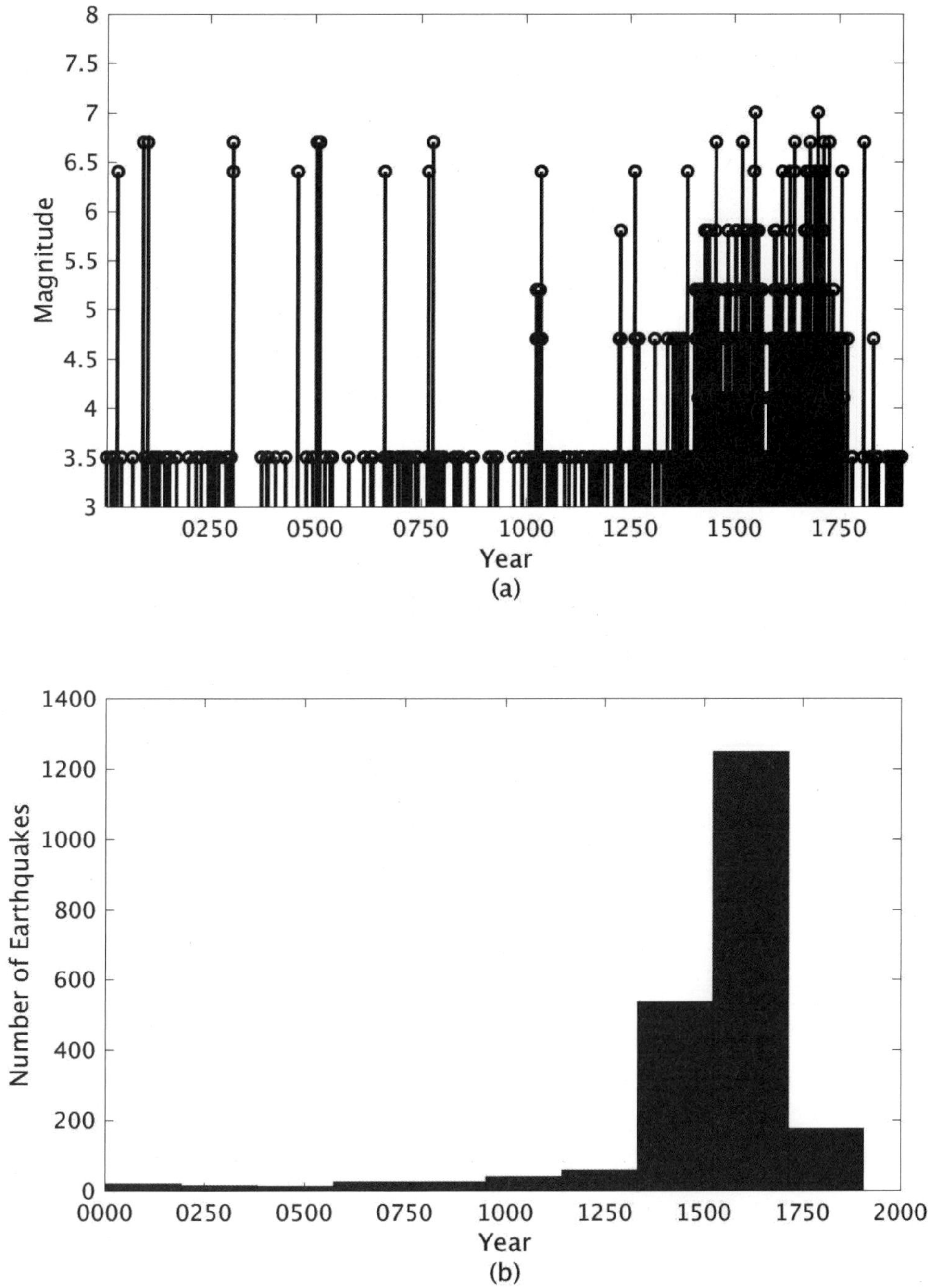

그림 1.2.2 한반도 역사지진(규모 3.5 이상)의 시간적 분포

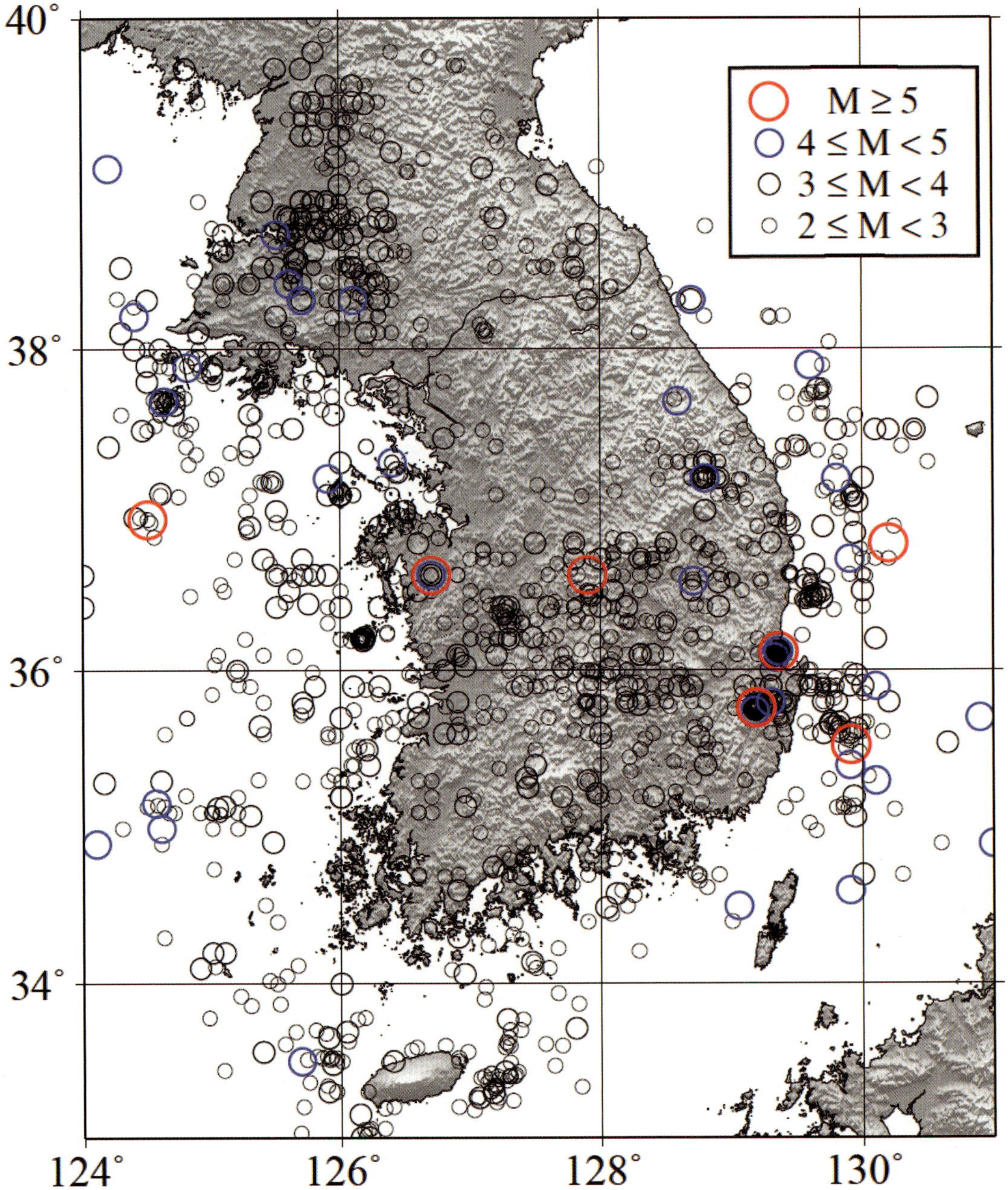

그림 1.2.3 계기지진 발생현황 (1978년 1월 ~ 2018년 2월, 지진목록 : 기상청)

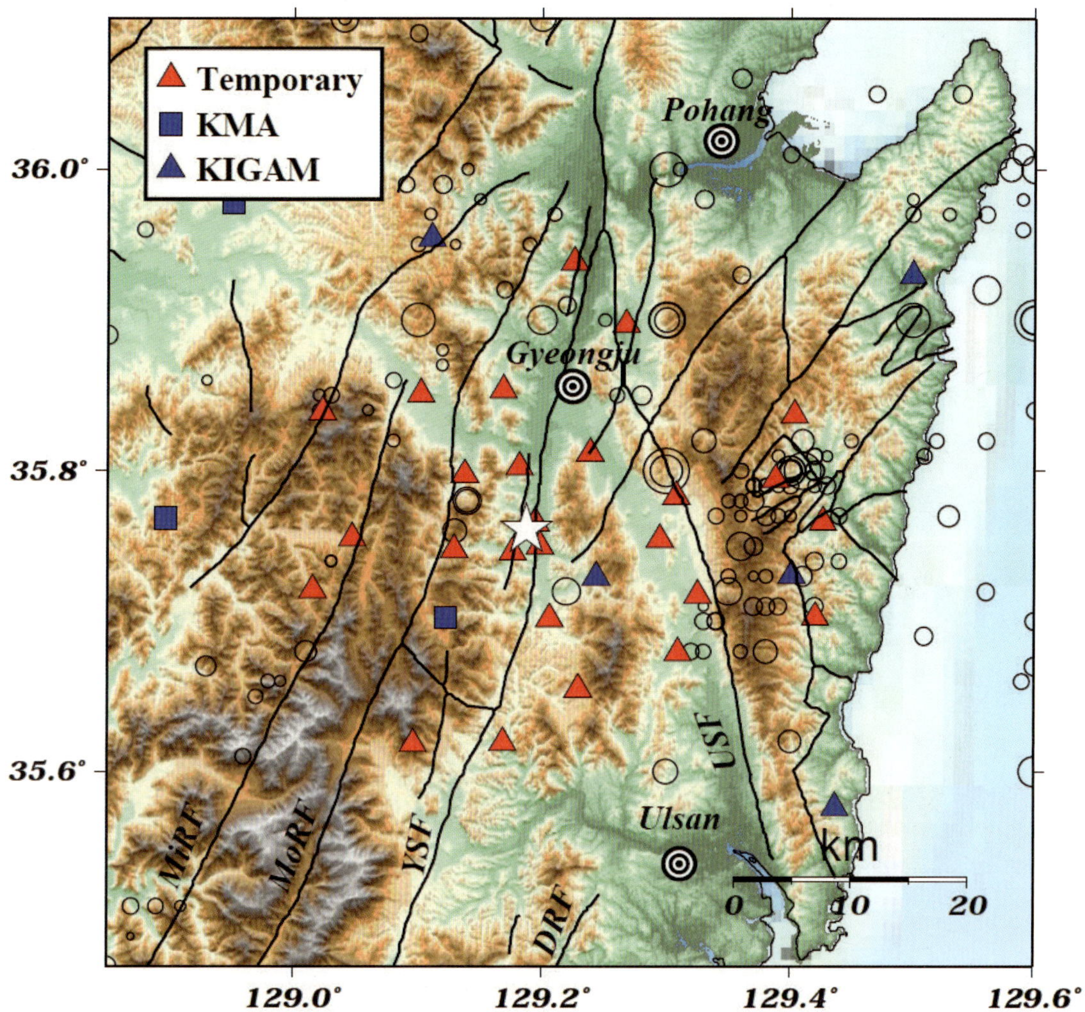

그림 1.3.1 경주지진 관측소 분포와 2016년 경주지진 발생 이전의 지진발생현황(Modified from Kim et al., 2016)

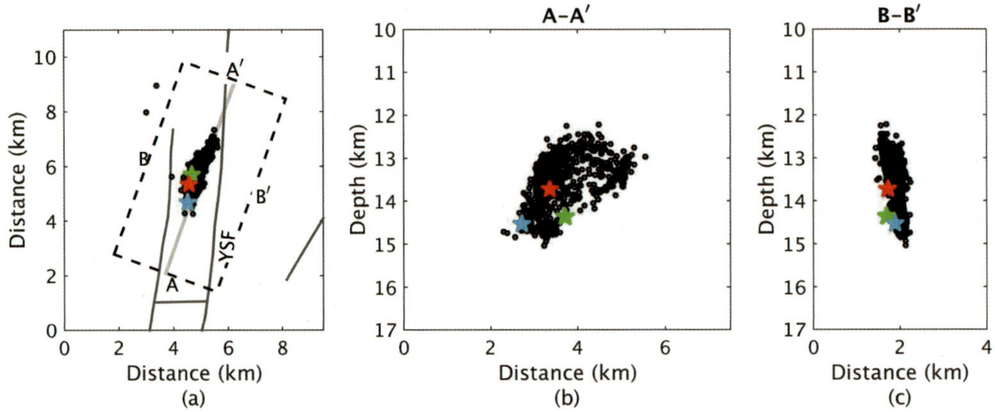

그림 1.3.2 경주지진 전진–본진–최대여진을 포함한 10일간의 지진발생위치(Kim et al., 2018)

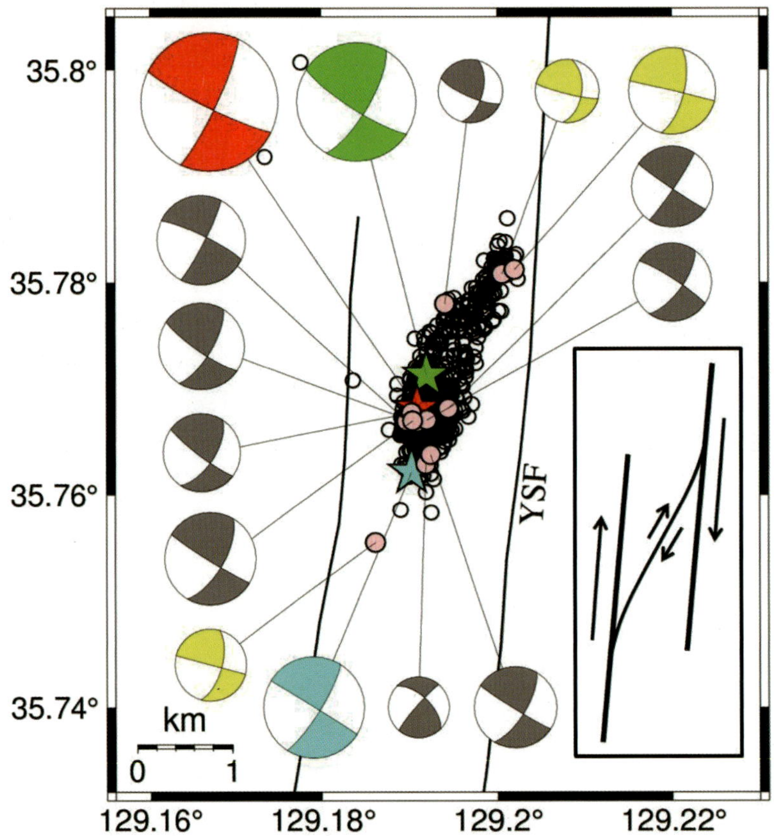

그림 1.3.3 경주지진 진원기구해

제2장

경주지진의 지진파특성

오 상 훈*

2.1 지진개요

2016년 9월 12일 오후 8:32:54(KST)에 경북 경주시 남남서쪽 8km 지역에서 진원깊이 15km, 리히터 규모 M5.8의 지진이 발생하였다. 지진발생 시 전국의 지진관측소에서 가속도가 계측되었으며 진원지로부터 약 400km 떨어진 가장 멀리 위치한 관측소까지 미동이 전달되었다. 관측소와 진앙거리에 따른 지진의 가속도시간 이력을 그림 2.1.1에 나타내었다. 진원지로부터 근거리에 위치하는 관측소부터 원거리에 위치하는 관측소에서의 가속도 데이터를 나열한 것이다. 각 관측지진별 P파가 시작되는 시각을 0초로 고려하여 작성하였다. 진앙거리가 멀어질수록 P-S시가 증가하는 경향을 보이며 이는 P파와 S파의 전파특성에 따른 지각에서의 전파속도 차이에 의한 것으로 판단된다. 경주지진의 최대지반가속도(PGA, Peak Ground Acceleration)는 진원지로부터 약 9km 떨어진 울산관측소(USN)에서 관측된 것으로 동서방향으로 350.5gal이다.

* 오상훈 : 부산대학교 건축공학과 교수

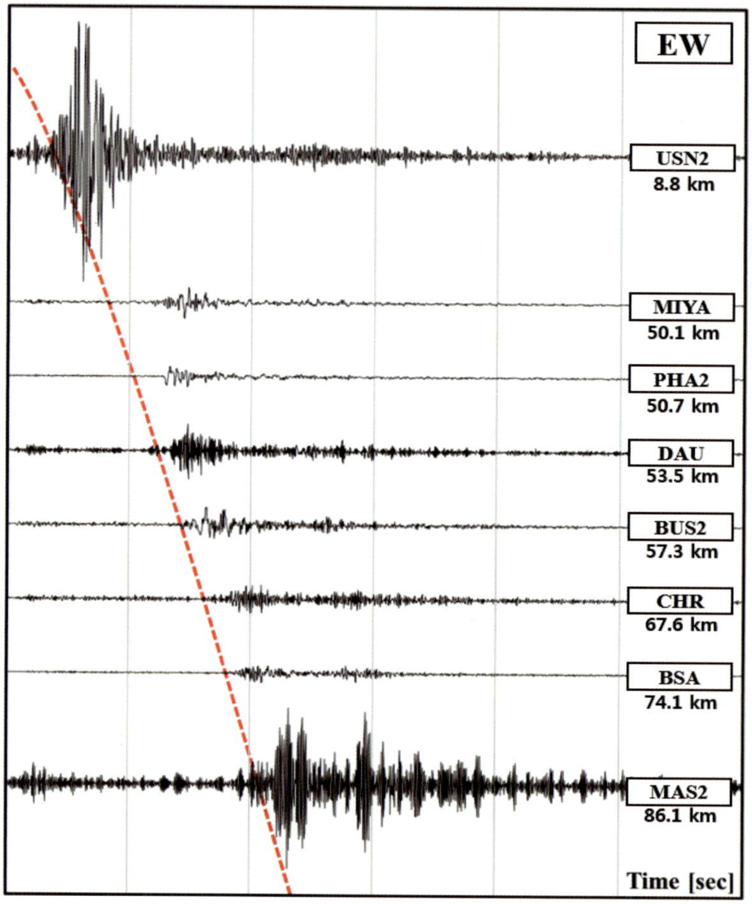

그림 2.1.1 진앙거리에 따른 경주지진의 가속도 관측데이터

2.2 경주지진의 거리감쇠관계

경주지진의 진앙거리에 따른 Seismic Intensity를 분석하기 위하여 경주지진 발생 시 가속도 관측기록을 진앙거리별로 수집하였다. 각 관측소의 최대지반가속도를 추출하여 선행 연구에서 제안된 지진의 거리감쇠관계와 비교하였다. 진앙거리에 따른 속도 또는 가속도의 세기를 표현하는 거리감쇠관계는 지진발생 시 진앙거리에 따른 개략적인 지진피해수준을 조기에 추정하기 위한 목적으로 개발된 것이다.

본 절에서는 소방방재청의 「백두산 화산대응기술 개발 연구보고서(2014), 연구책임자 오상훈」에서 제안된 거리감쇠관계를 이용하였다. 이것은 단층운동에 의하여 발생하는 지진(구조성 지진 및 화산구조성 지진)의 진앙거리에 따른 최대지반가속도(PGA)의 예측을 위하여 개발되었다. 거리감쇠식 제안에 이용된 지진관측기록은 지진규모의 경우 중약진부터 대지진까지 분포하며, 진원깊이는 극천부, 천부부터 심부까지 분포하며, 지반종별의 경우 S_A부터 S_E까지 분포하고 있으므로, 거리감쇠를 규명하기 위한 자료의 분포정도가 적합한 것으로 판단된다.

지진규모 및 진앙거리를 변수로 하여 단층운동에 의한 지진파의 거리감쇠관계는 회귀분석을 통하여 식 2.2.1과 같이 도출되었다. 식 2.2.1에서 A는 최대지반가속도(단위는 gal), M과 X는 각각 지진규모와 진앙거리(단위는 km)를 의미한다. 계수 b, k, c는 지진규모에 대한 함수로 표현된다. 우변의 첫 번째 항은 진원지 부근의 최대지반가속도와 관련한 거리감쇠관계를 나타내며, 두 번째와 세 번째 항은 진앙거리에 따른 최대지반가속도의 감쇠경향을 표현한다.

지진규모에 따른 거리감쇠관계를 그림 2.2.1에 나타냈다. 거리감쇠식은 M9.0 지진의 경우 진원지 부근에서의 최대지반가속도를 약 1,200gal로 예측하며, 10gal 이상의 최대지반가속도를 예측할 수 있는 최대 진앙거리는 약 520km이다. M5.0의 경우 진원지 부근에서의 최대지반가속도를 약 200gal로 예측하며, 10gal 이상의 최대지반가속도를 예측할 수 있는 최대 진앙거리는 약 80km이다.

$$Log(A) = bM - kX - Log(X + c) \qquad \text{(식 2.2.1)}$$

$$b = 0.01M + 0.55$$
$$k = -0.00009M \; + 0.0015M - 0.0032$$
$$c = 0.0065 \times 10^{0.54M}$$

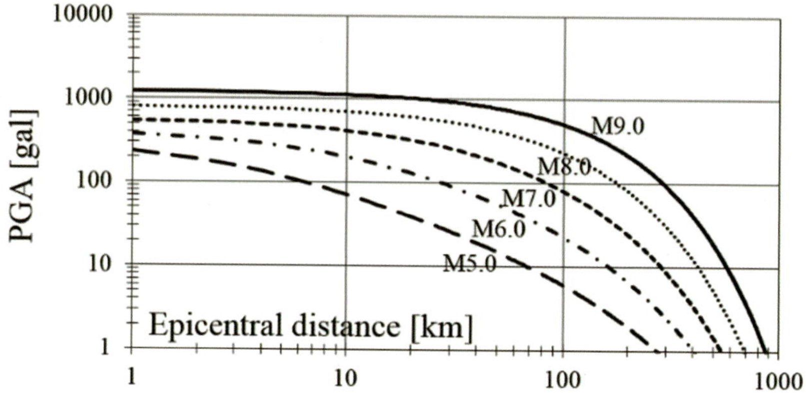

그림 2.2.1 리히터 규모에 따른 거리감쇠관계 (소방방재청, 2014)

그림 2.2.2에는 전국에 분포된 100개 이상의 관측소에서 기록된 경주지진의 진앙거리에 따른 최대지반가속도를 나타내었다. 관측소는 진원지로부터 약 20km~400km에 분포한다. 소방방재청(2014)에 의한 예측식과 함께 선행연구에서 제안된 6가지 거리감쇠관계를 함께 나타내었다. EMS-98, Molit(1997), Jo&Park(2003)에 의한 거리감쇠관계는 국내 지진재해대응시스템에 탑재된 식이다. 또한 멕시코, 대만 및 일본지역의 강진기록에 기반하여 제안된 세 가지 예측식(Midorikawa&Ohtake 2004; Liu&Tsai 2005; Gomez-Soberou 2006)을 플롯하였다.

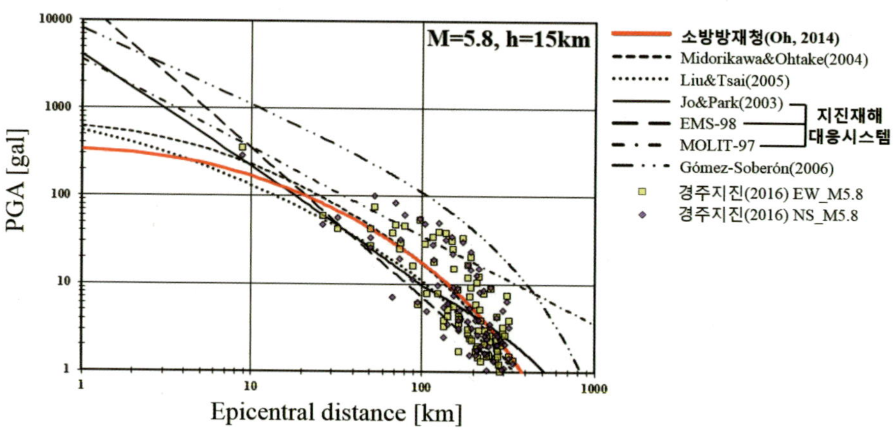

그림 2.2.2 경주지진의 거리감쇠관계

Gomez-Soberon(2006)에 의한 예측은 예측 타깃 진앙거리에 관계없이 최대지반가속도를 포락하는 형태이다. 즉, 동일 진앙거리에서 모든 관측기록을 매우 보수적으로 평가하는 경향을 나타냈다. EMS-98에 의한 예측은 로그로 표현된 진앙거리에 따라 최대지반가속도가 선형적으로 감쇠되는 것으로 평가한다. 따라서 진앙거리에 따라 특히 근거리영역에서 감쇠경향을 가파르게 평가하고 100km 이상의 원거리영역에서의 예측치는 지진관측 기록보다 하한치가 되는 경향이 있다.

Jo&Park(2003)에 의한 예측은 다른 예측식에 비하여 근거리영역에서는 지진세기를 낮게 평가하지만, 100km 이상의 진앙거리에서는 거리에 따른 감쇠경향을 보수적으로 평가한다. 진원지로부터 100km 미만의 근거리에 위치한 지역에서는 소방방재청(2014)에 의한 예측식과 비교하여 지진세기를 저평가하는 경향을 나타냈다. 따라서 100km 미만의 근거리영역에서는 경주지진 관측기록에 대한 지진예측이 위험측에 속하는 것으로 나타났다. MOLIT(1997)에 의한 예측은 M6.0 이하의 지진에 대하여 매우 보수적으로 평가한다. 또한 원거리지역에서의 감쇠경향이 선형적이므로 원거리지역에서의 예측은 관측치의 감쇠경향을 적절히 반영하지 못하는 것으로 나타냈다.

소방방재청(2014)에 의한 지진예측은 지진세기의 평균치(지진관측기록의 상한치와 하한치의 중간값) 정도의 수준으로 예측하는 경향을 나타냈다. Liu&Tsai(2005)에 의한 예측은 Midorikawa&Ohtake(2004)와 비슷한 감쇠경향을 나타냈으나 경주지진 관측기록에 대한 지진예측이 위험측에 속하는 것으로 나타났다. 소방방재청(2014)에 의한 지진예측은 Midorikawa&Ohtake(2004)에 의한 감쇠특성과 유사한 것으로 나타났다. 단, 소방방재청(2014)의 예측은 거리에 따른 감쇠의 정도를 조금 더 완만하게 평가하므로 원거리지역에서는 상대적으로 안전측으로 예측하는 것으로 나타났다.

2.3 진앙지 인근 관측기록에 의한 파형특성

지진의 진앙지에서 반경 약 20km 이내에 위치하는 세 군데의 지진관측소 DKJ, USN, MKL에서 기록한 지진파형을 분석하였다(그림 2.3.1, 표 2.3.1). 관측소 DKJ 및 MKL은 암반조건(S_B), 울산관측소(USN)는 견고한 지반(S_C) 조건으로 추정되고 있다.

관측소에서는 초당 20개(20sample)와 100개(100sample)로 관측한 지진파형 데이터를 제공하고 있으며, 데이터의 진동수범위는 각각 0~10Hz, 0~50Hz이다. 지진가속도의 일반적인 진동수영역을 고려하여 100sample 지진파형 데이터를 20Hz low-pass filter로 고속푸리에변환(FFT)를 실시하여 필터링하였다. 따라서 그림 2.3.2에 나타낸 바와 같이 100sample 지진파형은 0~20Hz의 진동수범위에서 푸리에역변환하여 얻어진 파형을 사용하였다. 20sample 지진파형은 원파를 사용하였다.

표 2.3.2에 지진파의 방향성분에 따른 관측소별 최대지반가속도(PGA)와 유효최대가속도(EPA)를 나타냈다. 세 관측소 중 울산관측소(USN)가 모든 방향성분에서 PGA와 EPA가 크게 나타냈다. 또한 진동수범위에 따른 최대지반가속도는 관측소에 관계없이 20sample보다 100sample 지진파가 모든 방향성분에서 크게 나타냈다. 이는 그림 2.3.2에 나타낸 바와 같이 100sample 지진파의 경우 일반적인 지진파의 탁월진동수영역으로 알려진 0~5Hz 구간뿐만 아니라, 5~20Hz의 고주파영역에서도 확연한 진폭을 나타내기 때문인 것으로 판단된다.

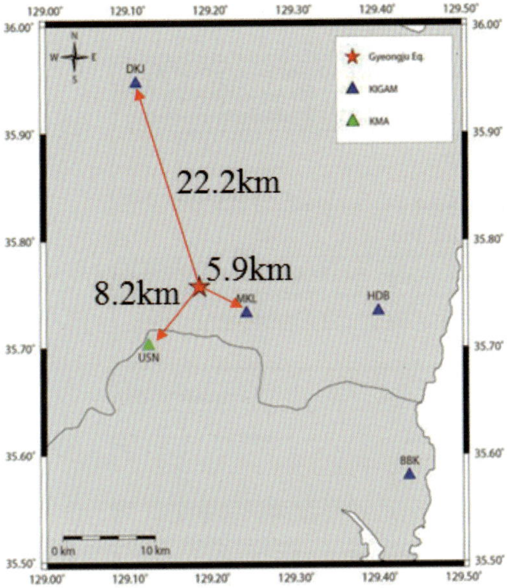

그림 2.3.1 진앙지 인근 지진관측소 위치

표 2.3.1 지진관측소 개요

관측소	DKJ	USN	MKL
지반	S_B	S_C	S_B
위도	35.95N	35.70N	35.73N
경도	129.11E	129.12E	129.24E
가속도계	ES-T	ES-T	CMG-5T
기록계	Q330	Q730	Q330HRS

표 2.3.2 관측소별 경주지진 최대지반가속도 및 유효최대가속도

관측소	진앙거리 km	PGA, EPA gal					
		EW*		NS**		UD***	
		PGA	EPA	PGA	EPA	PGA	EPA
DKJ	22.2	┼ 49.1 ╫ 83.4 ╫┼ 89.7	20.1 31.5 –	69.2 93.2 95.7	56.6 74.3 –	43.0 51.2 65.7	32.9 39.2 –
USN	8.2	234.8 350.5 403.9	134.8 235.8 –	155.5 290.5 422.2	73.3 146.4 –	73.6 186.4 209.3	41.7 78.3 –
MKL	5.9	145.0 286.4 339.6	78.7 120.8 –	163.5 226.8 269.7	103.9 133.8 –	37.9 92.2 200.0	29.0 41.1 –

* : 동서방향(90°), ** : 남북방향(360°), *** : 연직방향(*updown*)

┼ : 20sample(raw, 0~10Hz)

╫ : 100sample(filtered, 0~20Hz)

╫┼ : 100sample(raw, 0~50Hz)

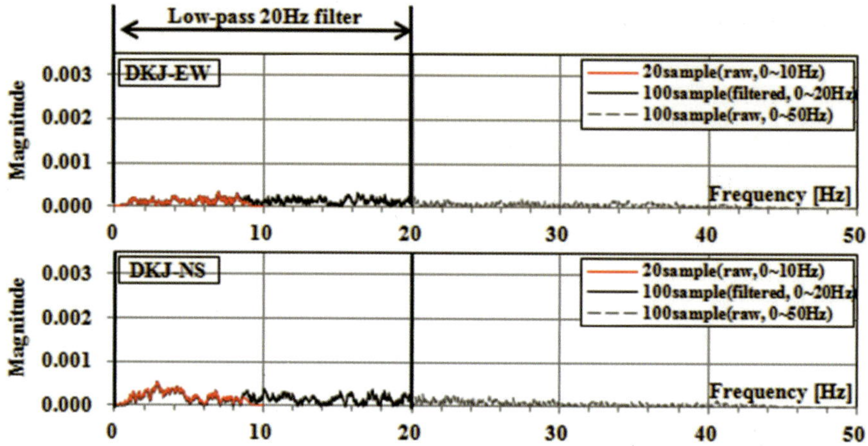

(a) DKJ 관측소

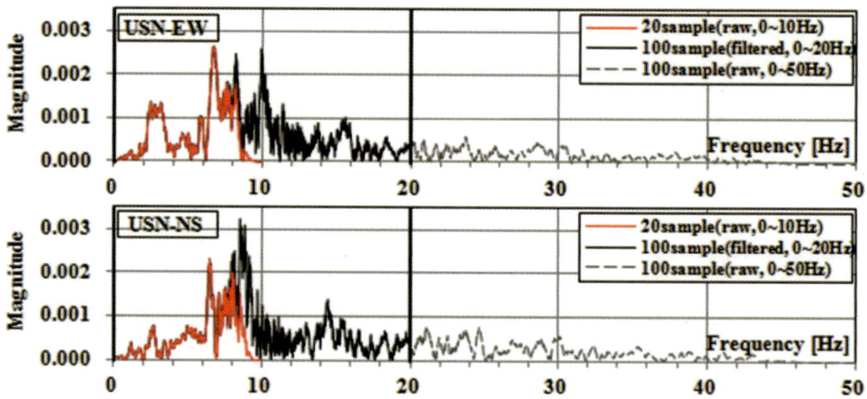

(b) USN 관측소

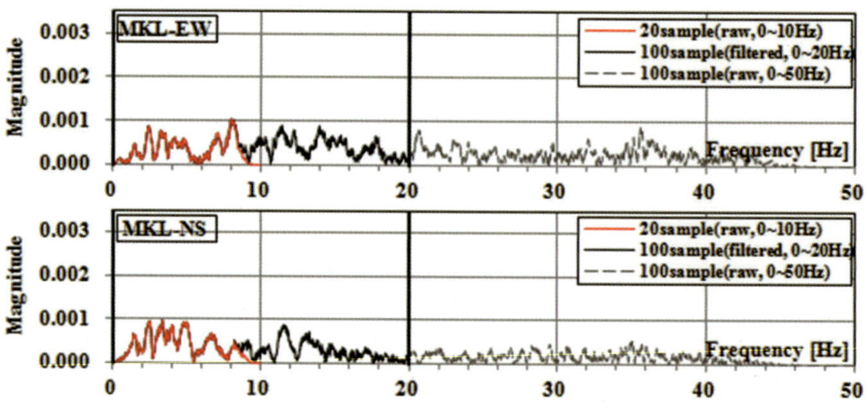

(c) MKL 관측소

그림 2.3.2 관측소별 경주지진 고속푸리에변환(FFT)

한편, 관측소 MKL과 DKJ의 경우는 탁월진동수가 뚜렷하게 나타나지 않고 고주파대역을 포함한 넓은 진동수영역에서 진폭이 고르게 나타나고 있다. 반면 가장 큰 최대지반가속도를 기록한 울산관측소(USN)의 경우는 6~10Hz의 영역에서 탁월진동수가 나타나고 있으며, 이는 일반적인 지진파의 탁월진동수영역에 비하여 고주파에 해당한다.

표 2.3.3에는 KBC 2016에서 제시하는 구조형식별 건축물의 층고(높이)별 고유진동수를 나타냈다. 층고(높이)가 증가할수록 구조물이 장주기화되어 구조물의 고유진동수가 감소하며, 모멘트프레임에 비하여 RC내력벽이나 조적벽이 포함된 구조물은 강성이 증가하여 고유진동수가 증가하는 경향을 나타낸다.

경주지진의 탁월진동수는 6~10Hz로서, 건축물에 손상을 입힐 가능성이 높은 5Hz 이하의 진동수를 벗어난 점을 고려하면 경주지진으로 약소하게나마 피해를 입은 민간 건축물이 대부분 2층 이하의 소규모건축물이라는 사실이 설명된다. 그러나 이런 소규모건축물은 내진설계 제외대상(500m^2미만 또는 3층 미만 건축물)인 점도 고려가 필요하다. 한편, 경주와 인근 울산지역에서 3층 이상의 학교건축물 피해현황을 보면, 대부분 벽체 균열 또는 마감재나 조명의 탈락으로 나타나는데, 이는 학교건축물의 대부분의 구조형식이 조적벽이 포함된 RC프레임인 반면 3층 기준 10m 이상의 구조물 높이를 가지므로, 구조물의 고유진동수가 대부분 5Hz 이내에 분포하기 때문인 것으로 판단된다.

표 2.3.3 구조물의 높이에 따른 고유진동수 (KBC 2016)

단위 : Hz

층수(높이)	철골모멘트 골조	철근콘크리트 모멘트 골조, 철골 편심가새 골조	그 외 다른 모든 건물
1(3m)	5.16	6.00	8.95
5(15m)	1.54	1.80	2.68
10(30m)	0.92	1.07	1.59

그림 2.3.3에는 관측소별 가속도의 시간이력을 나타냈다. 그림 2.3.3(a)는 20sample 지진파에 대하여 각 방향성분별로 나타내었으며 그림 2.3.3(b)는 필터링된 100sample 지진파에 대하여 각 방향성분별로 나타냈다. 가속도의 최대값 기록은 진앙거리가 가장 가까운 관측소 MKL에서부터 진앙거리가 가장 먼 관측소 DKJ까지 순차적으로 나타냈다. 지진파의 방향성분별 최대지반가속도는, 관측소에 관계없이 수평성분(EW, NS)이 연직성분(UD)보다 크게 나타냈다. 관측소별 최대지반가속도는 울산관측소(USN)가 모든 방향성분에서 크게 나타났다.

경주지진의 Bracketed Duration(Threshold Acceleration : +/− 0.05g)은 약 2~4초 정도로, 일반적인 지진 지속시간과 비교하여 매우 짧게 나타났다. 올해 7월 5일 울산에서 발생한 지진(M_L5.0)의 경우 지속시간이 약 13초이며, 역사적으로 강진으로 평가되는 고베지진(M_W6.9)의 경우 약 20초, 동일본대지진(M_L9.0)의 경우 약 150초, 구마모토지진(M_L 7.3)의 경우 약 20초이다.

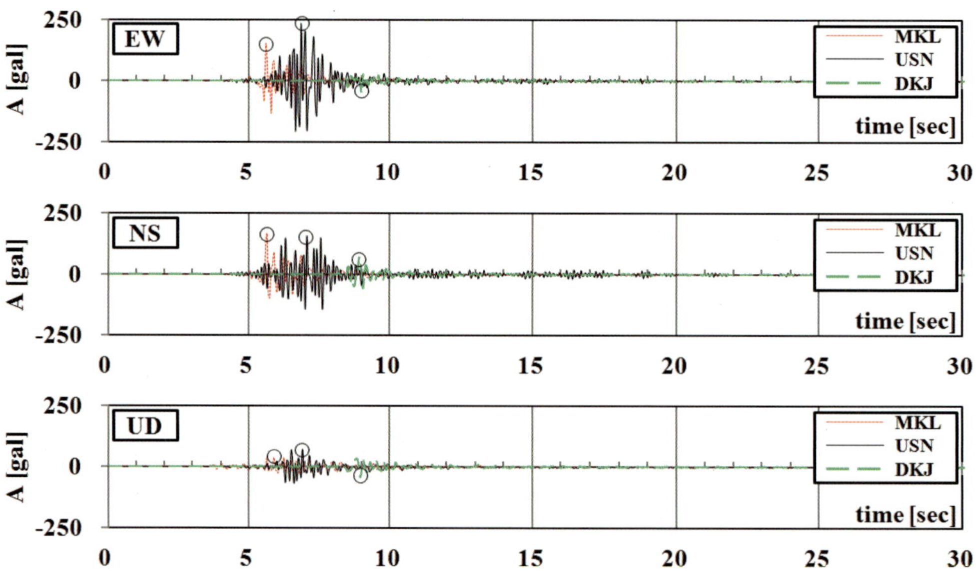

(a) 20sample(Raw)

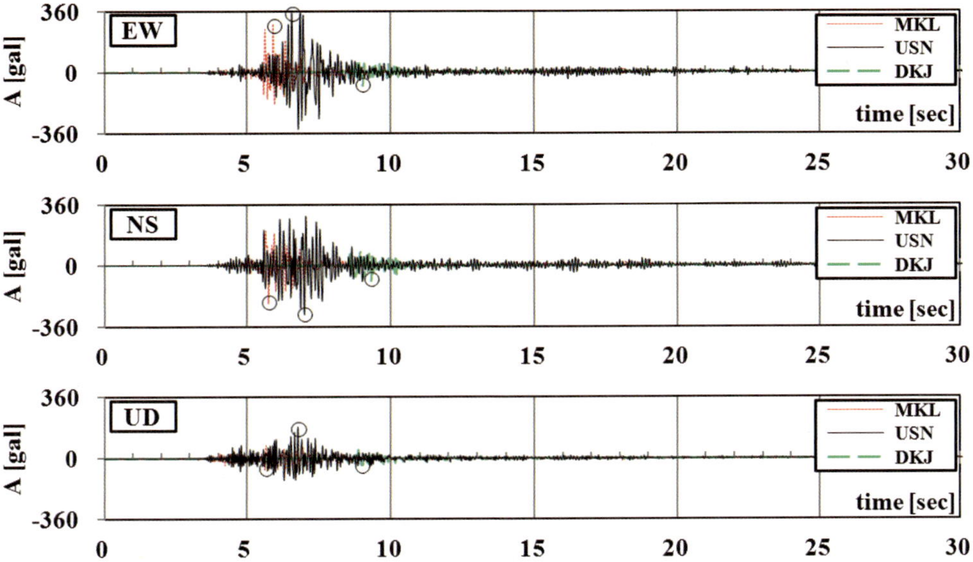

(b) 100sample(Filtered)

그림 2.3.3 관측소별 경주지진 가속도시간 이력

그림 2.3.4에는 관측소별 응답 스펙트럼을 나타냈다. 응답 스펙트럼 작성에는 필터링된 100sample 지진파를 사용하였다. 세 관측소 중 가장 큰 최대지반가속도를 나타낸 울산관측소(USN)의 경우 두 가지의 수평성분에 대하여 모두 작성하였고, 관측소 DKJ, MKL은 수평성분 중 큰 최대지반가속도 값을 나타낸 지진파에 대하여 작성하였다. 전체적으로 울산관측소(USN)의 지진파가 가장 큰 응답을 나타내었으며, 세 관측소 중 진앙거리가 가장 먼 관측소 DKJ의 응답이 가장 낮게 나타났다.

그림 2.3.4 (a)에는 감쇠비 5%의 가속도응답 스펙트럼($S_A - T$)을 나타냈다. 각 관측소의 지반조건(S_B, S_C)과 지역계수(S=0.22, 경남 · 경북)에 대한 KBC 2016의 설계가속도응답 스펙트럼을 함께 작성하였다. 경주지진의 경우 가속도응답은 약 0.1초 부근에서 탁월하게 나타났으며, 이는 지진파가 일반적으로 나타내는 탁월주기영역과 비교하여 단주기영역에 해당한다. 또한 약 0.2초 이상의 주기영역에서는 가속도응답이 매우 작게 나타났다.

경주지진의 가속도응답과 KBC 2016에 의한 설계가속도응답 스펙트럼을 비교하기 위하여, 그림 2.3.5에는 경주지진의 최대지반가속도에 대한 유효최대가속도(EPA)를 백분율로 표시하였다. 유효최대가속도는 ATC 3-06에 제시하는 방법에 따라 고유주기 0.1~0.5초의 가속도응답을 평균하여 산정하였다. 최대지반가속도(PGA)는 지표면에서의 자유장운동에서 계측된 지진가속도 중에서 절대값의 최대치(고유주기가 0초인 선형탄성 단자유도계의 가속도응답 중 최대절대값)를 의미하는 것으로, 이것은 구조물의 응답과는 관계가 없으므로, PGA가 크다는 것은 곧 지진의 규모가 크다고 할 수는 있으나, PGA가 크다고 해서 구조물의 피해가 많다고 할 수는 없다. 한편, 유효최대가속도는 선형탄성 응답 스펙트럼상에서 가속도응답이 가장 큰 영역(일반적으로 0.1~0.5초)의 평균개념을 적용한 것으로, Newmark(1982)는 EPA를 구조물의 응답 및 지진에 의한 구조물의 손상가능성과 가장 밀접하게 관련된 가속도값으로 특성지었다. 즉, PGA에 의해 정확하게 반영될 수 없는 지진에 의한 손상가능성을 나타내기 위한 의도로 제안되었으며, 따라서 EPA는 지진의 크기뿐만 아니라 지진의 진동수성분과 구조물의 특성을 함께 반영하고 있다. 따라서 EPA가 크다는 것은 곧 지진에 의한 구조물의 피해가 크다는 직접적인 연관성을 가지고 있다. KBC 2016의 경우 실제 구조물에 지진에 의한 손상가능성을 나타낼 수 있는 지진가속도를 정량화하기 위한 대안으로, 지역계수의 개념을 사용하여 EPA를 제시한다.

경주지진에서는 약 0.1초 부근에서 가속도응답이 탁월하고 0.2초 이상의 주기영역에서는 가속도응답이 매우 작아지므로, 그림 2.3.5에 나타낸 바와 같이 EPA가 PGA보다 작은 값을 가진다. 가장 큰 최대지반가속도를 나타낸 울산관측소(EW, PGA=350.5gal)의 경우 EPA는 235.8gal로 나타났으며, 이는 설계가속도(EPA=169.6gal, S_C, S=0.22)의 약 1.4배에 해당한다. KBC 2016의 설계가속도에 대하여 울산관측소(NS)는 약 0.9배, DKJ 관측소의 NS 성분은 0.55배, MKL 관측소의 NS 성분은 0.95배로 나타냈다. 따라서 DKJ와 USN 관측소의 EPA는 KBC 2016의 설계가속도와 동등 또는 이상의 지진가속도를 나타냈다.

그림 2.3.4 (b)에는 그림 2.3.4 (a)의 가속도응답을 각 지진파의 최대지반가속도로 나누어 응답비($S_{AR}-T$)로 나타냈다. 울산관측소(USN)에서 약 5.5의 큰 증폭율을 보였으며,

이는 일반적인 단주기지진파의 가속도응답비가 2.5~3.0 정도임을 고려하면 매우 큰 수치에 해당한다. 그림 2.3.4 (c)와 그림 2.3.4 (d)에는 각각 감쇠비 5%의 속도응답 스펙트럼($S_V - T$)과 변위응답 스펙트럼($S_D - T$)을 나타냈다. 속도응답과 변위응답은 USN의 EW 성분이 각각 34.8cm/s, 1.9cm로 세 관측소 중 가장 크게 나타냈다.

그림 2.3.4 (e)에는 감쇠비 10%의 에너지응답 스펙트럼($V_E - T$)을 나타냈다. 에너지등가속도(V_E)는 식 2.3.1에 나타낸 바와 같이 총에너지 입력의 속도환산치로, 단위질량당 총에너지 입력의 평방근으로서 속도의 차원을 가지는 양이다. 따라서 구조물에 입력되는 총 입력에너지 E는 에너지등가속도 V_E의 제곱에 비례한다.

$$V_E = \sqrt{\frac{2E}{M}}, \qquad E = \frac{MV_E^2}{2} \qquad \text{(식 2.3.1)}$$

경주지진의 경우 에너지응답은 울산관측소에서 약 55cm/s로 가장 크게 나타났으며, 약 0.1초 부근의 단주기영역에서 탁월하게 나타났다.

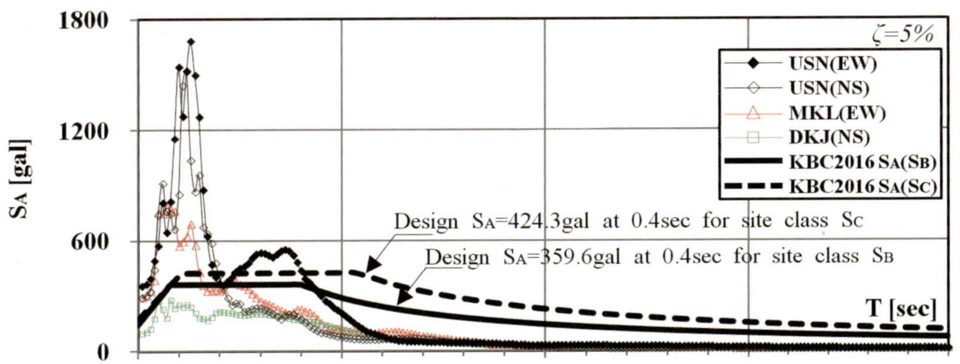

(a) 가속도응답 스펙트럼

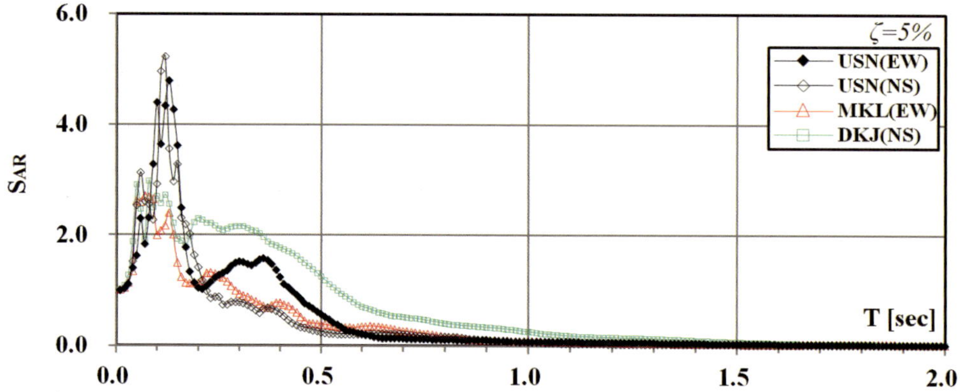

(b) 무차원화된 가속도응답 스펙트럼

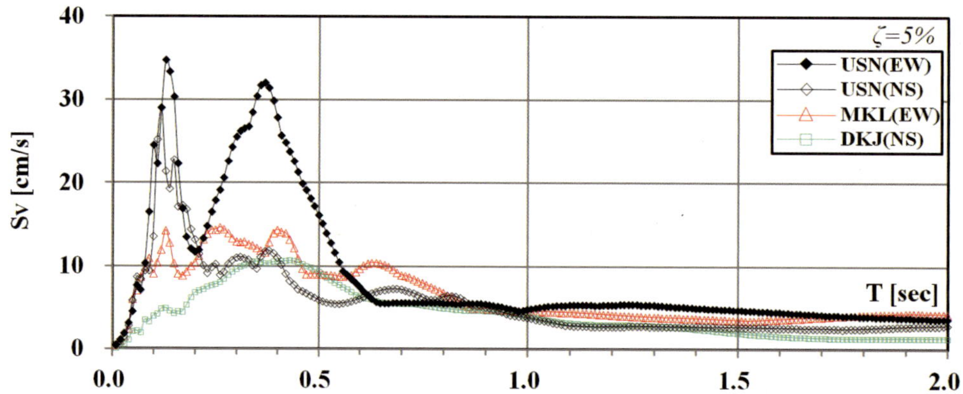

(c) 속도응답 스펙트럼

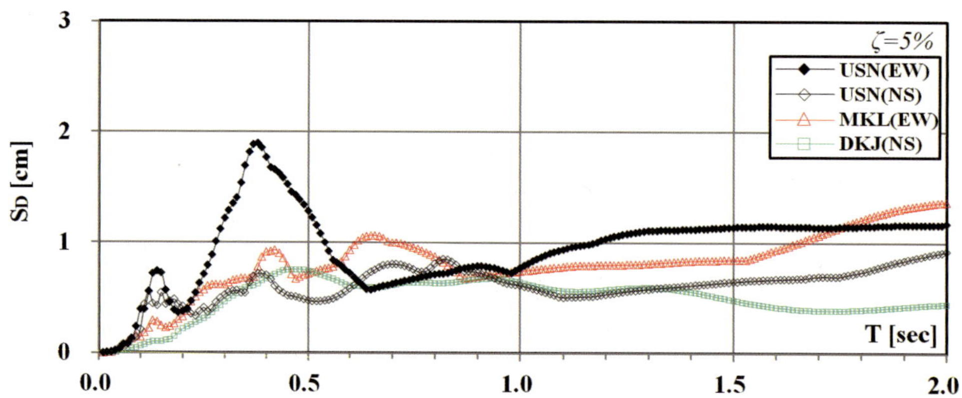

(d) 변위응답 스펙트럼

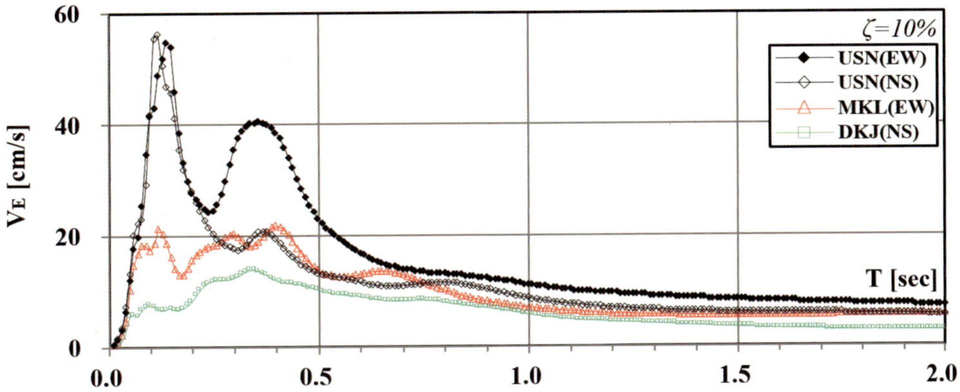

(e) 에너지응답 스펙트럼

그림 2.3.4 관측소별 경주지진 응답 스펙트럼

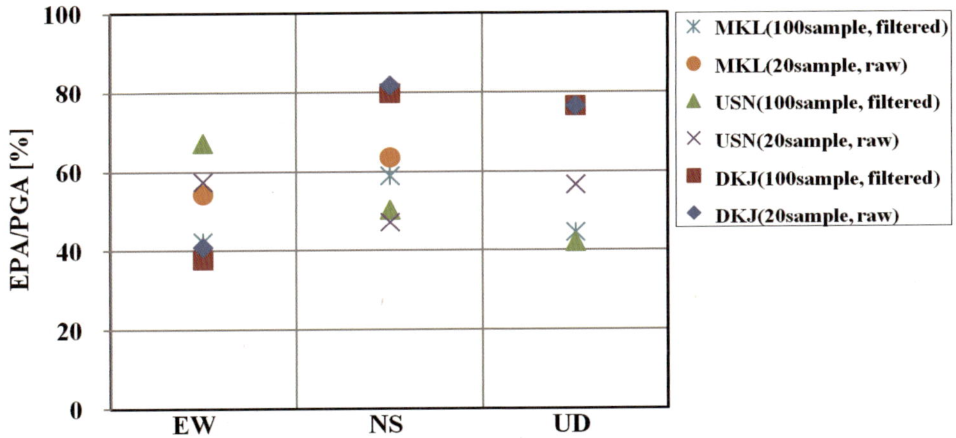

그림 2.3.5 관측소별 최대지반가속도와 유효최대가속도의 비

표 2.3.4에는 국내에서 발생한 규모 $M_L5.0$ 이상의 지진의 진원깊이를 나타냈다. 경주지진의 진원깊이는 15km 정도로 과거 국내발생 지진에 비교하여 깊은 편에 속한다.

표 2.3.4 국내 강진기록의 규모와 진원깊이

발생일자	진원위치	M_L	진원깊이 km
1978.10.07	충남 홍성군 동쪽 3km 지역	5.0	10.0
2003.03.30	인천 백령도 서남서쪽 88km 해역	5.0	4.5
2004.05.29	경북 울진군 동남동쪽 74km 해역	5.2	3.7
2014.04.01	충남 태안군 서격렬비도 서북서쪽 100km 해역	5.1	12.6
2016.07.05	울산 동구 동쪽 52km 해역	5.0	19.0

이상의 결과를 종합하면, 경주지진은 설계가속도 스펙트럼과 동등 또는 이상에 해당하는 유효최대가속도를 나타내었으나, 지진파의 탁월진동수는 6~10Hz로 건축물에 손상을 발생할 가능성이 높은 진동수범위에서 벗어나 있으며, 지진파의 탁월주기 또한 약 0.1초로 매우 짧게 나타났다. 또한 약 2~4초 정도의 짧은 강진 지속구간의 지진특성 때문에 규모에 비하여 상대적으로 적은 피해를 발생시킨 것으로 판단된다.

2.4 경주지진(울산관측소) 파형특성

그림 2.4.1에는 USN 관측소에서 기록된 지진파의 가속도시간 이력을 나타냈다. 20sample 지진파와 100sample 지진파에 대하여 각 방향성분별로 표시했다. 최대지반가속도는 방향성분에 관계없이 20sample보다 100sample 지진파가 모든 방향성분에서 크게 나타났다. 이는 그림 2.2.2에 나타난 바와 같이 100sample 지진파의 경우, 일반적인 지진파의 탁월진동수영역으로 알려진 0~5Hz 구간뿐만 아니라, 5~20Hz의 고주파영역에서도 확연한 진폭을 나타내기 때문인 것으로 판단된다. 지진파의 방향성분별 최대지반가속도는 수평성분(EW, NS)이 연직성분(UD)보다 크게 나타났다.

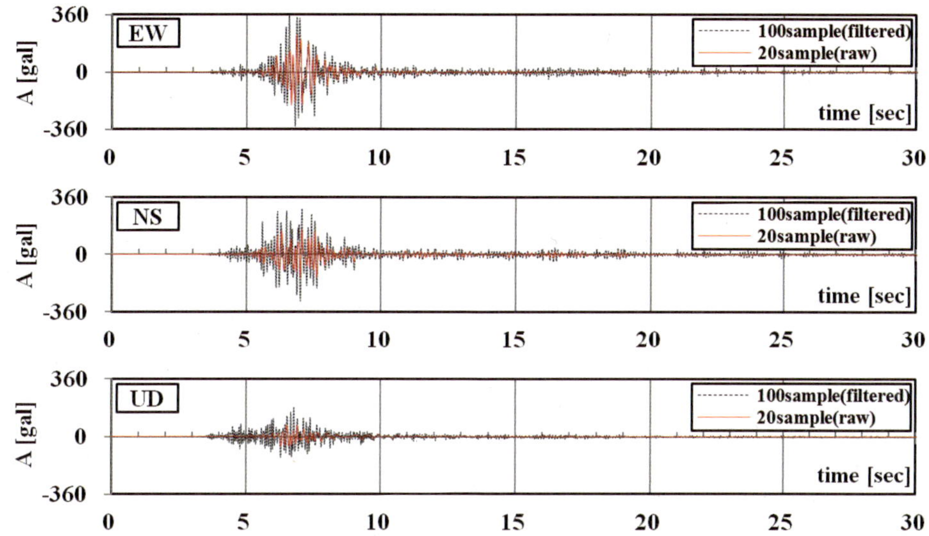

그림 2.4.1 USN 관측파의 가속도시간 이력

그림 2.4.2에는 20sample과 100sample의 방향성분별 응답 스펙트럼을 나타냈다. 그림 2.4.2 (a)에는 감쇠비 5%의 가속도응답 스펙트럼($S_A - T$)을 나타냈다. 가속도응답은 20sample 지진파와 100sample 지진파 모두 약 0.1초 부근에서 탁월하며, 이는 지진파가 일반적으로 나타내는 탁월주기영역과 비교하여 단주기영역에 해당한다. 약 0.2초 이상의 주기영역에서는 가속도응답이 매우 작게 나타났다. 또한 USN 지진파의 EW성분의 EPA는 KBC 2016의 설계가속도(EPA=169.6gal, S_C, S =0.22)의 약 1.4배에 해당한다. NS성분의 EPA는 설계가속도의 약 0.9배에 해당한다. 따라서 각 방향성분별 벡터합에 의한 EPA는 설계가속도의 1.6배에 육박한다.

그림 2.4.2 (b)에는 가속도응답비($S_{AR} - T$)를 나타냈다. 100sample 지진파는 약 5.5의 큰 증폭율을 나타내었으며, 20sample 지진파도 약 4.0 정도로 크게 나타났다. 일반적인 단주기지진파의 가속도응답비가 2.5~3.0 정도임을 고려하면 매우 큰 증폭율에 해당한다. 그림 2.4.2 (c)와 그림 2.4.2 (d)에는 각각 감쇠비 5%의 속도응답 스펙트럼($S_V - T$)과 변위응답 스펙트럼($S_D - T$)을 나타냈다. 속도응답과 변위응답은 100sample의 경우 EW성분이 각각 34.8cm/s, 1.9cm, 20sample의 경우 EW성분이 각각 25.7cm/s, 1.5cm로 나타

났다. 그림 2.4.2 (e)에는 감쇠비 10%의 에너지응답 스펙트럼($V_E - T$)을 나타냈다. 에너지등가속도응답은 100sample의 수평성분(EW, NS)에서 약 55cm/s로 가장 크게 나타났으며, 약 0.1초 부근의 단주기영역에서 탁월하게 나타났다.

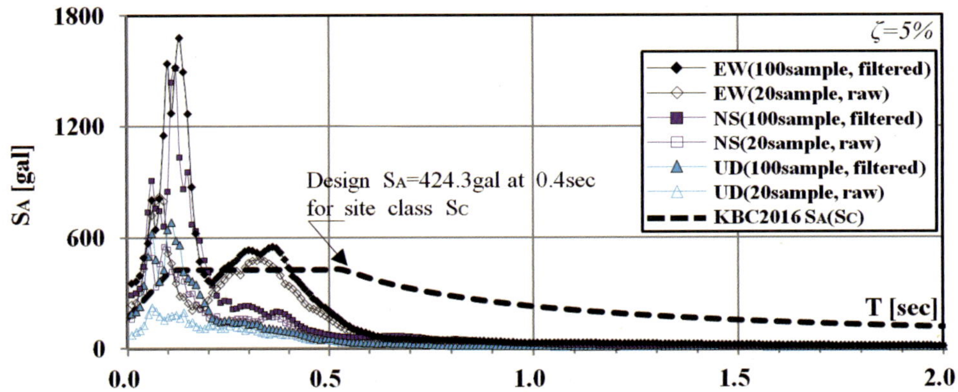

(a) 가속도응답 스펙트럼

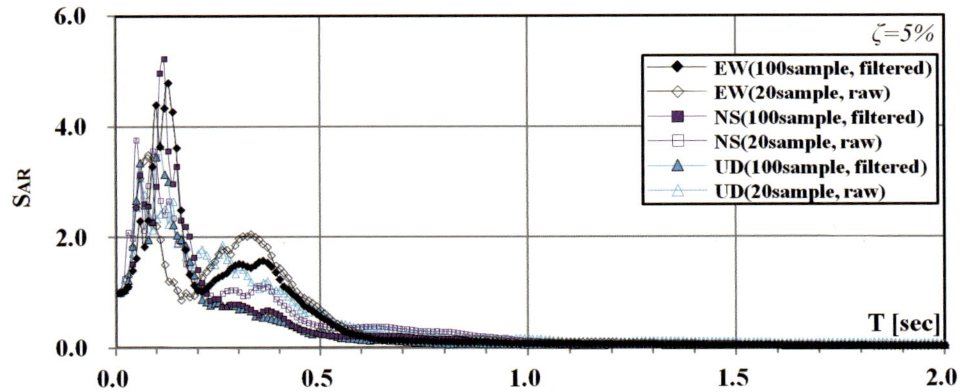

(b) 무차원화된 가속도응답 스펙트럼

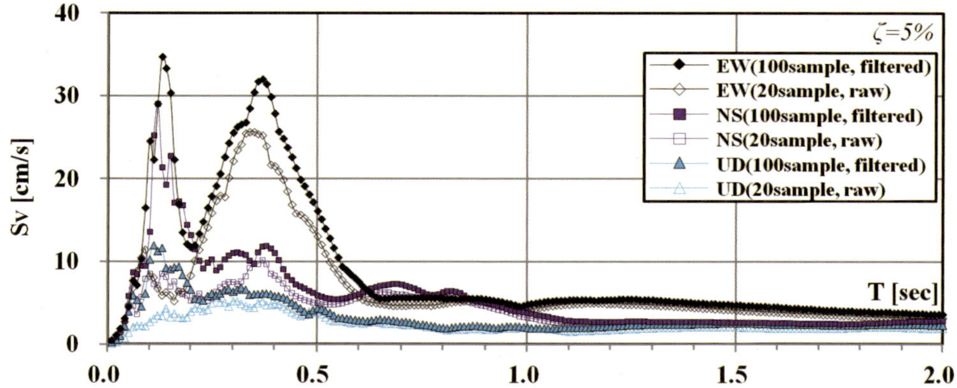

(c) 속도응답 스펙트럼

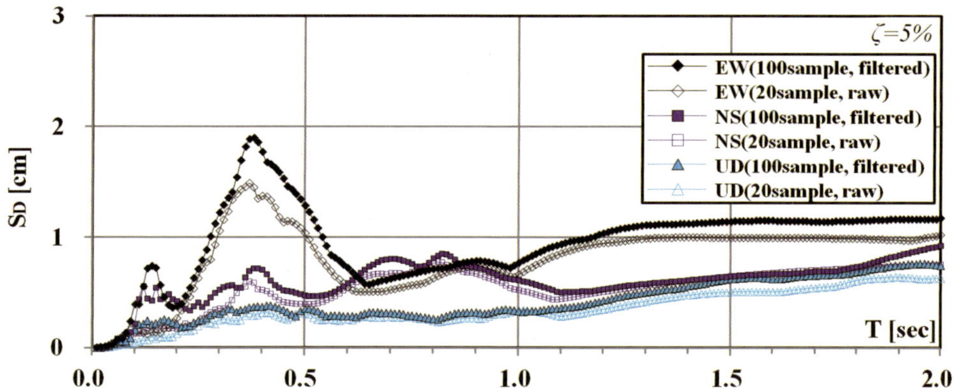

(d) 변위응답 스펙트럼

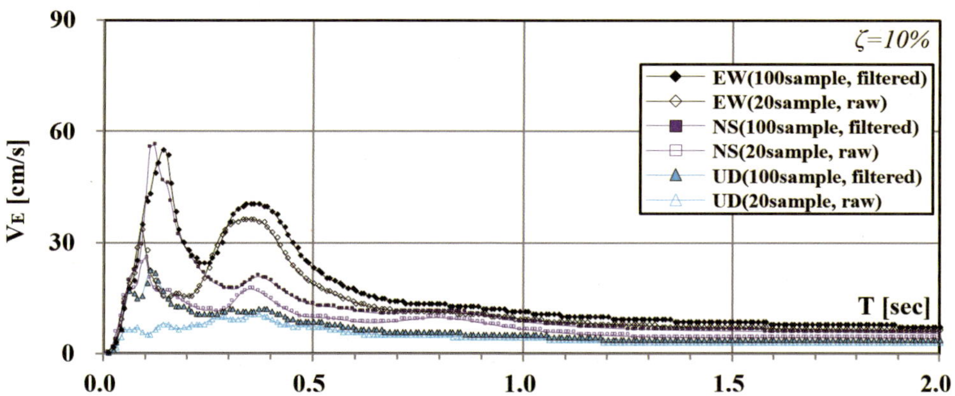

(e) 에너지응답 스펙트럼

그림 2.4.2 USN 관측파의 응답 스펙트럼

2.5 유사규모 지진(M_L5.7 ~ M_L5.9)과의 지진파특성 비교

경주지진과 지진파의 특성을 비교분석하기 위한 대상으로, 최근 10년간 일본에서 경주지진과 비슷한 규모로 발생한 지진파(M_L5.7~M_L5.9) 총 6개를 수집하였으며, 표 2.5.1에는 각 지진파의 정보를 나타냈다. 진원깊이는 7km에서 49km까지 분포하고 있으며, 지진관측소와 진원지와의 진앙거리는 9km에서 65km까지 분포하고 있다.

표 2.5.1 유사규모 지진(M_L5.7 ~ M_L5.9) 일람표

	1	2	3	4	5	6
지진파	Itoh(EW)	Hiratsuka(EW)	Hiratsuka(NS)	Maki(NS)	Minamidohri(EW)	Taroh(NS)
발생시각	2006.04.21 02:50:00(JST)			2007.07.16 15:37:00(JST)	2008.04.29 14:26:00(JST)	2014.07.05 07:42:00(JST)
진원지	34.94N 139.19E			37.50N 138.64E	41.46N 142.11E	39.67N 142.13E
M_L	5.8			5.8	5.7	5.9
진원깊이 km	7			23	62	49
진앙거리 km	9	21		36	65	13
JMA진도	5.0	5.0		4.8	4.4	4.5
MMI진도	7	7		7	6	6
PGA gal	311.7	251.7	146.0	175.4	102.6	103.3
EPA gal	281.6	236.7	140.7	164.7	113.3	109.2

그림 2.5.11에는 유사규모 지진(M_L5.7~M_L5.9)의 가속도시간 이력을 나타냈다. Itoh(EW) 지진파의 경우 경주지진(USN)의 동서방향 최대지반가속도(350.5gal, 100sample)와 비슷하게 나타나고 있으나, 다른 지진파의 최대지반가속도는 경주지진과 비교하여 낮게 분포하고 있다. 이는 관측소와 진원지와의 거리로 인하여 감쇠되었기 때문인 것으로 판단된다.

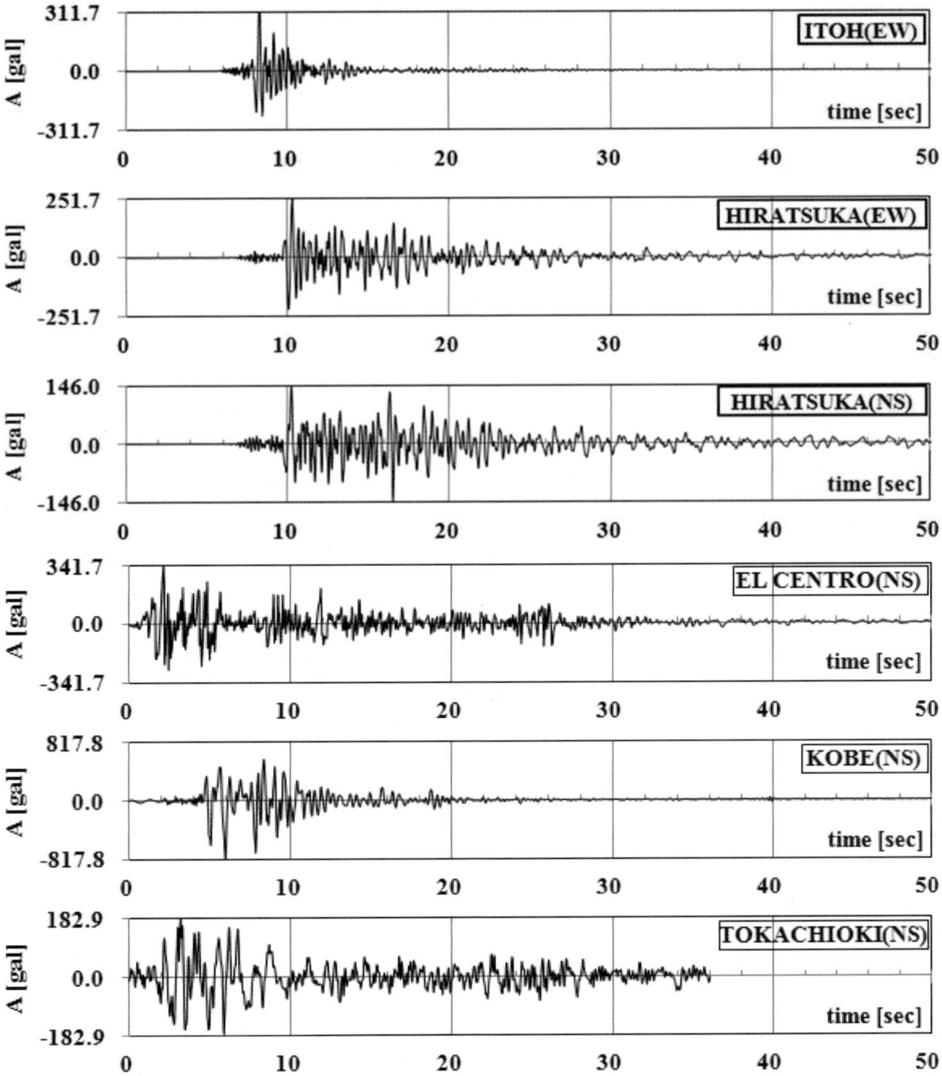

그림 2.5.1 유사규모 지진($M_L5.7 \sim M_L5.9$) 가속도시간 이력

그림 2.5.2에는 경주지진(USN) 및 유사규모의 지진($M_L5.7$~$M_L5.9$)의 고속푸리에변환 결과를 함께 나타냈다. 경주지진(USN)은 100sample 지진파를 사용하였으며, 그 중 수평성분에 대하여 작성하였다. 경주지진(USN)은 6~10Hz의 진동수영역에서 탁월진동수가 나타나고 있으며, 이는 일반적인 지진파의 탁월진동수영역에 비하여 고주파에 해당한다.

반면, 비슷한 규모의 지진은 대부분 0~5Hz의 영역에서 탁월진동수가 나타나고 있다. 이는 표 2.2.3에 나타낸 바와 같이 대부분의 구조형식에서 건축물에 손상을 입힐 가능성이 높은 5Hz 이하의 진동수에 해당하는 것으로, 경주지진은 비슷한 규모의 지진에 비교하여 고주파성분이 많이 포함된 지진파의 특성을 가지는 것으로 나타났다.

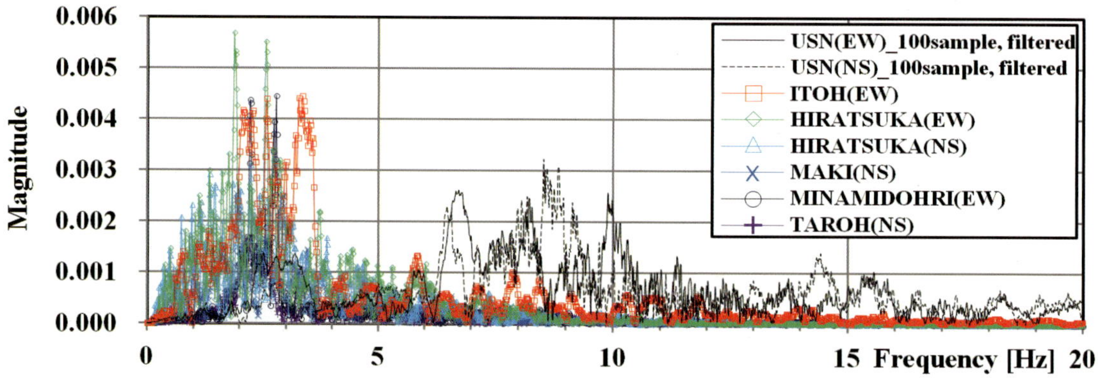

그림 2.5.2 유사규모 지진($M_L 5.7 \sim M_L 5.9$) 고속푸리에변환

그림 2.5.3에는 경주지진(USN) 및 비슷한 규모 지진(M_L5.7~M_L5.9)의 응답 스펙트럼을 함께 나타냈다. 경주지진(USN)은 100sample 지진파를 사용하였으며, 그 중 수평성분에 대하여 작성하였다. 그림 2.5.3(a)에는 감쇠비 5%의 가속도응답 스펙트럼($S_A - T$)을 나타냈다. 경주지진(USN)의 경우 가속도응답은 약 0.1초 부근에서 탁월하게 나타났으며, 경주지진과 비슷한 규모의 지진은 약 0.4~0.5초에서 탁월하게 나타났다. 따라서 경주지진(USN)은 비슷한 규모의 지진의 탁월주기에 비교하여 단주기지진파에 속한다. 또한 경주지진(USN)은 비슷한 규모의 지진에 비교하여 가속도응답의 최대값이 매우 크게 나타났는데, 경주지진(USN)과 비슷한 최대지반가속도를 가지는 Itoh(EW) 지진파와의 비교에서도 확연히 큰 응답을 보이고 있다.

그러나 경주지진(USN)은 0.1초 이후 가속도응답이 급격히 저감되어 구조물의 손상과 직접적으로 연관되는 EPA는 PGA에 비하여 매우 낮아지는 반면, 비슷한 규모의 지진은 0.1~0.5초의 주기영역에서 가속도응답이 크게 나타나므로, 표 2.5.1에 나타낸 바와 같이

EPA가 PGA의 약 90% 이상으로 나타났다. Minamidohri(EW), Taroh(NS) 지진파의 경우 EPA가 PGA보다 더 큰 값을 나타냈다. 따라서 경주지진(USN)은 비슷한 규모의 지진에 비교하여 단주기영역에서 PGA는 크게 나타나지만, 고주파성분이 많은 단주기지진파에 해당하므로 구조물의 응답과 연관되는 EPA는 비슷한 규모의 지진에 비교하여 작게 나타났다. Itoh(EW) 지진파의 경우 경주지진(USN) 보다 작은 최대지반가속도를 가지나, EPA는 281.6gal로 경주지진보다 더 크게 나타났다.

그림 2.5.3 (b)에는 가속도응답비($S_{AR}-T$)를 나타냈다. 경주지진(USN)은 모든 수평성분에서 약 5.5의 큰 증폭율을 나타내었으며, Minamidohri(EW), Taroh(NS) 지진파도 이와 비슷한 정도를 나타내고 있다. 그러나 경주지진(USN)과 비슷한 최대지반가속도를 가지는 Itoh(EW) 지진파의 응답비(약 3.0)와 비교하면 경주지진(USN)의 가속도응답은 매우 크게 증폭되었다고 할 수 있다.

그림 2.5.3 (c)와 그림 2.5.3 (d)에는 각각 감쇠비 5%의 속도응답 스펙트럼(S_V-T)과 변위응답 스펙트럼(S_D-T)을 나타냈다. 속도응답과 변위응답은, 가속도응답과는 달리 경주지진(USN)의 응답이 가장 낮게 나타났다. 경주지진(USN)과 비슷한 최대지반가속도를 가지는 Itoh(EW) 지진파는 단주기영역에서 속도응답과 변위응답의 최대치를 나타냈다. 또한 Hiratsuka(EW, NS), Maki(NS), Minamidohri(EW), Taroh(NS) 지진파는 경주지진(USN)에 비하여 작은 최대지반가속도를 나타내지만, 속도응답과 변위응답은 경주지진(USN)보다 크게 나타났다.

그림 2.5.3 (e)에는 감쇠비 10%의 에너지등가속도응답 스펙트럼(V_E-T)을 나타냈다. 또한 울산관측소의 지반조건(S_C)에 대한 설계에너지응답 스펙트럼(Oh, 2007)을 함께 작성하였다. Oh(2007)에 의한 설계 스펙트럼은 단주기영역에서는 원점을 지나는 직선이고, 장주기영역에서는 일정치를 가진다. 또한 지반이 약해질수록 설계치가 증가하는 형태이다. 비슷한 규모의 지진은 단주기영역에서 설계에너지응답 스펙트럼과 유사 또는 미만으로 나타내는 반면, 경주지진(USN)의 에너지등가속도응답은 0.1초 부근에서 탁월하게 나타나, 0.2초 미만의 주기영역에서는 설계에너지응답 스펙트럼을 약 2.0배 정도 상회하고 있다.

구조물에 입력되는 총입력에너지 E는 에너지등가속도 V_E의 제곱에 비례하므로 0.2초 미만의 주기영역에 위치하는 구조물은, 설계에너지에 비하여 입력된 에너지량이 약 4.0배 크게 나타났다. 따라서 경주와 인근 울산지역에서 1~2층으로 이루어진 내진설계 제외 소규모 건축물 또는 짧은 고유주기를 가지거나 취성적인 파괴형식을 나타내는 건축물에서는 구조적 손상이 나타날 가능성이 크다.

반면 0.2초 이상의 주기영역에서는 모든 지진파가 설계치보다 작은 값을 나타냈다. 따라서 0.3~0.4초 이상의 고유주기를 가지는 구조물의 경우에는 비구조재의 파손 · 탈락을 제외한 주요구조부재의 심각한 손상은 나타날 가능성이 낮다. 한편, 에너지등가속도응답은 경주지진(USN)의 응답이 가장 낮게 나타났다. 경주지진(USN)의 에너지가 작게 나타난 것은 결론적으로, 가속도응답이 크다고 하더라도 지진의 지속시간이 짧고 변위응답이 매우 작게 나타났기 때문인 것으로 판단된다. 이것은 지진에 의해 구조물에 투입되는 총 에너지량과 최대지반가속도가 반드시 비례하지는 않는 것을 의미한다.

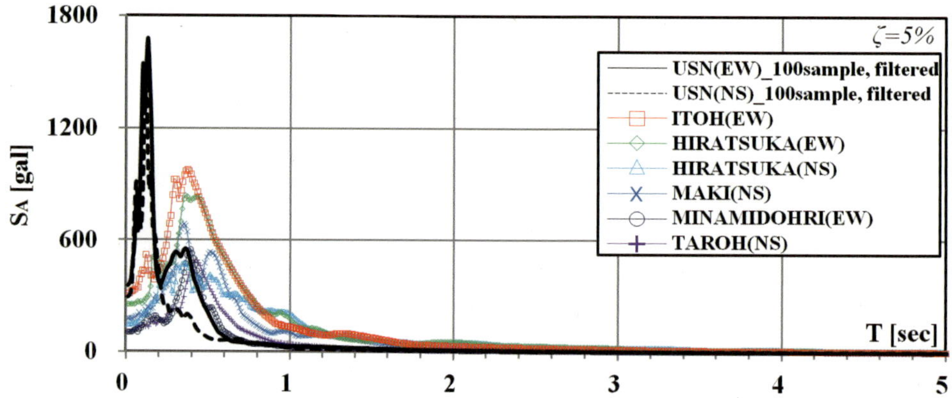

(a) Acceleration Response Spectrum

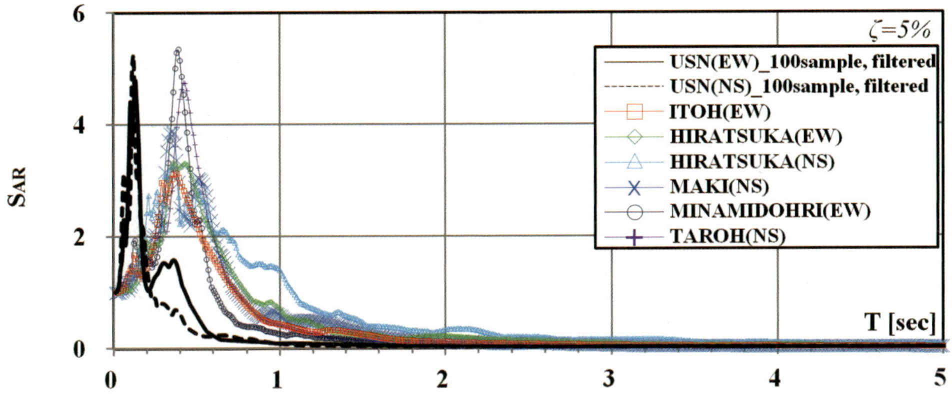

(b) Normalized Acceleration Response Spectrum

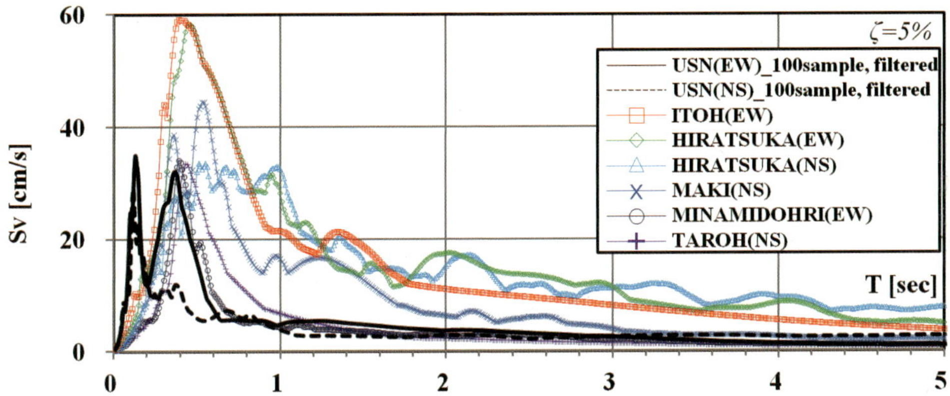

(c) Velocity Response Spectrum

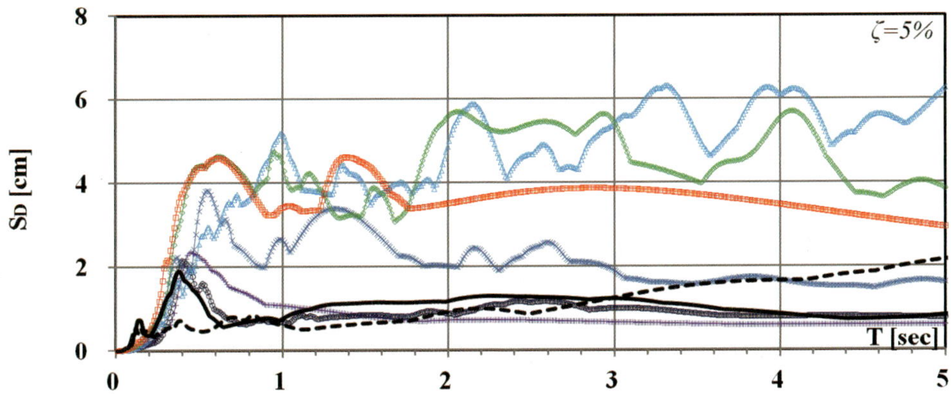

(d) Displacement Response Spectrum

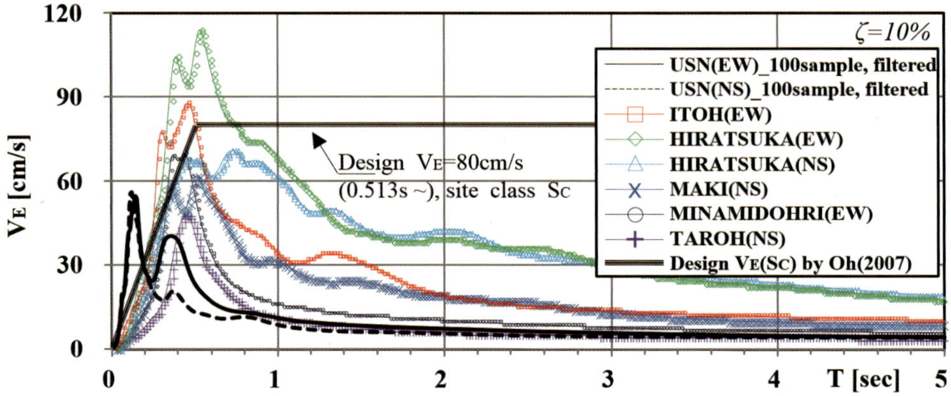

(e) 에너지응답 스펙트럼

그림 2.5.3 유사규모 지진($M_L5.7 \sim M_L5.9$) 응답 스펙트럼

2.6 강진기록($M_L6.3$~$M_W8.3$)과의 지진파특성 비교

국내에서 발생한 최대 규모의 경주지진과, 전 세계에서 역사적으로 잘 알려진 강진기록을 비교하기 위하여, 주목할 만한 최근 1년간의 강진기록 3개와, 구조물의 지진응답해석에서 주로 사용되는 강진기록 3개로 총 6개($M_L6.3 \sim M_W8.3$)를 지진파를 수집하였으며, 표 2.6.1에는 각 지진파의 정보를 나타냈다. 진원깊이는 10km에서 25km까지 분포하며 비교적 천발지진에 해당한다.

표 2.6.1 강진기록($M_L6.3 \sim M_W8.3$) 일람표

	1	2	3	4	5	6
지진파	Kumamoto(NS) _JAPAN	Norcia(EW) _ITALY	CCRC(EW) _CHILE	El Centro(NS) _USA	Kobe(NS) _JAPAN	TOKACHIOKI(NS) _JAPAN
발생시각	2016.04.16 01:24:00(JST)	2016.08.24 01:36:33(UTC)	2015.09.16 22:54:33(UTC)	1940.05.18 20:36:40(PST)	1995.01.17 05:46:53(JST)	1968.05.16 09:49:00(JST)
진원지	32.75N 130.76E	42.71N 13.17E	31.57S 71.65W	32.73N 155.50E	34.59N 135.07E	40.90N 143.35E
M	$M_L7.3$	$M_L6.2$	$M_W8.3$	$M_W6.9$	$M_W6.9$	$M_W8.3$

진원깊이 km	12	10	25	16	18	26
진앙거리 km	5.0	13.7	219.6	16.9	no info.	no info.
MMI진도	8.8	9.0	8.0	10.0	11.0	8.5
PGA gal	827.6	352.6	120.0	341.7	817.8	182.9
EPA gal	802.5	320.5	146.7	276.1	703.4	170.6

그림 2.6.1에는 강진기록(M_L6.3~M_W8.3)의 가속도시간 이력을 나타냈다. Norcia(EW), El Centro(NS) 지진파의 경우 경주지진(USN)의 동서방향 최대지반가속도(350.5gal, 100sample)와 비슷한 값을 가진다. 칠레에서 발생한 CCRC(EW) 지진파는 M_W8.3 규모의 강진이지만, 관측소와 진앙지와의 거리가 200km 이상으로, 거리감쇠가 수반되어 최대지반가속도는 120.0gal로 나타났다. 또한 Tokachioki(NS)는 인접해안에서 발생한 해구형 지진의 대표적인 것으로 약 1.0초 이상의 탁월주기를 가지는 장주기지진파에 해당한다. 일본에서 발생한 대표적인 강진으로 평가되는 Kumamoto(NS)와 Kobe(NS)는 최대지반가속도가 각각 827.6gal, 817.8gal로 나타났다.

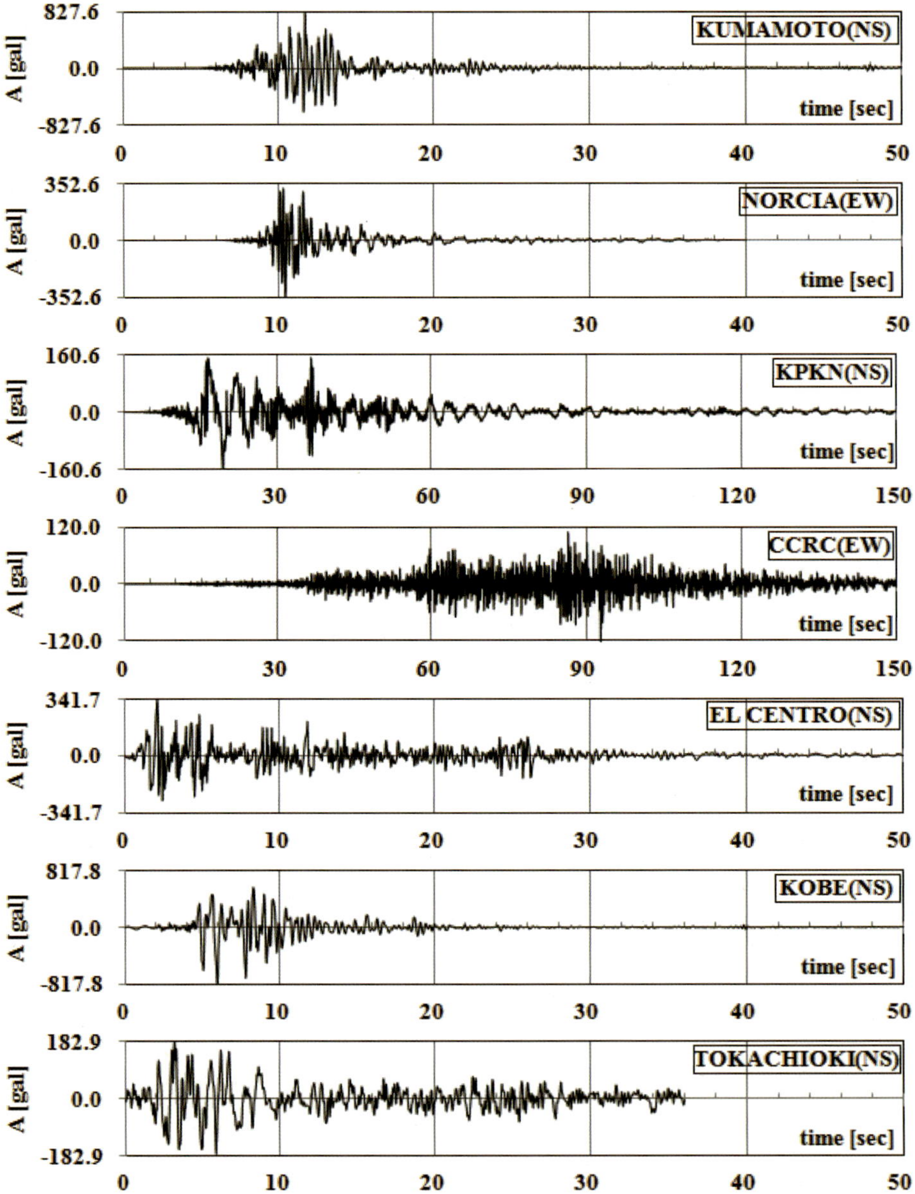

그림 2.6.1 강진기록($M_L 6.3 \sim M_W 8.3$) 가속도시간 이력

그림 2.6.2에는 경주지진(USN) 및 강진기록($M_L 6.3 \sim M_W 8.3$)의 고속푸리에변환 결과를 함께 나타냈다. 경주지진(USN)은 100sample 지진파를 사용하였으며, 그 중 수평성분에

대하여 작성하였다. 지진파의 탁월진동수영역을 명확히 표시하기 위하여 변환 후 각 지진파가 나타내는 최대진폭을 나누어서 진폭비로 무차원화하였다. 경주지진(USN)은 6~10Hz의 진동수영역에서 탁월진동수를 보이고 있으며, 이는 일반적인 지진파의 탁월진동수영역에 비하여 고주파에 해당한다. 반면, 강진기록은 경주지진(USN)과 비슷한 규모의 지진(그림 2.4.2)과 유사하게, 대부분 0~5Hz의 영역에서 탁월진동수가 나타나고 있다. 이는 표 2.2-3에 나타낸 바와 같이 대부분의 구조형식에서 건축물에 손상을 입힐 가능성이 높은 5Hz 이하의 진동수에 해당하는 것으로, 경주지진(USN)은 강진기록과 비교하여, 고주파성분이 많이 포함된 지진파의 특성을 가지는 것으로 나타냈다.

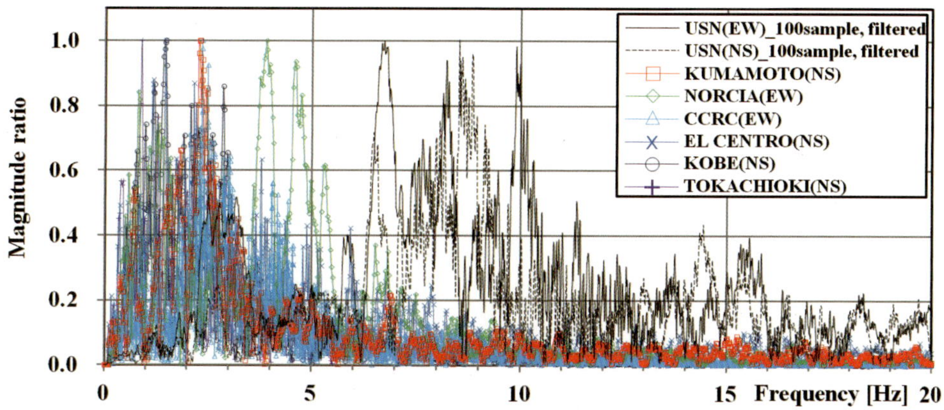

그림 2.6.2 강진기록($M_L6.3 \sim M_W8.3$) 고속푸리에변환

그림 2.6.3에는 경주지진(USN) 및 강진기록($M_L6.3 \sim M_W8.3$)의 응답 스펙트럼을 함께 나타냈다. 경주지진(USN)은 100sample 지진파를 사용하였으며, 그 중 수평성분에 대하여 작성하였다. 그림 2.6.3 (a)에는 감쇠비 5%의 가속도응답 스펙트럼($S_A - T$)을 나타냈다. 경주지진(USN)의 경우 가속도응답은 약 0.1초 부근에서 탁월하게 나타났으며, 강진기록은 약 0.2~0.5초에서 탁월하게 나타났다. 한편, 경주지진(USN)은 Kobe(NS), Kumamoto(NS) 지진파와 비교하여 가속도응답은 낮게 나타나지만 가속도응답비(그림 2.6.3 (b))는 크게 나타났다. 정리하면, 경주지진은 강진기록의 탁월주기에 비교하여 단주기지진파에 속하고, 가속도응답 증폭은 강진기록보다 높게 나타났다고 할 수 있다.

Norcia(EW) 지진파는 경주지진(USN)과 비교하여 지진의 규모, 진원깊이, 관측소와 진앙지와의 거리, 지진의 지속시간 및 최대지반가속도가 거의 비슷한 지진이다. 두 지진을 비교하면, 가속도응답 및 가속도응답비가 거의 비슷하게 나타나며, Norcia(EW) 지진파의 탁월주기가 약 0.2초로 나타나, 강진기록 중에서 경주지진(USN)에 가장 근접한 탁월주기를 가진다. 그러나 경주지진(USN)의 경우 고주파 성분이 많이 포함된 단주기지진파로 나타나, EPA(235.8gal)가 PGA(350.5gal)의 약 65%로 나타났다. 반면, Norcia(EW)의 경우 0~5Hz에서 탁월진동수를 가지며, 0.1초~0.5초의 가속도응답이 크게 나타나 EPA(320.5gal)가 PGA(352.6gal)와 거의 비슷한 값을 나타내며, 따라서 Norcia(EW) 지진에 의한 구조물피해 가능성은 경주지진(USN)보다 높다고 할 수 있다.

그림 2.6.3 (c)와 그림 2.6.3 (d)의 속도응답과 변위응답에서는 Norcia(EW) 지진파의 응답이 확연히 더 크게 나타나고 있으며, 그림 2.6.3 (e)의 에너지등가속도응답 또한 탁월주기에서 약 100cm/s로 나타났다. 경주지진(USN)의 에너지등가속도응답이 탁월주기에서 약 55cm/s이므로, Norcia(EW)에 의한 총에너지입력은 경주지진(USN)에 비하여 약 4.0배 정도 높게 나타났다. 경주지진(USN)의 에너지가 작게 나타난 것은 최대지반가속도와 지진의 지속시간이 Norcia(EW) 지진파와 비슷하다고 하더라도 Norcia(EW) 지진파에 비하여 변위응답이 매우 작게 나타났기 때문인 것으로 판단된다. Norcia(EW)를 제외한 나머지 강진기록의 응답은 가속도응답비를 제외한 모든 응답에서 경주지진(USN)에 비하여 매우 높게 나타났다.

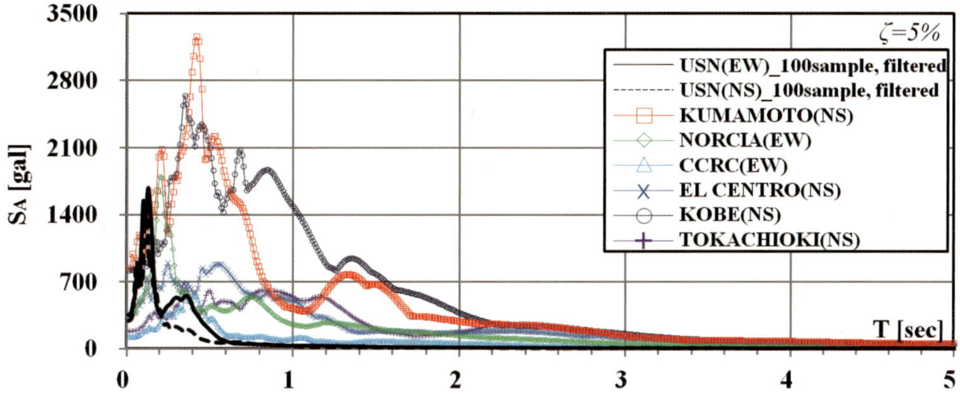

(a) 가속도응답 스펙트럼

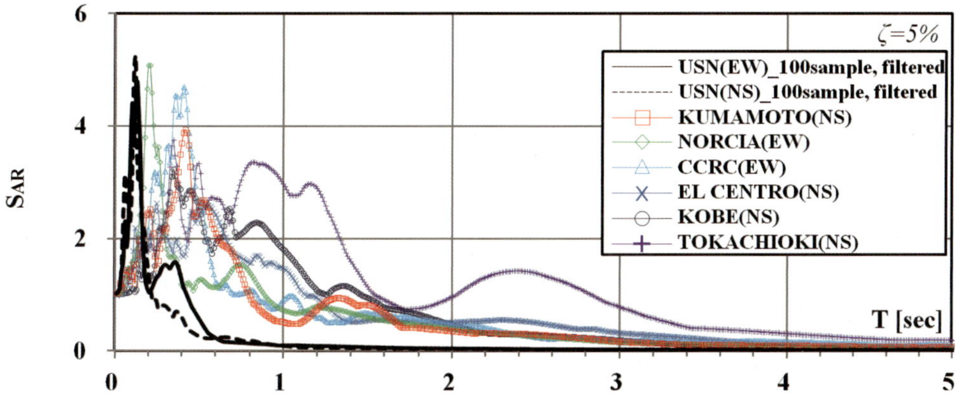

(b) 무차원화된 가속도응답 스펙트럼

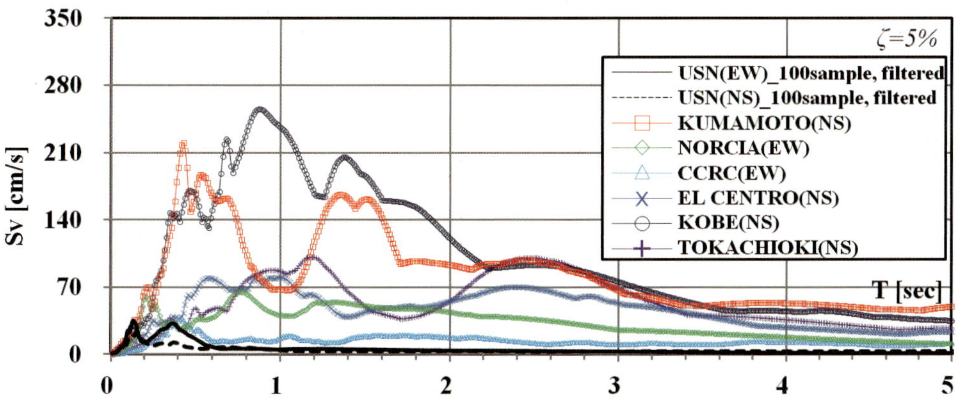

(c) 속도응답 스펙트럼

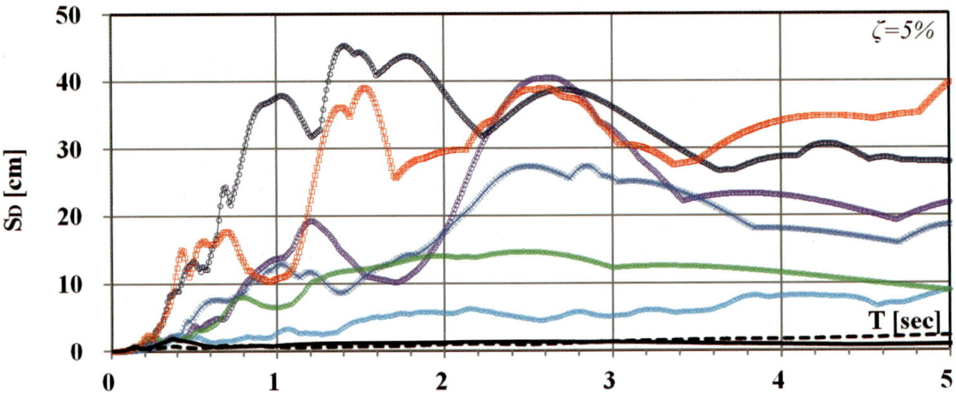

(d) 변위응답 스펙트럼

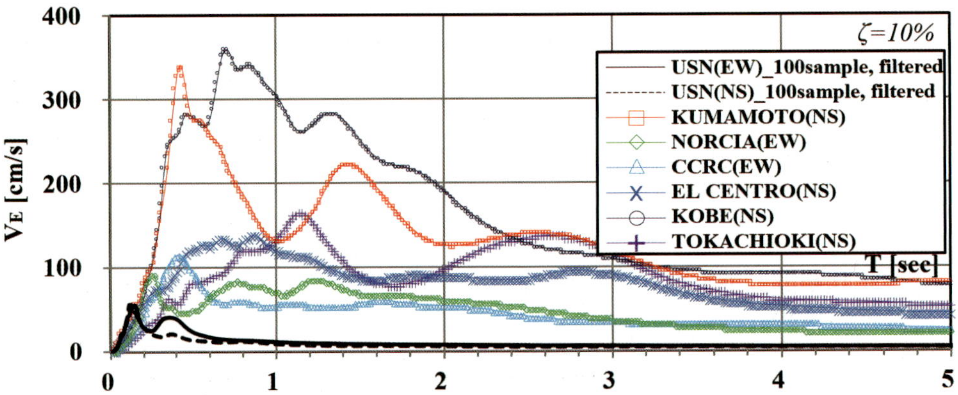

(e) 에너지응답 스펙트럼

그림 2.6.3 강진기록($M_L6.3 \sim M_W8.3$) 응답 스펙트럼

2.7 구조물에 입력되는 지진에너지 비교

구조물의 손상은 지진하중 또는 가속도응답이나 변위응답의 순간최대치에 반드시 비례하는 것이 아닌, 누적되는 비탄성변형에 의한 영향도 상당한 비중을 차지한다. 에너지라는 물리량은 지진하중에 대응하는 구조물의 상대변위증분에 대하여 지진지속시간 동안의 진동상태를 적분한 정보이므로 구조물에 미치는 피해의 정도, 즉 손상을 표현할 수 있다. 따라서 본 절에서는 경주지진(USN)으로 인한 경주 인근 및 울산지역에 위치하는 구조물 피해규모의 영향을 분석하기 위하여 구조물에 입력되는 총 에너지량을 분석하였다.

진원지에서 가까이 위치하는 경주 및 울산 지역에 주로 분포하는 구조형식을 고려하여 해석모델은 표 2.7.1, 그림 2.7.1에 나타낸 바와 같이 구조형식 및 층고(높이)에 따라서 약 0.1초~1.0초의 고유주기를 가지는 총 4가지 모델로 설정하였다. 해석모델의 고유주기는 KBC 2016에 제시된 건축물의 층고(높이)별 고유진동수를 참고하여 산정하였다.

표 2.7.1 해석모델 개요

#	고유진동수 Hz*	고유주기 sec	구조형식
1	8.95	0.11	1~2층 저층건축물 (조적벽체, RC전단벽, RC프레임+벽체)
2	2.68	0.37	3~5층 학교건축물 (RC전단벽, RC프레임+벽체)
3	1.59	0.63	8~12층 오피스, 아파트건축물 (RC전단벽)
4	0.99	1.01	8~12층 오피스 (RC프레임, 철골프레임)

* : Natural frequency for story(height) of structure (KBC 2016)

(a) 1~2층 저층건축물

(b) 3~5층 학교건축물

(c) 8~12층 RC전단벽 건축물

(d) 8~12층 철골조건축물

그림 2.7.1 해석모델의 구조형식

첫 번째 해석모델은 0.11초의 고유주기를 가지는 것으로 주로 1~2층의 조적조, RC Wall, RC Frame+Wall 건물이 해당한다. 두 번째 해석모델은 0.37초의 고유주기를 가지는 것으로, 주로 3~5층의 RC Wall, RC Frame+Wall의 구조형식을 가지는 학교건물이나 중·저층 연립주택이 해당한다. 세 번째 해석모델은 0.63초의 고유주기를 가지는 것으로, 주로 8~10층 정도의 벽식아파트가 해당한다. 네 번째 해석모델은 1.01초의 고유주기를 가지는 것으로, 주로 8~10층 정도의 모멘트프레임 건물이 해당한다.

각 해석모델은 동일한 질량을 가지는 것으로 하고, 구조물의 고유주기에 대응하는 강성을 가지는 선형탄성 단자유도계로 모델링하였다. 감쇠타입은 강성비례형으로 하여 감쇠비 2%를 부여하였다. 입력지진파는 경주지진(USN), 경주지진(USN)과 비슷한 규모의 지진 두 종류, 강진기록 두 종류 총 5가지를 사용하여 가속도원파를 입력하였다. 경주지진(USN)은 100sample 지진파 중에서 EW성분을 사용하였다. 경주지진(USN)과 비슷한 규모의 지진은 경주지진(USN)과 EPA가 비슷한 Itoh(EW), Hiratsuka(EW) 지진파를 사용하였다. 강진기록은 최근에 발생하여 많은 인명 및 재산 피해를 야기한 Kumamoto(NS), Norcia(EW) 지진파를 사용하였다.

구조물의 고유주기 및 입력지진파에 따른 구조물 총 입력에너지량을 표 2.7.2, 그림 2.7.2에 나타냈다. 그림 2.7.2 (a)의 첫 번째 모델($T = 0.11s$)에서는 경주지진(USN)의 입력에너지가 가장 크게 나타났다. 이는 경주지진(USN)에서는 0.1초 부근의 단주기영역에서 에너지등가속도응답이 탁월하게 나타나기 때문이다. 경주지진의 에너지응답 스펙트럼에 따르면 0.2초 이상의 주기영역에서는 설계치보다 작은 값을 나타내지만, 0.2초 미만의 주기영역에서는 설계에너지등가속도 스펙트럼을 상회하고 있다. 따라서 0.2초 미만의 고유주기를 가지는 구조물에서는 구조물이 보유하고 있는 에너지량에 비하여 입력된 에너지량이 크며, 종합하면 주로 1~2층의 조적조, RC Wall, RC Frame+Wall 건물의 손상가능성이 높다.

건축물에 손상을 입힐 가능성이 높은 5Hz 이하의 진동수를 가지는 두 번째 모델($T_1 = 0.37s$), 세 번째 모델($T_1 = 0.63s$), 네 번째 모델($T_1 = 1.01s$)의 경우에는 그림 2.7.2 (b) ~ 그림 2.7.2 (d)에 나타낸 바와 같이 경주지진(USN)의 입력에너지가 가장 낮게 측정되었다. 비슷한 규모의 지진 중에서 경주지진(USN)과 비슷한 최대지반가속도를 가지는 Itoh(EW) 지진파와 비교하면, 경주지진(USN)에 비하여 Itoh(EW) 지진파는 약 30배 큰 입력에너지를 나타냈다. 한편 강진기록 중에서 경주지진(USN)과 비슷한 최대지반가속도를 가지는 Norcia(EW) 지진파와 비교하면, 경주지진(USN)에 비하여 Norcia(EW) 지진파는 약 110배 큰 입력에너지를 보였다(그림 2.7.2 (c)). Hiratsuka(EW) 지진파는 경주지진(USN)보다 최대지반가속도는 작고 유효최대가속도는 비슷하게 나타나지만, 입력에너지는 Hiratsuka(EW) 지진파에서 약 150배 크게 나타났다.

이것은 지진에 의해 구조물에 투입되는 총 입력에너지량과 최대지반가속도가 반드시 비례하지는 않는 것을 의미한다. 따라서 가속도가 구조물의 파괴력을 나타내는 지표로서 유효하다고 볼 수 없으며, 현행 내진설계법에서 설계가속도 스펙트럼에 의한 지진하중 산정에 한계점이 있다는 점을 시사한다. 구조물의 손상은 지진하중 또는 가속도응답이나 변위응답의 최대치에 반드시 비례하는 것이 아닌, 누적되는 비탄성변형에 의한 영향도 상당한 비중을 차지한다. 그러나 현행 설계가속도 스펙트럼은 힘의 평형방정식에 따른 순간최대응답에 근거하고 있으며 지진에 의한 영향을 단순한 하중효과로 평가하고 있다. 반면, 에너지 스펙트럼을 사용하는 경우, 에너지라는 물리량은 지진하중에 대응하는 구조물의 상대변위 증분에 대하여 지진지속시간 동안의 진동상태를 적분한 정보이므로 진동계의 응답을 표현하고 특히 구조물의 손상을 표현하는데 있어 내진설계상의 의의가 존재한다.

표 2.7.2 구조물에 입력되는 지진에너지량

단위 : N·cm

지진파 \ 1차 고유주기 sec	$T_1 = 0.11s$	$T_1 = 0.37s$	$T_1 = 0.63s$	$T_1 = 1.01s$
USN(EW)*	73	100	3	2
Itoh(EW)	6	253	86	26
Hiratsuka(EW)	2	735	442	203
Kumamoto(NS)	58	3380	3410	273
Norcia(EW)	10	183	338	120

* : 100sample(Filtered)

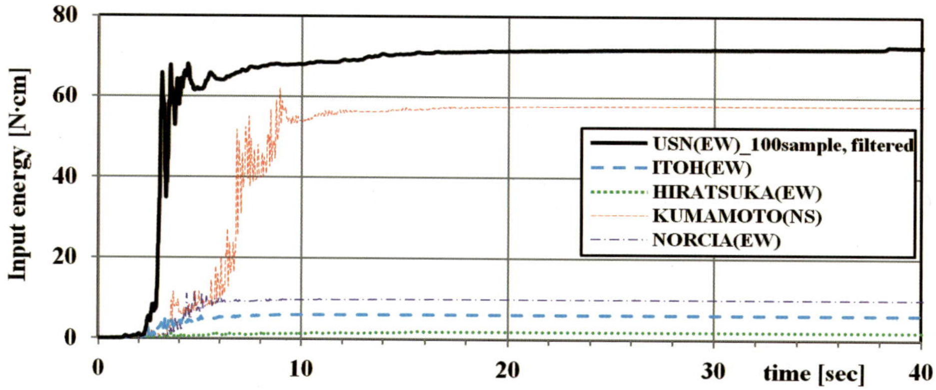

(a) 해석모델 1 ($T_1 = 0.11s$)

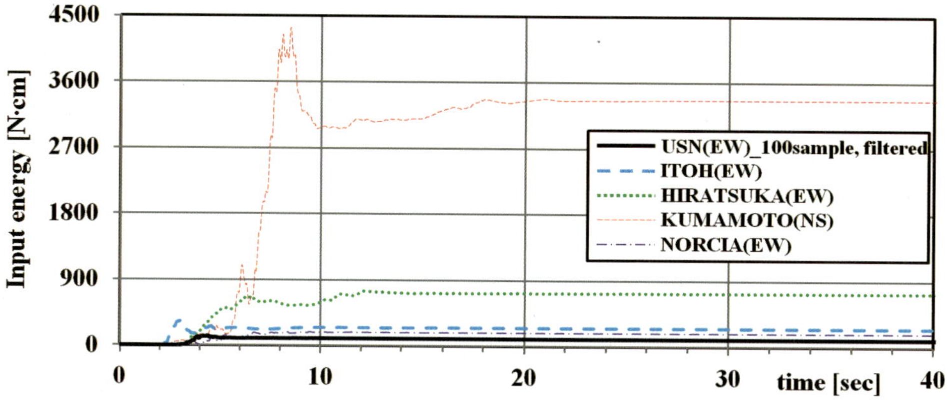

(b) 해석모델 2 ($T_1 = 0.37s$)

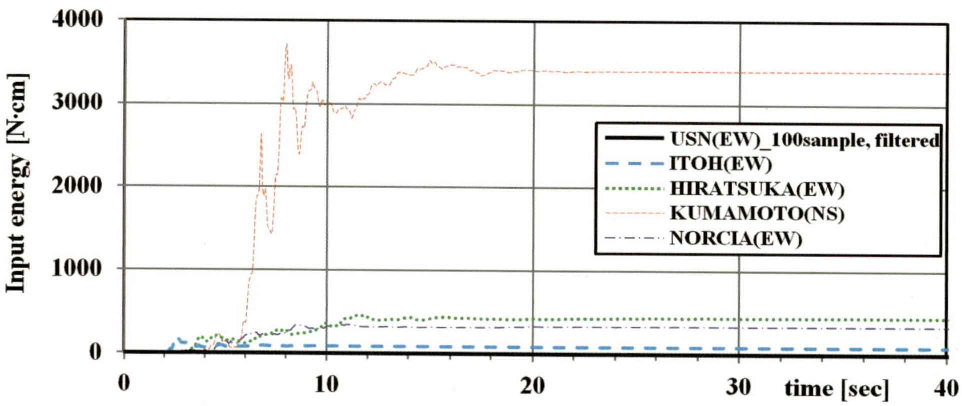

(c) 해석모델 3 ($T_1 = 0.63s$)

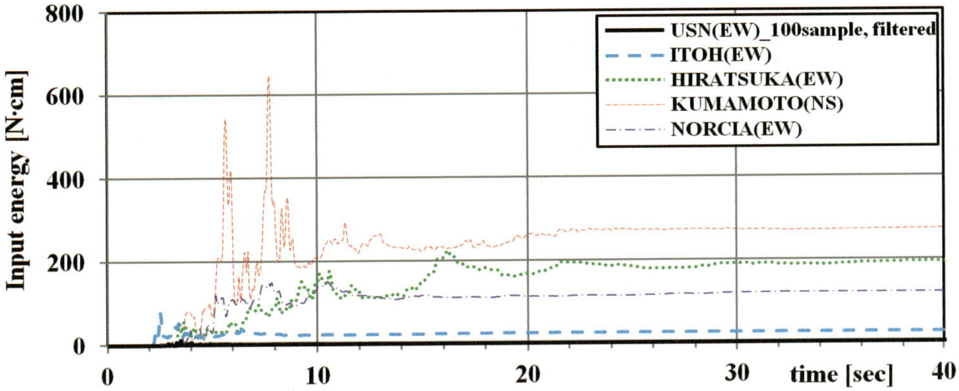

(d) 해석모델 4 ($T_1 = 1.01s$)

그림 2.7.2 지진입력에너지 비교

2.8 소결

본 장에서는 응답 스펙트럼과 FFT 분석을 통하여 경주지진의 지진파 특성을 파악하고 경주지진과 유사규모의 지진 및 최근 1년간 발생한 대지진기록을 수집하여 경주지진과 지진파특성을 비교하였다. 이를 통하여 경주지진의 지진파 특성을 파악하고 경주지진과 건축물 피해규모와의 상관관계를 분석하여 다음과 같은 결론을 얻었다.

1. 진앙지에서 반경 20km 이내에 위치한 세 관측소 중 울산관측소(USN)에서 최대지반가속도(PGA)와 유효최대가속도(EPA)가 각각 350.5gal, 235.8gal로 가장 크게 나타났다. 또한 경주지진(USN)의 탁월진동수는 6~10Hz의 비교적 고주파성분이 많이 포함되어, 건축물에 손상을 입힐 가능성이 높은 5Hz 이하의 진동수를 벗어나 있다.

2. 경주지진(USN)은 비슷한 규모의 지진 및 강진기록에 비하여 고주파 성분을 많이 포함하는 단주기지진파의 특성을 보였고, 구조물의 손상과 직접적으로 연관되는 EPA는 PGA에 비하여 약 65%로 낮게 나타났다. 또한 비슷한 규모의 지진에 비하여 속도응답과 변위응답

은 매우 낮게 나타났다.

3. 감쇠비 5%의 응답 스펙트럼 분석결과, 경주지진(USN)의 가속도응답은 약 0.1초 부근의 단주기영역에서 탁월하게 나타났다. 또한 KBC 2016에 의한 설계가속도응답 스펙트럼의 약 1.6배에 해당하는 유효최대가속도(EPA)를 나타냈다.

4. 감쇠비 10%의 에너지 스펙트럼 분석결과 경주지진(USN)의 에너지등가속도응답은 약 0.1초 부근에서 탁월하게 나타나, 0.2초 미만에서 설계에너지응답 스펙트럼을 약 2.0배 상회하는 것으로 나타났다.

5. 구조물에 미치는 손상의 영향을 분석하기 위하여 구조물에 입력되는 총에너지량 분석결과, 0.2초 이상의 고유주기를 가지는 일반적인 구조물에서는 경주지진(USN)에 의한 총입력에너지가 비슷한 규모의 지진에 비하여 평균 3.4%로 매우 낮게 나타났다.

6. 이상의 결과를 종합하면 경주지진(USN)은 약 0.1초 부근의 단주기영역에서 가속도응답이 탁월하게 나타나 구조물의 손상과 직접적으로 연관되는 유효최대가속도(EPA)는 PGA에 비교하여 약 65%로 나타냈다. 또한 비슷한 규모로 발생한 지진에 비하여 속도응답과 변위응답이 매우 낮게 나타났다. 따라서 지진규모에 비하여 건축물의 피해규모는 미미하게 발생한 것으로 유추된다.

제3장 경주지진 피해규모 및 집계현황

김 혜 원*

3.1 경주지진 피해현황

9.12 지진으로 23명의 부상자 발생과 총 6개 시·도, 17개 시·군·구에 지진피해를 입히고 54세대에 111명의 이재민이 생겼다. 재산피해액은 총 11,020백만원으로 사유시설은 경북, 부산, 울산과 기타지역에서 4,297백만원, 공공시설은 경북지역에서 6,723백만원의 피해가 발생했다. 가장 큰 피해를 입은 경주시만 하더라도 9,284백만원(사유시설 3,489, 공공시설 5,795)의 피해가 집계되었다.

※ 국민안전처에서 행전안전부로 직제개편(2017.07.26)

표 3.1.1 중앙재난안전대책본부, 지진피해 복구계획 심의확정 · 통보(16.9.28)

- [인명피해] 23명 부상자 입원
- [재산피해] 총 11,020백만원(사유 4,297, 공공 6,723)
- [복구계획] 총 14,514백만원(국비 8,910, 지방비 2,583, 자체복구 3,021)

표 3.1.2 인명피해 현황

구분	계	부산	대구	대전	울산	경기	충북	충남	전북	전남	경북	경남
입원 환자	23	1	2	–	4	–	–	–	–	1	13	1

표 3.1.3 사유시설 피해현황

시설별		단위	피해내용	
			물량	피해액(백만원)
계				4,297
주택 주택	전파/반파	동	54 [8/46]	930
	소파	동	5,610	3,366
농경지 유실		ha	0.01	1

* 김혜원 : 국립재난안전연구원 지진대책연구실 시설연구관

표 3.1.4 공공시설 피해현황

시설별	단위	피해내용	
		물량	피해액(백만원)
계	개소	204	6,723
문화재시설	개소	66	5,075
도로 · 수리시설	개소	6	148
군사 · 소규모시설	개소	5	71
소하천 등 기타	개소	127	1,429

표 3.1.5 시 · 도별 피해현황

시도	시군구	우심 구분	피해내용(백만원)		
			계	공공시설	사유시설
합계	17개	–	11,020	6,723	4,297
부산	7	–	62	–	62
울산	4	–	695	–	695
충북	1	–	1	–	1
전남	1	–	1	–	1
경북	3	1	10,244	6,723	3,521
경남	1	–	17	–	17

3.2 9.12 지진대응

중앙재난안전대책본부는 재난발생 시 현장상황을 관리하고 지자체와 중앙기관의 긴밀한 협조를 위해 현장상황관리관을 파견한다. 9.12 지진 이틀날 현장상황관리관 및 중앙지진재해원인조사단을 구성하여 9월 13일과 14일 이틀간 경북(경주시 포함), 울산, 부산, 경남 등 4개 시·도에 파견하였다.

현장상황관리관 및 중앙지진재해원인조사단은 국립재난안전연구원장을 단장으로 국민안전처 3명, 국립재난안전연구원 4명, 민간전문가 7명으로 구성되었다. 현장상황관리관은 재난현장 상황과 응급조치 진행상황을 파악하여 보고하고, 중앙수습지원단 파견 건의 및 중앙·시도차원의 지원 필요사항을 보고하는 역할을 수행한다. 중앙지진재해원인조사단은 지진재해 원인과 시설물별 피해발생원인을 조사 · 분석하고, 지진재해경감대책 수립에 관한 사항 등을 조사하는 역할을 수행한다.

3.3 복구계획수립 및 피해지원

국민안전처는 신속하고 정확한 피해조사 및 복구계획수립을 위한 "중앙재난피해합동조사단", "정부합동 지진피해긴급복구지원단"을 운영하였다.

또한, 경주시는 국고지원기준 피해액(30억원)의 2.5배를 초과하는 피해가 발생하였기 때문에 2016년 9월 22일 특별재난지역으로 선포하였다. 이는 지진피해로 인한 첫 특별재난지역의 선포 사례였다.

(1) 중앙재난피해합동조사단

중앙재난피해합동조사단은 2016년 9월 21일부터 23일까지 운영되었고, 중앙재난안전대책본부 심의를 통하여 복구계획을 확정하였다. 이에 따라, 정부와 지자체는 6개시·도, 17개 시·군·구에 총 14,514백만원의 복구비를 들여 주요 기반시설복구에도 총력을 기울였다. 조사단은 중앙부처(국민안전처, 문화재청, 행자부, 복지부) 및 경북도청, 민간전문가, 지역자율방재단으로 구성하였으며, 피해조사 결과 경북 경주시의 피해액은 9,284백만원으로 피해가 가장 컸다.

표 3.3.1 주요지역 피해 및 복구비현황

시도	시군구	구분	피해액	총 복구액	지원복구비(백만원)			자체 복구
					계	국고	지방비	
계	17개	소계	11,020	14,514	11,493	8,910	2,583	3,021
		사유시설	4,297	5,895	5,895	4,440	1,455	-
		공공시설	6,723	8,619	5,598	4,470	1,128	3,021
경북	경주	소계	9,284	12,802	10,708	8,558	2,150	2,094
		사유시설	3,489	5,110	5,110	4,088	1,022	-
		공공시설	5,795	7,692	5,598	4,470	1,128	2,094

기타	16개	소계	1,736	1,712	785	352	433	927
		사유시설	808	785	785	352	433	–
		공공시설	928	927	–	–	–	927

(2) 정부합동 지진피해긴급복구지원단

정부는 경주지역 지진피해 복구활동을 위해 정부합동 지진피해긴급복구지원단을 운영하였다. 국민안전처 재난관리실장을 단장으로 국민안전처, 행정자치부, 보건복지부 등 관계부처 합동으로 구성·운영되었다. 지원단은 9월 22일부터 응급복구완료 시까지 운영되었으며 피해복구 수요조사를 실시하고 지자체가 필요로 하는 부족 장비·인력을 적재적소에 배치하였으며, 주택피해 등 사유시설 응급복구협력, 피해지역주민 심리회복 프로그램 운영 지원, 복구장비·인력수요조사 및 응원지원, 기타 피해주민 애로사항 등을 처리하였다.

표 3.3.2 시 · 도별 복구비현황

시도	시군구	우심 구분	피해내용(백만원)		
			계	공공시설	사유시설
합계	17개	–	14,514	8,620	5,894
부산	7	–	43	–	43
울산	4	–	679	–	679
충북	1	–	1	–	1
전남	1	–	2	–	2
경북	3	1	13,782	8,620	5,162
경남	1	–	7	–	7

제4장 조적조건축물의 피해 및 분석

오 상 훈*

4.1 조적조건축물의 지진피해유형

외국에서 발생한 지진에 의한 조적조건축물의 피해유형을 살펴보면 표 4.1.1에 나타낸 바와 같은 지진피해유형이 가장 많이 보인다. 조적조건축물은 각 개체가 모르타르에 의해 접합되기 때문에 조적개체의 강도가 크더라도 모르타르와 조적개체 사이의 부착강도가 약하기 때문에 주로 모르타르와 개체사이의 파괴가 발생하기 쉽고, 전반적으로 지진에 취약한 구조형식으로 인식되고 있다.

또한 조적벽체는 면내방향으로 지진이 작용하는 경우에는 전단균열 발생의 위험이 있으나 어느정도 강도를 견딜 수 있는 반면, 지진이 면외방향으로 발생한 경우에는 지진력에 대한 저항능력이 현저히 떨어지게 되고 벽체가 탈락되는 경우가 많다.

그리고 조적벽체는 면내방향으로는 강성이 매우 큰 반면, 면외방향으로는 강성이 작기 때문에 면내방향의 벽체와 면외방향의 벽체가 만나는 교차부에서는 상대변위가 발생하여 그 부분에서 균열이 발생하기 쉽다.

그리고 면내방향으로 지진이 작용하는 경우에는 개구부주위가 상대적으로 강도가 작기 때문에 개구부 모서리부분에 응력이 집중되어 전단균열이 발생하기 쉬워진다.

또한 조적건축물의 경우 지붕층을 슬래브로 마감하는 경우가 많고, 이 슬래브를 조적벽체 위에 올려놓는 형태로 시공하는 사례가 많아 슬래브와 벽체간의 정착이 제대로 이루어지지 않은 경우 무거운 슬래브의 관성력에 의한 이동으로 피해가 생기는 경우가 흔히 발생하고 있다.

---

* 오상훈 : 부산대학교 건축공학과 교수

표 4.1.1 조적조의 지진취약부

지진취약부	형태	특징
면외변형	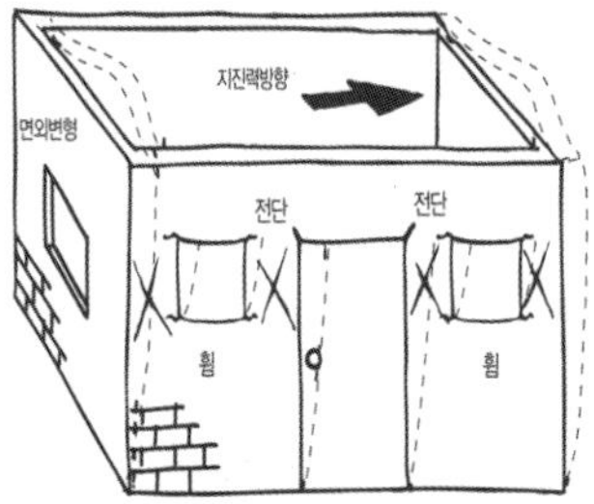	조적조건축물은 면내방향 지진에 대해서는 지탱할 수 있지만, 면외방향 지진에 대해서는 그 성능이 현저히 감소
벽체교차부		모서리부분이나 벽체연결부위에서 균열 발생
개구부모서리	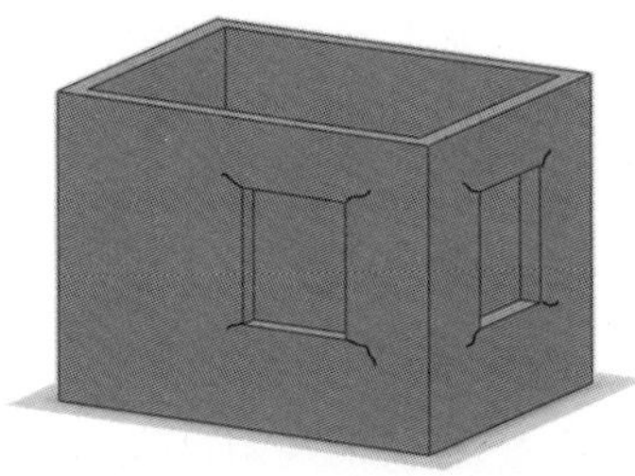	벽체전단균열이 가장 발생하기 쉬운 곳
벽체 – 슬래브 연결부	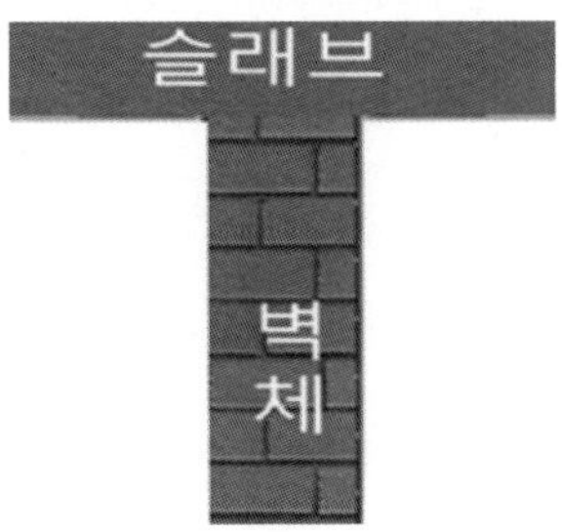	다른 구조방식과는 달리 슬래브와 벽체 간에 어떠한 정착이 없으므로 접합부 파괴 시 벽체의 전도가 일어날 수 있음

4.2 조적조건축물의 지진피해사례

1) 조적벽체의 면외변형

경주지진의 경우 최대지진가속도의 크기는 조적조건축물에 피해를 발생시킬 정도로 크게 나타났으나, 지진 지속시간이 매우 짧았기 때문에 조적벽체의 면외변형이 크게 발생한 사례는 적었지만 그림 4.2.1에서 보는 바와 같이 면외변형에 의한 벽체의 탈락 및 벽체중간부의 배부름현상이 관찰되었다.

(a) 면외변형에 의한 벽체탈락 (b) 면외변형에 의한 벽체의 배부름현상

그림 4.2.1 벽체의 면내 및 면외 변형과 손상

2) 벽체교차부에서의 균열

그림 4.2.2에서와 같이 벽체교차부에서의 벽체의 면내강성과 면외강성의 차이에 의해 교차부에 응력이 집중되어 균열이 발생한 경우와 벽체간의 이음부가 있는 경우 두 벽체간의 강성차에 의해 이음부에서 균열이 발생한 경우가 관찰되었다.

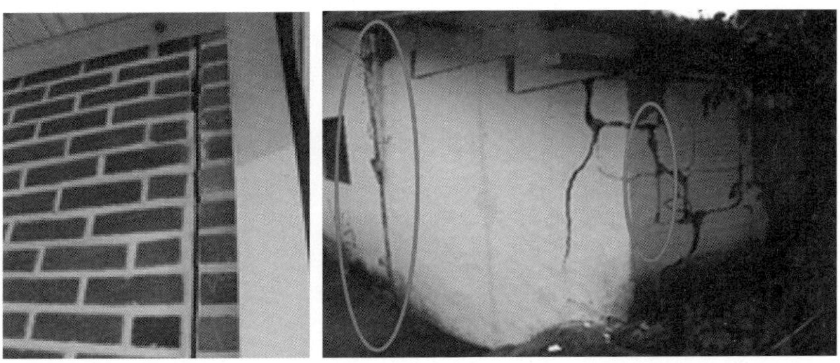

(a) 교차부의 균열 (b) 이음부 및 교차부의 균열

그림 4.2.2 벽체교차부 및 이음부의 균열

3) 개구부주위의 전단균열

경주지진에서 조적조건축물의 지진피해사례로 가장 많이 관찰된 것이 개구부주위에서의 전단균열이다. 그림 4.2.3에 나타낸 바와 같이 출입무과 창문 등 개구부의 모서리부분에 응력이 집중, 모서리부분에서 균열이 시작되어 45도 방향으로 균열이 발생한다.

그림 4.2.3 조적벽체의 전단균열

4) 벽체 – 슬래브 연결부의 균열

그림 4.2.4는 벽체 – 슬래브 연결부에서 균열이 발생한 상태를 나타내고 있다. 슬래브와 벽체간에 정착철물 등이 설치되지 않아 모르타르의 부착강도에 의존하고 있었으나, 이 강도가 지진력에 대한 슬래브의 관성력을 견디기에는 부족한 상황이었음을 보여준다.

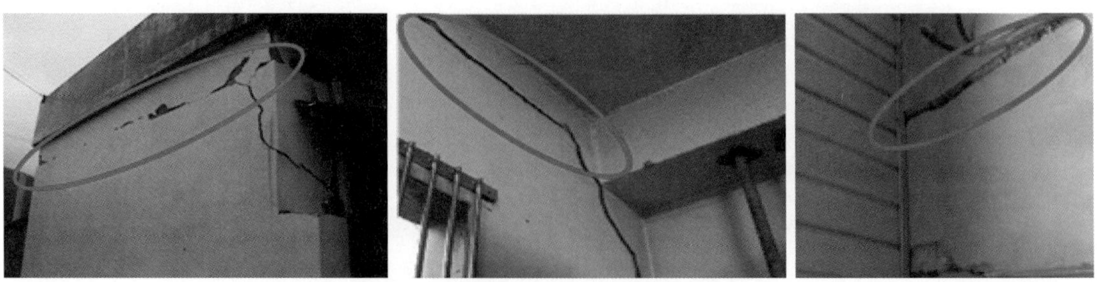

그림 4.2.4 벽체 – 슬래브 연결부의 균열

4.3 저층 조적조건축물의 지진피해원인 집중분석

경주지진에서는 그 규모에 비해 건축물의 피해가 상대적으로 적은 것으로 파악되고 있다. 그리고 구조피해발생은 대부분 1~2층 저층구조물에 집중되어 있고, 3층 이상의 건축물에서는 지진피해가 거의 발생하지 않았다. 그 이유는 제2장의 경주지진파의 특성에서도 언급하였듯이 그림 4.3.1의 경주지진에 의한 지진파의 응답특성은 1~2층 구조물의 고유주기에 해당하는 주기 0.1초 전후에서 최대응답가속도가 매우 크게 나타나고 있으며, 그 외의 주기대에서는 최대응답가속도가 현저히 낮아지고 있기 때문으로 파악된다.

또한 지진피해가 조적조건축물에 집중된 것은 그동안 제기되어온 조적조건축물의 지진취약성과 조적건축물의 노후화 등에 의한 것으로 사료된다.

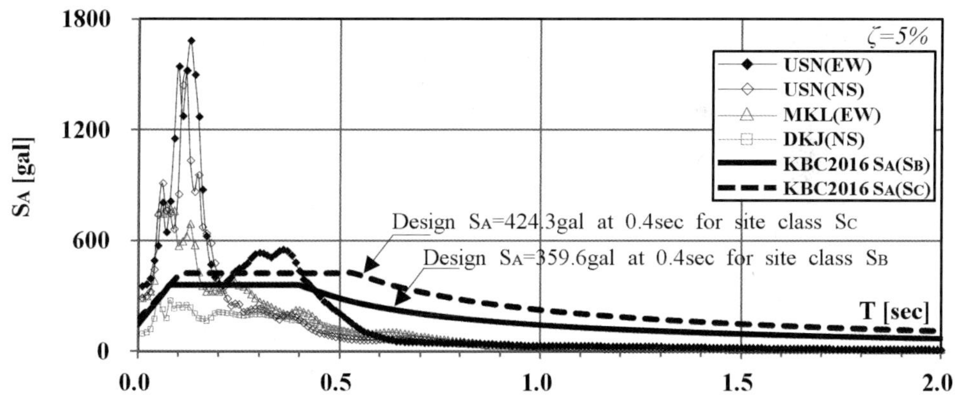

그림 4.3.1 경주지진파의 최대응답가속도 스펙트럼

제5장

철근콘크리트구조의 피해 및 분석

이 강 석*

5.1 시설 피해조사

(1) 조사지역 및 지진피해 평가방법

진원보다 약 2km 서쪽에 위치한 흥해읍 및 진원보다 약 3~5km 남동부에 위치한 포항시 북구를 중심으로 철근콘크리트 구조물의 지진피해조사를 실시하였으며, 대상건축물의 대부분은 철근콘크리트 학교건축물이다. 그림 5.1.1에 조사지역 및 구조피해 발생학교를 표시하였다.

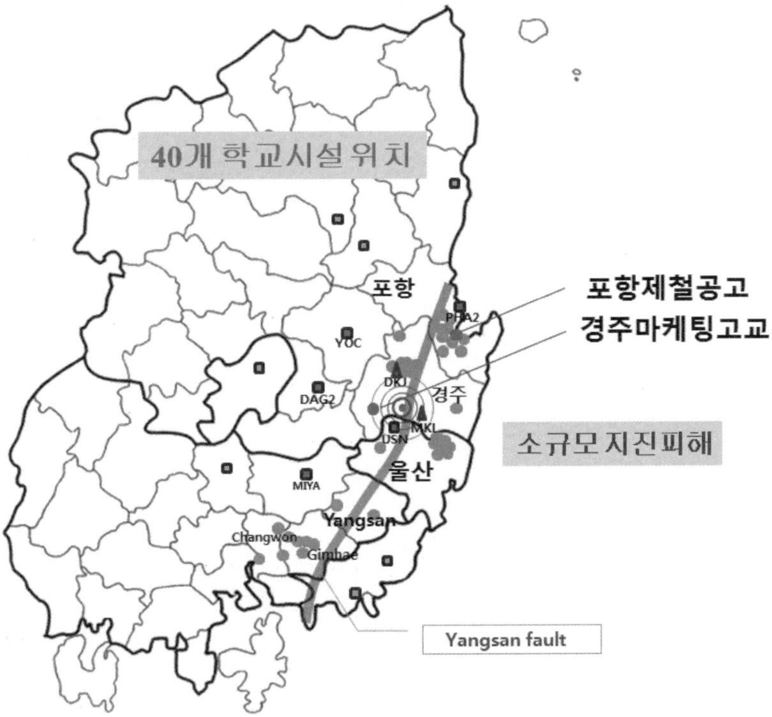

그림 5.1.1 경주 근처 조사지역 및 구조피해 발생학교

* 이강석 : 한양대학교 건축학부 교수

지진피해의 평가는 지진피해를 받은 철근콘크리트 건축물의 지진피해도 판정기준(일본건축방재협회, 2001)을 참조로 교육부 및 교육시설재난공제회에서 작성한『철근콘크리트 학교건축물의 지진피해도 판정조사표』에 의해 수행되었으며, 양식은 그림 5.1.2와 같다.

[민간전문가] 철근콘크리트 학교 건축물의 지진피해도 판정조사표

번호 : ____번　　점검일시 : ______년 ______월 ______일 오전 / 오후 ____시
횟수 : ____회　　점 검 자 : ______________
　　　　　　　　소　 속 : ______________

1. 건축물 개요

1.1 학교 건축물 명칭 ______________
1.2 건축물 소재지______________
1.3 소유자______________
1.4 연락자______________연락처______________
1.5 학교구분 □초등학교 □중학교 □고등학교 □특수학교 □대학교 □기타
1.6 건물용도 □교실 □특별교실 □급식실 □체육관 □공작물(토목) □기타 (　　　)
1.7 구조종별 □철근콘크리트 □철골구조 □조적조
　　□철골철근콘크리트 □병용구조 (　　　　조와　　　　)
1.8 구조형식 □라멘구조 □벽식구조 □기타 구조 (　　　)
1.9 기초구조 □직접기초 □말뚝기초 □기타 (　　　)
1.10 건축규모 지상___층, 지하___층, 옥탑__층, 1층바닥면적___㎡(장변__m × 단변__m)
1.11 대지의 형태 □평지 □경사지 □움푹한 곳 □기타(　　　)
1.12 주변의 지형(벼랑·강·해안·호수)에서_____m (50m이상의 경우에는 기입 불필요)
1.13 외장마감재 □노출 □모르타르 □타일 □돌붙임 □외단열(드라이빗) □커튼월(중복가) □PC판 □ALC판 □벽돌 □기타 (　　　)
1.14 설계도서 구조계산서 □유 □무, 설계도 □유 □무, 시공기록 □유 □무
1.15 건축연도(준공)__________년 (□불명)

2. 지진피해도의구분

2.1 건축물의 붕괴에 의한 판정

붕괴 유무 : □유 (2.3절로 이동, 계산은 생략하고 상부구조의 피해정도(음영부분)는 "전도붕괴"라고 한다) □무 (2.2절로 이동)

2.2 기초구조의 침하·경사에 의한 판정

기초구조의 피해 말뚝 피해의 유무 : □유 □무 □불명, 액상화의 유무 : □유 □무 □불명

① 기초의 침하량 S=______m
② 기초의 경사각 θx=_____rad. θy=_____rad. θ= $\sqrt{\theta x^2+\theta y^2}$ =_____rad.
(0.01 rad.=0.573도, 1도=0.01745 rad.)

표 1 말뚝기초 건물의 피해도 구분

구분		기초의침하량(m) 0	0.1	0.3	
기초의 경사	1/300	피해없음	[소규모]	[중규모]	※
	1/150	[소규모]	[중규모]	[중규모]	[대규모]
	1/75	[중규모]	[중규모]	[대규모]	[대규모]
		[대규모]	[대규모]	[대규모]	[대규모]

※ 평가제외 : 상세조사 필요

표 2 직접기초 건물의 피해도 구분

구분		기초의침하량(m) 0.05	0.1	0.3	
기초의 경사	1/150	피해없음	[소규모]	※	※
	1/75	[소규모]	[중규모]	[중규모]	※
	1/30	[중규모]	[중규모]	[대규모]	[대규모]
		[대규모]	[대규모]	[대규모]	[대규모]

※ 평가제외 : 상세조사 필요

기초구조의 침하·경사에 의한 피해도 구분			
□무피해	□소규모	□중규모	□대규모

2.3 상부구조의 내진성능잔존율 R에 의한 판정

① 피해가 가장 심각한 층과 방향 ______층 방향 : □단변방향 □장변방향
② 건물 구획, 나눔 여부
□불필요(건물 전체로 판정)
□필요(구획 나눔을 평면도 등에 명시하고, 그 구획마다 판정)
③ 구조부재의 손상도 조사 결과 (아래 표를 이용)
- (　　)내에 각각의 기둥수와 벽체수를 기입하여 그 합계를 계산한다.
- 양측에 기둥을 가지는 벽체는 1스팬을 1매수로 계산한다.

구조부재의 손상도 조사 결과표

구 분	전단기둥	휨기둥	기둥없는 벽체	편측에 기둥을 가지는 벽체	양측에 기둥을 가지는 벽체	합계	
총 부재수	(　) +	(　) +	(　) +	(　) +	(　) =	(　)	
조사 부재수	(　)×1 +	(　)×1 +	(　)×1 +	(　)×2 +	(　)×6 =	(　)	= A_{org}
손상도 0	(　)×1 +	(　)×1 +	(　)×1 +	(　)×2 +	(　)×6 =	(　)	= A_0
손상도 Ⅰ	(　)×0.95 +	(　)×0.95 +	(　)×0.95 +	(　)×1.9 +	(　)×5.7 =	(　)	= A_1
손상도 Ⅱ	(　)×0.6 +	(　)×0.75 +	(　)×0.6 +	(　)×1.2 +	(　)×3.6 =	(　)	= A_2
손상도 Ⅲ	(　)×0.3 +	(　)×0.5 +	(　)×0.3 +	(　)×0.6 +	(　)×1.8 =	(　)	= A_3
손상도 Ⅳ	(　)×0.0 +	(　)×0.1 +	(　)×0.0 +	(　)×0.0 +	(　)×0.0 =	(　)	= A_4
손상도 Ⅴ	(　)×0.0 +	(　)×0.0 +	(　)×0.0 +	(　)×0.0 +	(　)×0.0 =	(　)	= A_5

$\Sigma A_i = A_0 + A_1 + A_2 + A_3 + A_4 + A_5 = (\quad\quad)$

④ 내진성능 잔존율 R

$$R = \frac{\sum A_i}{A_{org}} \times 100 = \frac{(\quad)}{(\quad)} \times 100 = (\quad\quad)$$

상부구조의 내진성능 잔존율 R 에 의한 피해도 구분
□무피해 (R=100)　□경미한 피해 (95≤R<100)　□소규모 피해 (80≤R<95)
□중규모 피해 (60≤R<80)　□대규모 피해 (R<60)
□전도붕괴 (붕괴에 의하여 거의 R≒0로 간주 가능)

3. 그 밖의 피해

부속 구조물의 피해
(피해가 있는 경우 피해상황, 위험부분의 지정, 처치의 여부 등을 기입한다)
□바닥 슬래브 : □무피해 □피해 유 (　　　)
□기둥 : □무피해 □피해 유 (　　　)
□벽체 : □무피해 □피해 유 (　　　)
□옥외계단 : □무피해 □피해 유 (　　　)
□연결계단 : □무피해 □피해 유 (　　　)
□EXP. J. : □무피해 □피해 유 (　　　)
□기타(　　): □무피해 □피해 유 (　　　)

4. 최종 판정

- 내진성능잔존율 R과 기초구조의 피해도 구분결과 중 피해가 큰 쪽의 결과에 근거하여 최종판정 한다.

내진성능잔존율 R에 의한 피해도 구분결과	기초구조의 피해도 구분 결과	응급조치의 결정
□ 무피해 (R=100)	□ 무피해	사용가능
□ 경미한 피해 (95≤R<100)	-	사용가능
□ 소규모 피해 (80≤R<95)	□ 소규모 피해	요주의 (사용가능하지만 주의가 필요) → 보수필요
□ 중규모 피해 (60≤R<80)	□ 중규모 피해	위험(사용금지) → 응급조치 및 응급복구 필요
□ 대규모 피해 (R<60)	□ 대규모 피해	위험(사용금지) → 응급조치 및 응급복구 필요
□ 전도붕괴 (R≒0로 간주 가능)	-	접근금지(사용불가) → 복구불가능

5. 지진피해 부분의 스케치, 소견 등의 메모 등

그림 5.1.2 철근콘크리트 학교건축물의 지진피해도 판정조사표

(2) 구조피해 건축물

1) K고등학교

진원에서 서쪽으로 약 12.4km 떨어진 곳에 위치한 철근콘크리트조 2층 건축물 2개 동으로 이루어져 있으며(그림 5.1.3), 건축물 A 및 B는 약 50년 전(1970년도)에 건설되었다.

그림 5.1.3 K고등학교의 전경 및 건설연도

건축물 A : 손상도 Ⅲ으로 판단된 기둥은 3개가 있었으며(그림5.1.4), 손상도 Ⅱ 및 Ⅰ(그림 5.1.5)도 일부 확인되었다. 약 50년 전에 건설된 건축물로, 전단보강근의 간격은 300mm, 후크는 90°이나, 내진설계기준이 제정되지 않은 시기에 지어진 것이기 때문에 설계불량은 아니다.

건축물 내외부 기둥은 양쪽에 800mm 정도의 조적조허리벽을 보유하고 있어 h0/D는 6 이하의 단주로 조사되었다. 전단에 의한 손상은 조적조허리벽으로 인한 단주화로 인한 것으로 판단된다. 건축물 A는 사용에 신중을 가함 및 기둥의 긴급 보수가 진행되었다. 상기의 평가를 통해 나타난 건축물 A의 각 부재의 손상정도와 지진피해도 판정결과를 그림 5.1.6 및 그림 5.1.7에 나타내었다.

건축물 B : 본 건축물은 건축물 A와 동일한 부재의 단면 및 구조평면을 가지지만 눈에 띄는 구조물의 피해는 발견되지 않았다.

그림 5.1.4 손상도 Ⅲ의 기둥

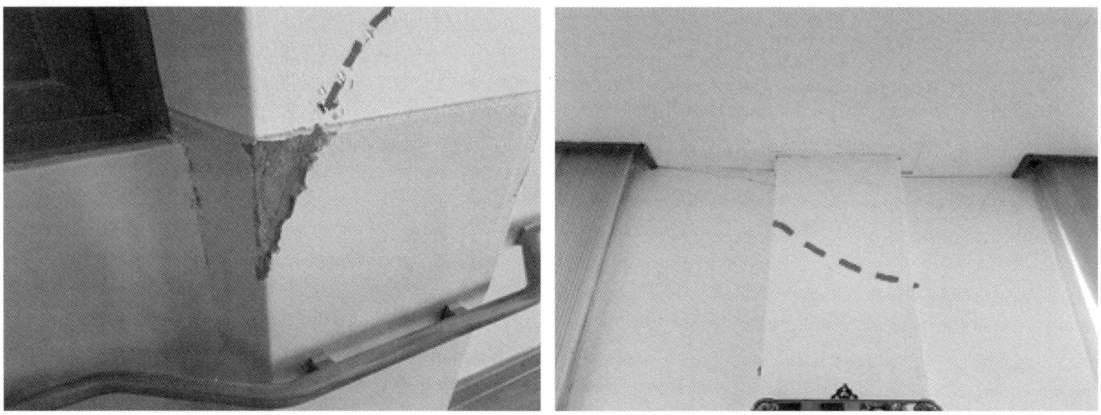

그림 5.1.5 손상도 Ⅰ 및 Ⅱ의 기둥

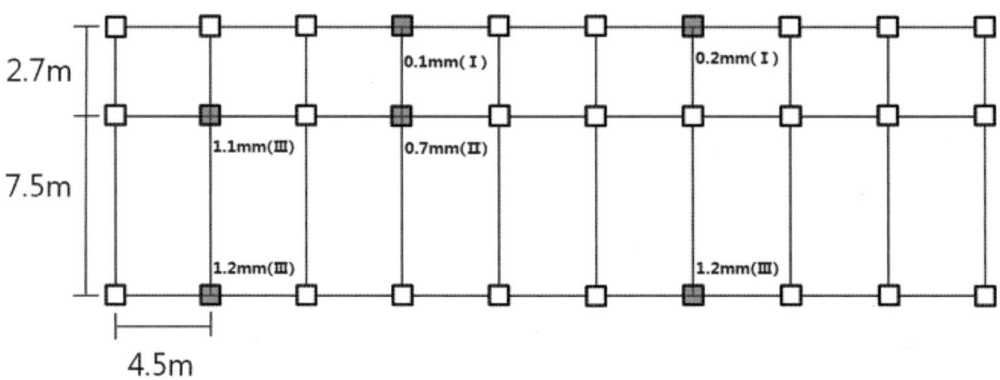

그림 5.1.6 건축물 A의 부재별 손상정도

구조부재의 손상도 조사 결과표

구 분	전단기둥	휨기둥	기둥없는 벽체	편측에 기둥을 가지는 벽체	양측에 기둥을 가지는 벽체	합계	
총 부재수	( ) +	( ) +	( ) +	( ) +	( ) =	( )	
조사 부재수	(22)×1 +	(0)×1 +	( )×1 +	( )×2 +	( )×6 =	(22)	= A_{org}
손상도 0	(16)×1 +	(0)×1 +	( )×1 +	( )×2 +	( )×6 =	(16)	= A_0
손상도 I	(2)×0.95 +	( )×0.95 +	( )×0.95 +	( )×1.9 +	( )×5.7 =	(2)	= A_1
손상도 II	(1)×0.6 +	( )×0.75 +	( )×0.6 +	( )×1.2 +	( )×3.6 =	(1)	= A_2
손상도 III	(3)×0.3 +	( )×0.5 +	( )×0.3 +	( )×0.6 +	( )×1.8 =	(3)	= A_3
손상도 IV	( )×0.0 +	( )×0.1 +	( )×0.0 +	( )×0.0 +	( )×0.0 =	(0)	= A_4
손상도 V	( )×0.0 +	( )×0.0 +	( )×0.0 +	( )×0.0 +	( )×0.0 =	(0)	= A_5

$\Sigma A_i = A_0 + A_1 + A_2 + A_3 + A_4 + A_5 = (\quad 22 \quad)$

④ 내진성능 잔존률 R

$$R = \frac{\sum A_i}{A_{org}} \times 100 = \frac{(19.4)}{(22)} \times 100 = (\underline{88.2})$$

상부구조의 내진성능 잔존률 R 에 의한 피해도 구분		
□무피해 (R = 100)	□경미한 피해 (95≤R < 100)	■소규모 피해 (80≤R < 95)
□중규모 피해 (60≤R < 80)	□대규모 피해 (R < 60)	
□전도붕괴 (붕괴에 의하여 거의 R≒0로 간주 가능)		

그림 5.1.7 K고등학교건축물 A의 지진피해도 판정결과

2) P공업고등학교

진원에서 북동쪽으로 약 31.8km 떨어진 곳에 위치한 철근콘크리트조 4층 건축물로 약 25년 전(1993년)에 건설되었다(그림 5.1.8).

그림 5.1.8 P공업고등학교

학교건축물 중 가장 큰 피해를 입었으며, 손상도 Ⅲ으로 판별된 기둥만 7개가 있었다(그림 5.1.9). 손상도 I(그림 5.1.10)도 다수 확인되었으나, 지진발생 전 지반침하를 통한 손상이 발생하였던 이력이 확인되어 순수한 지진피해라고 단정하기는 어렵다고 사료된다. 약 25년 전에 건설된 건축물로 전단보강근의 간격은 300mm, 후크는 90 °이나 내진설계기준이 제정되지 않은 시기에 건립하였기 때문에 설계불량은 아니다.

건축물 외부기둥은 양쪽에 800mm 정도의 조적조허리벽을 보유하고 있어 h0/D는 6 이하의 단주로, 건축물의 내부기둥은 2,400mm의 조적벽체로 인해 h0/D는 6 이하인 극단주로 조사되었다. 전단에 의한 손상은 조적조로 인한 단주화로 인한 것으로 판단된다. 건축물은 사용에 신중을 가함 및 기둥의 긴급보수가 진행되었다. 상기의 평가를 통해 나타난 건축물의 지진피해도 판정결과를 그림 5.1.11에 나타내었다.

그림 5.1.9 손상도 Ⅲ의 기둥

그림 5.1.10 손상도 Ⅰ의 기둥

5.2 비선형 동적해석에 의한 학교시설 손상도와 피해원인관계

(1) 상세평가를 위한 구조모델(CANNY)

대상건축물은 1980s 표준도면(그림 5.2.1)에 의해 지어진 피해학교와 표준도면을 반영한 모델링을 상호비교하였으며, 지진파는 피해학교와 인접한 관측소에서 계측된 MKL과 USN 지진파를 적용하였다.

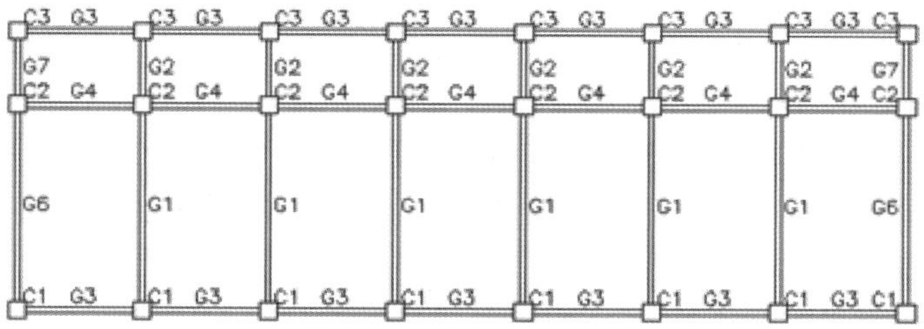

Cross section of columns

	Type C_1	Type C_2	Type C_3
Cross section	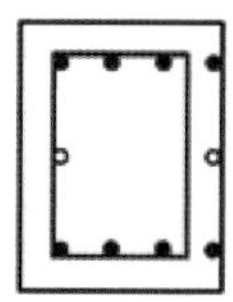	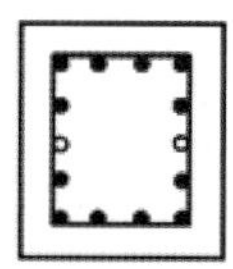	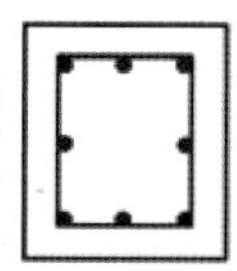
Dim.	350*500 mm	350*400 mm	350*400 mm
Main bar	• 8-D19 ∘ 2-D16	• 12-D19 ∘ 2-D16	8-D16
Hoop bar	D10-@300	D10-@300	D10-@300

그림 5.2.1 1980s 표준도면

부재양단부와 중앙부에 비선형거동을 나타내는 스프링을 갖는 선부재로 모델화하였다. 기둥의 축력 및 휨거동은 부재양단부에서 가정한 MS(Multi Axial-Spring)모델(그림 5.2.2)에 의하여, 전단거동은 기둥중심에 위치한 전단스프링(그림5.2.3)에 의하여 표현하는 것으로 가정하였다. 또한 보는 전단력에 대하여 탄성거동을 보이는 것으로 가정하였으며, 휨모멘트에 의한 비선형거동은 부재양단부의 휨스프링(그림 5.2.4)에 의하여 나타내는 것으로 가정하였다. 기둥과 보의 접합부는 Rigid Zone으로 치환하여 반영하였다. 각 부재의 단일스팬 모델링의 개요는 그림 5.2.5와 같다.

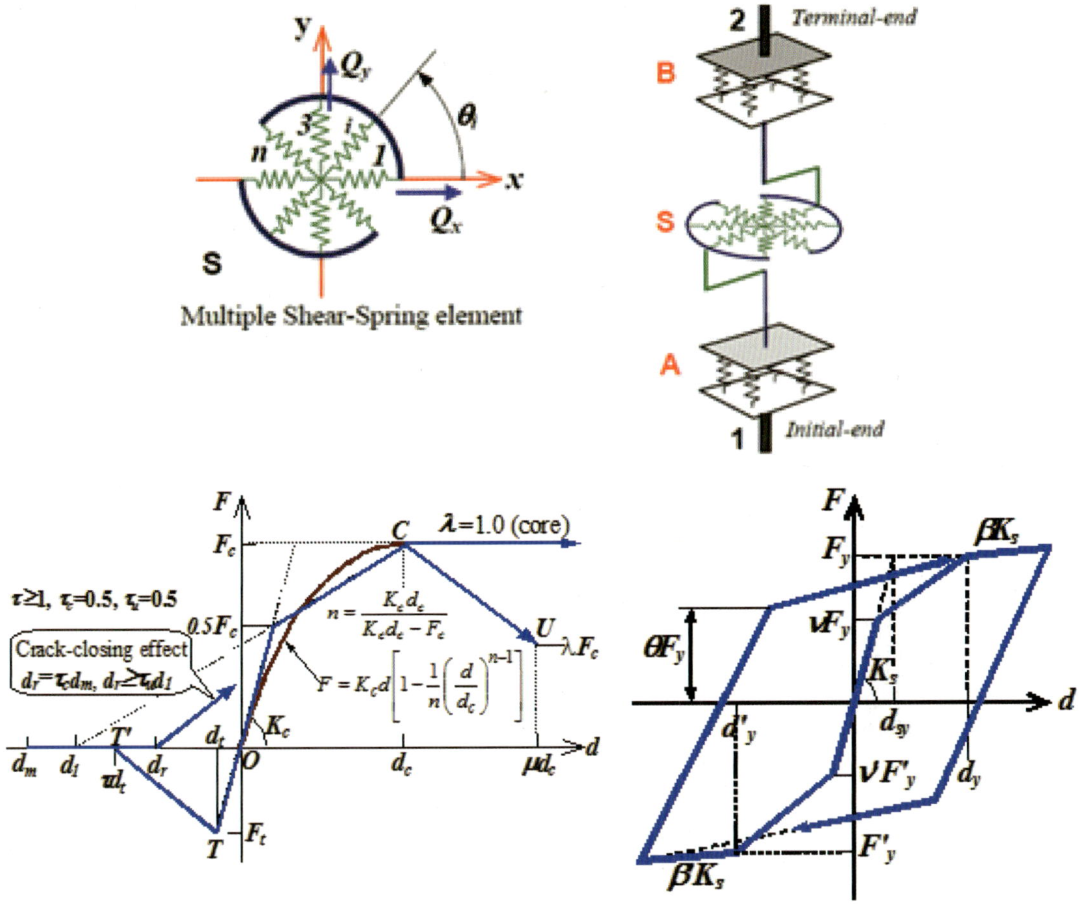

그림 5.2.2 MS(Multi Axial – Spring) 모델

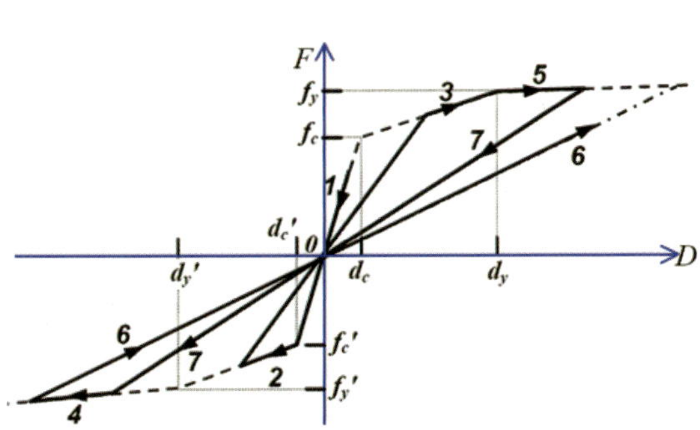

그림 5.2.3 기둥의 전단력 – 전단변위관계

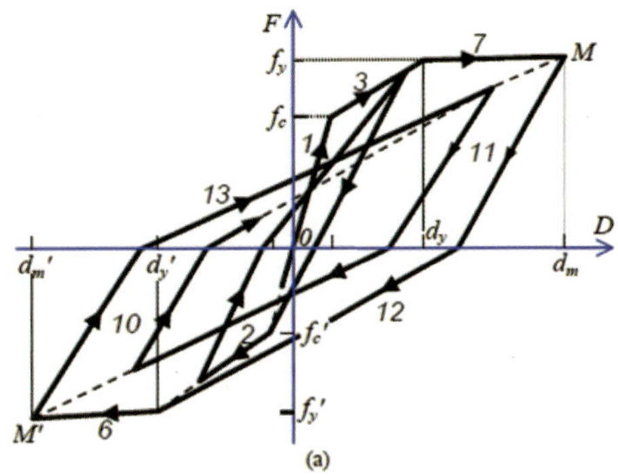

그림 5.2.4 보의 모멘트 – 곡률관계

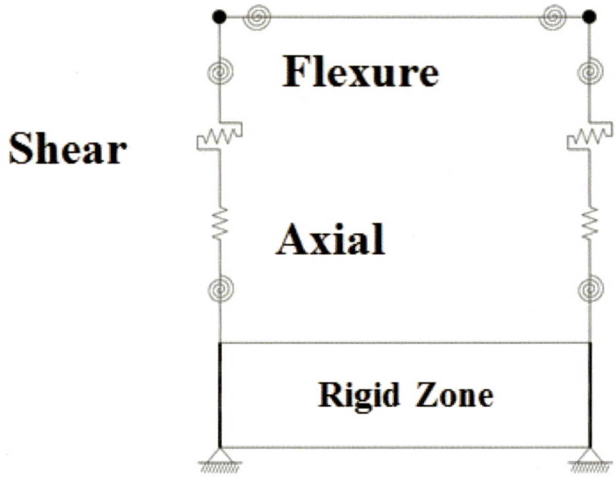

그림 5.2.5 부재의 모델링 개요

(2) 해석결과에 의한 손상도와 피해원인관계 분석

5.2 (1)에 나타낸 모델링에 의한 대상건축물들의 응답을 장변방향과 단변방향으로 구분하여 그림 5.2.6부터 그림 5.2.9에 각각 나타내었다. 표 5.2.1에는 각 해석결과의 최대내력 및 최대응답변위를 비교하였다.

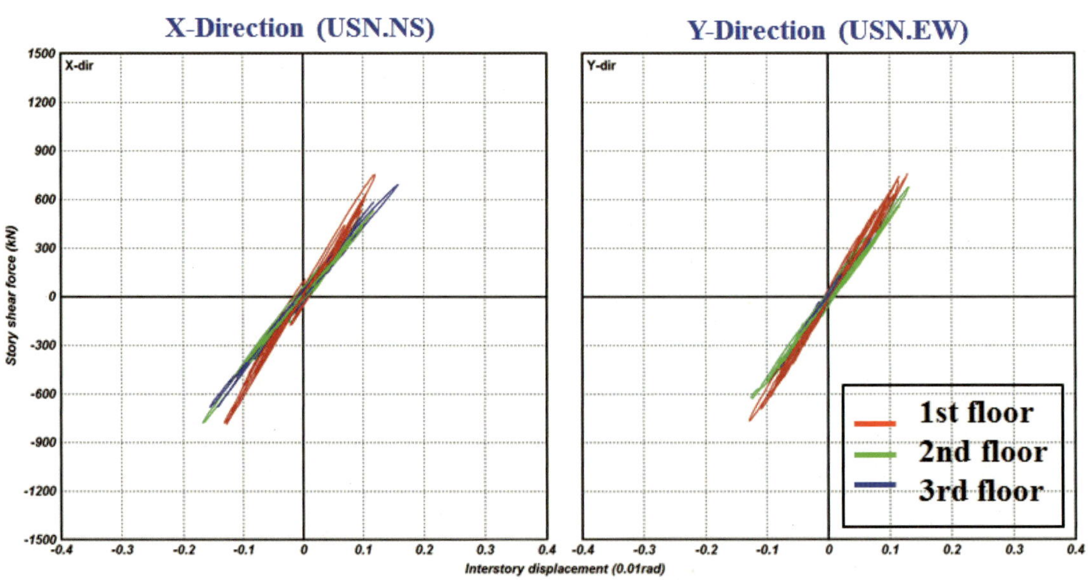

그림 5.2.6 하중 – 변위곡선 (1980s 표준 학교건축물)

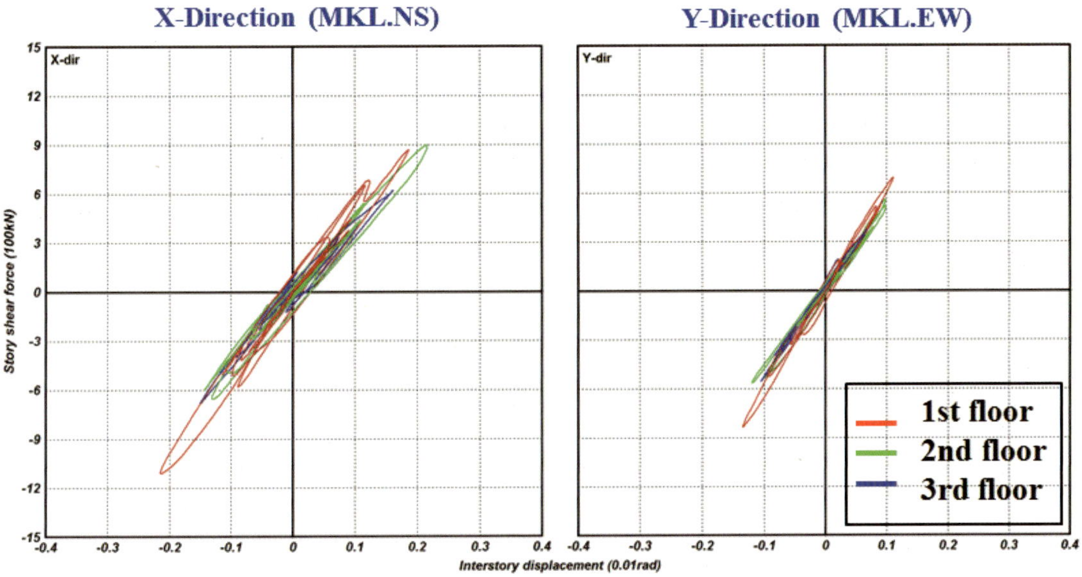

그림 5.2.7 하중 – 변위곡선 (1980s 표준 학교건축물)

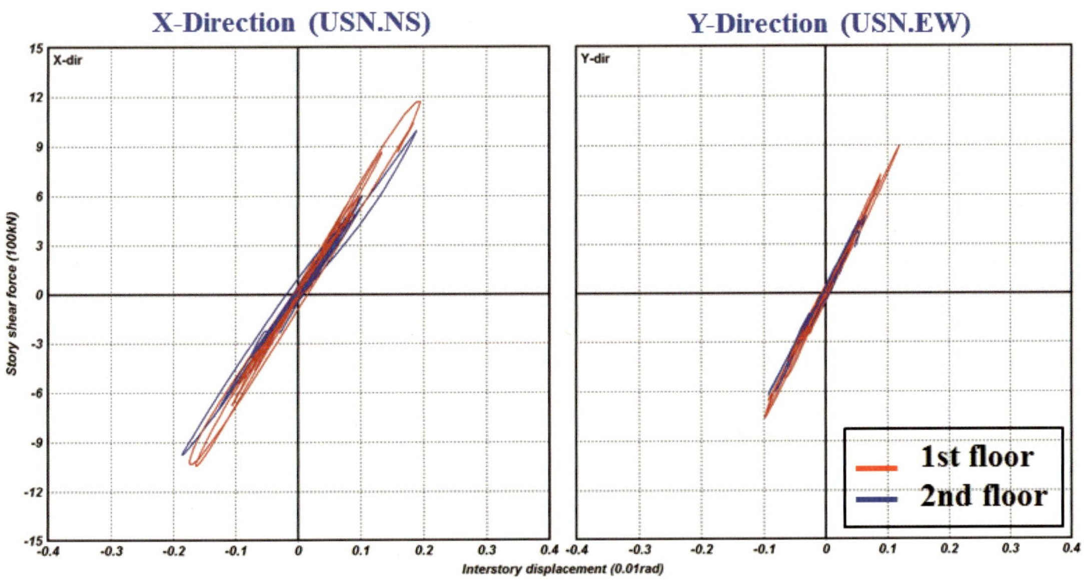

그림 5.2.8 하중 – 변위곡선 (K고등학교)

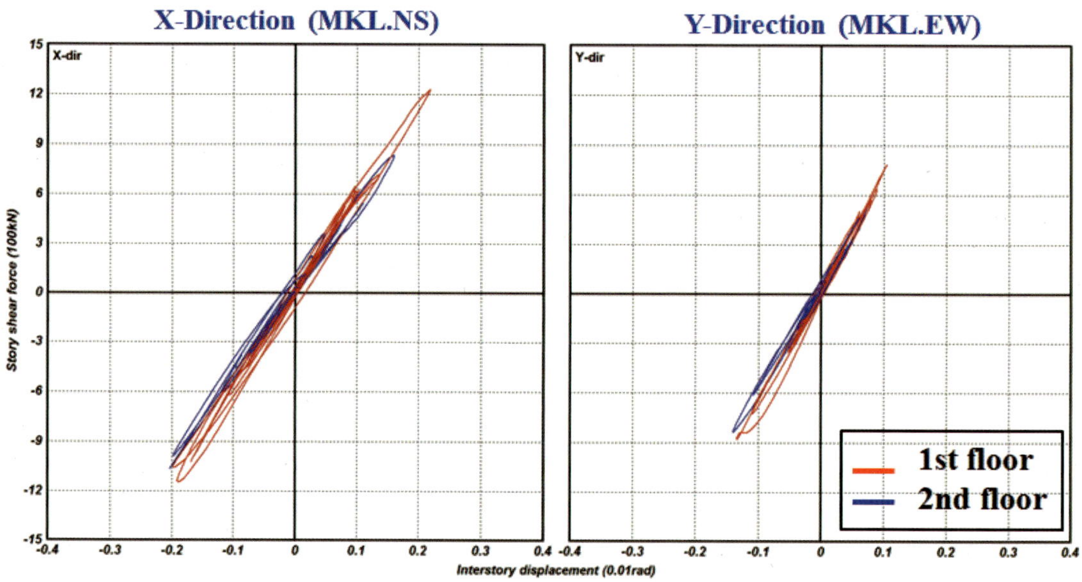

그림 5.2.9 하중 – 변위곡선 (K고등학교)

표 5.2.1 해석결과 비교

건축물	입력 지진파	최대전단력, Vu kN		최대층간변위, Δu R(%) (mm)	
		X–방향	Y–방향	X–방향	Y–방향
Standard	USN	–787.9	–769.3	–0.13 (–4.3)	–0.12 (–4.0)
	MKL	–1112.7	–835.9	–0.21 (–6.9)	–0.13 (–4.4)
Gyeongju Marketing HS	USN	1176.7	896.1	0.19 (6.4)	0.11 (3.9)
	MKL	1232.2	–877.8	0.22 (7.2)	–0.13 (4.4)

응답이 더 크게 나타난 MKL 지진해석결과와 실제 지진피해와의 비교 및 피해부재의 하중 – 변위관계를 그림 5.2.10에, 부재의 손상정도를 연성율을 통해 그림 5.2.11 및 그림 5.2.12과 같이 표현하였다.

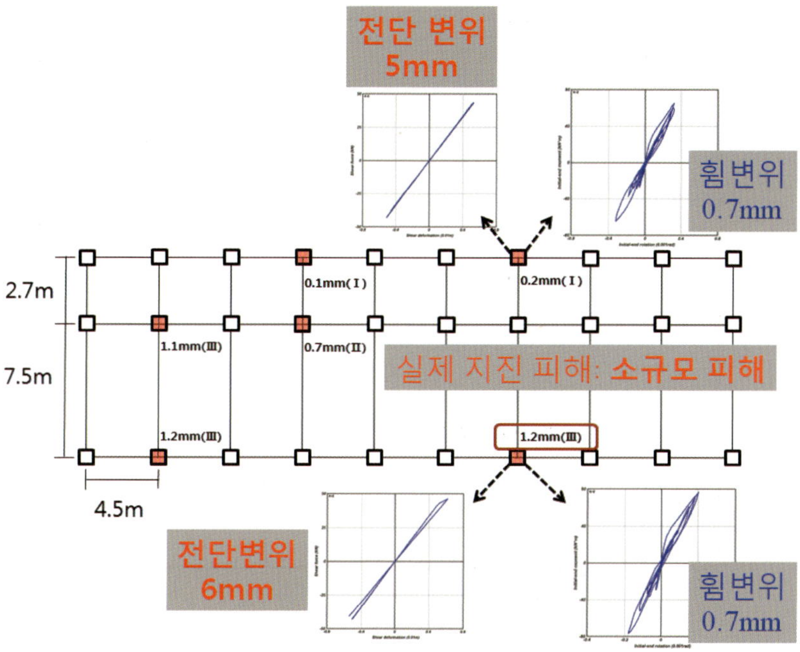

그림 5.2.10 지진피해와 해석결과비교 및 피해부재 하중 – 변위곡선

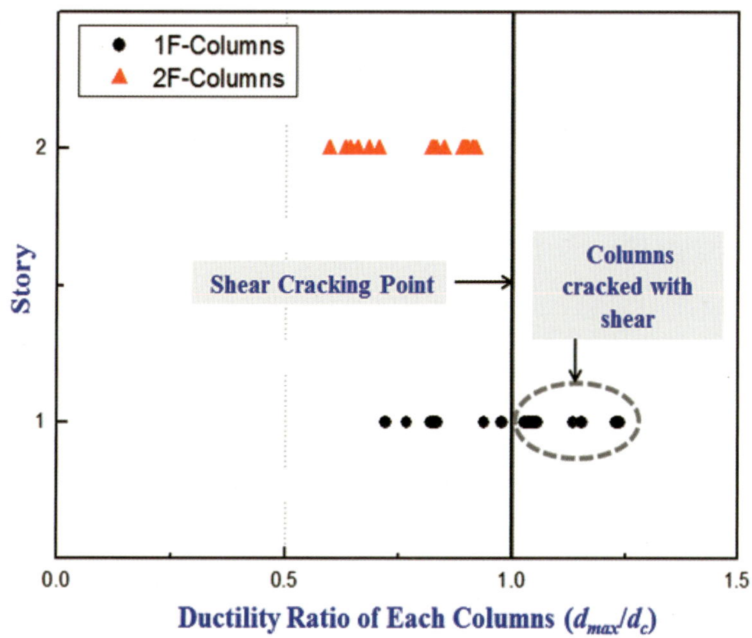

그림 5.2.11 K고등학교 부재별 손상정도 (장변방향)

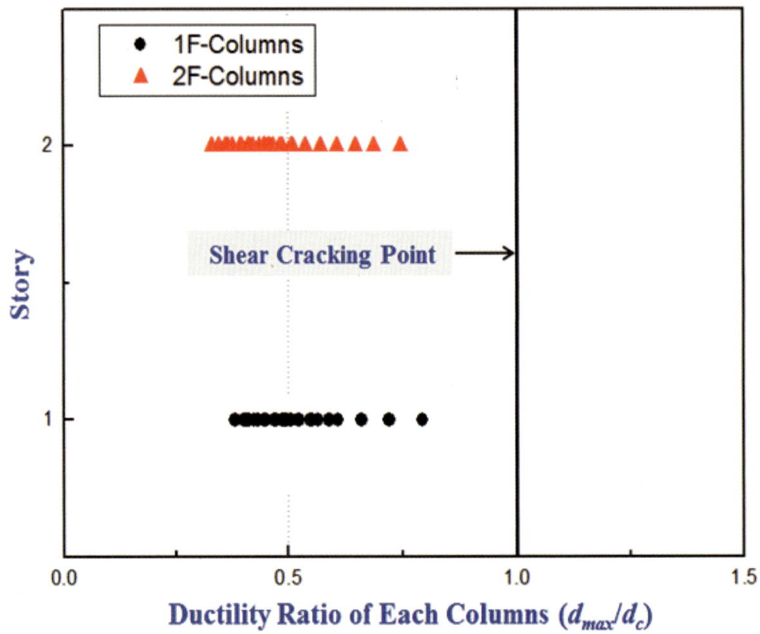

그림 5.2.12 K고등학교 부재별 손상정도 (단변방향)

상기의 300mm 전단보강근 간격 및 조적조허리벽을 통한 단주화를 반영하여 수행된 비선형 동적해석은 실제피해와 유사한 피해수준의 결과를 나타내었다. 일부 기둥이 전단거동을 통해 손상도 Ⅰ~Ⅲ의 피해를 입었으며, 전체적으로 소규모 피해를 받았다. 이는 학교건축물이 지진피해를 입은 국내 최초사례로 내진설계가 되어있지 않으며, 허리벽으로 인해 단주를 가지는 1980년도의 학교건축물의 경우 향후 지진피해가 추가적으로 발생할 수 있다는 근거로 여겨진다.

제6장

문화재건축의 피해 및 분석

김 호 수*

6.1 문화재 피해현황

2016년 9월 12일에 발생한 규모 5.8의 경주지진과 관련하여 경주시와 그 일대의 문화재 피해상황은 국가지정문화재 54건, 시도지정 및 문화재자료 50건으로 총 104건의 문화재로 집계되었으며, 이후 9월 19일 여진으로 인해 첨성대 남측면 정자석이 북쪽으로 3.8cm 이동, 불국사 대웅전 기와 및 서회랑 흙벽이 일부 파손되는 등 문화재피해가 발생하였다. 표 6.1.1은 문화재별 피해내용을 나타낸다.

표 6.1.1 문화재 피해현황 (문화재청 보도자료, 2016)

a) 국가지정문화재(54건)

문화재명	종 별	피해내용
불국사	국보 제20호 보물 제1744호 사적 제502호	다보탑(국보 20) 난간석 접합부 탈락 대웅전(보물 1744) 지붕 및 담장기와 일부 파손 대웅전 용마루 파손, 관음전 담장기와 일부 파손 서회랑 기와 일부 파손 등
석굴암	국보 제24호	일주문에서 석굴암 진입로 낙석
분황사 모전석탑	국보 제30호	일부 균열 발생, 대웅전 외벽 박락
첨성대	국보 제31호	기울기 2cm 변위 상부 정자석 남동 맞춤부 5cm 이격 및 남측 정자석 북쪽으로 3.8cm 이동
나원리 오층석탑	국보 제39호	1층 탑신석 신부재 접합부 균열
단석산마애불	국보 제199호	보호각 지지대 하부 균열
양산 통도사	국보 제290호	대웅전, 극락보전 등 일부 균열
경주남산 칠불암 마애불상군	국보 제312호	마애불 지반침하, 요사채 지붕기와 파손

* 김호수 : 청주대학교 건축공학과 교수

문화재명	종 별	피해내용
경주 석빙고	보물 제66호	후면 벽 상단 벽석 1개 돌출(약3cm) 발생
천군동 동┌서 삼층 석탑	보물 제168호	동서탑 상륜부 파손
울주 망해사지 승탑	보물 제173호	승탑 탑신부 일부 피해(옥개석)
울주 석남사 승탑	보물 제369호	담장 회벽 균열 및 기와 탈락 건물 기단부 균열
팔공산 관봉 석조여래좌상	보물 제431호	요사채 균열, 대웅전 기와 일부 파손
표충사 삼층석탑	보물 제467호	담장, 사천왕문, 종무소, 수선당 기와 일부 파손
은해사 운부암 금동보살좌상	보물 제514호	원통전 지붕 파손
영천 숭렬당	보물 제521호	숭렬당 지붕 기와 파손
달성 용연사 금강계단	보물 제539호	담장 균열, 숫마루장 2장 유실, 와구토 탈락
청도 운문사 동┌서 삼층석탑	보물 제678호	동탑 옥륜부 이탈, 서탑 기움
대구 북지장사 지장전	보물 제805호	산신각 기와 10장 가량 탈락 후 파손
기림사 대적광전	보물 제833호	대적광전 벽체 일부 균열 발생
대비사 대웅전	보물 제834호	공양간 지붕 기와 일부 파손
운문사 대웅보전	보물 제835호	오백전, 전향각 외부담장 파손
청도 대적사 극락전	보물 제836호	요사채 지붕기와 파손
용명리 삼층석탑	보물 제908호	상단 탑신부 박리
신흥사 대광전	보물 제1120호	담장 3개소 일부 훼손
경주 남산 천룡사지 삼층석탑	보물 제1188호	3층 탑신석 및 옥개석 서측으로 9.5cm 이동 2층 옥개석 사이 벌어짐
원원사지 동┌서 삼층석탑	보물 제1429호	동탑 옥개석 모서리 탈락
경주향교 대성전	보물 제1727호	대성전 벽체 훼손
청도 괘불탱 및 지주	보물 제1432호	영산전 벽체 일부 파손
창림사지 삼층석탑	보물 제1867호	옥개석 일부 탈락

문화재명	종 별	피해내용
경주 남산 용장계 지곡 제3사지 삼층석탑	보물 제1935호	노반 반시계 방향으로 회전 및 서측방향 이동 3층 탑신석 미끄러짐 및 고임패드 노출
경주 포석정지	사적 제1호	담장기와 파손
동궁과 월지	사적 제18호	2, 3호 건물 기와 훼손
경주 무열왕릉	사적 제20호	매표소 지붕 파손
김유신장군묘	사적 제21호	흥무문, 신도비 파손
수로왕릉	사적 제73호	동편 화장실, 제기고, 동재 용마루 기와 일부 탈락
수로왕릉비	사적 제74호	서고 천정 석고보드 부분 탈락, 숭모제 천정 목재 이완, 숭선전 천정 목부재 일부 파손
서출지	사적 제138호	이요당 기와 파손
이견대	사적 제159호	내림마루 기와 일부 파손
경주오릉	사적 제172호	동측 담장 기와 파손
경주 신문왕릉	사적 제181호	삼문 벽체, 천장 파손
경주 배동 삼릉	사적 제219호	삼불사 화장실 지붕기와 파손
재매정	사적 제246호	담장 기와 및 벽체 파손
남산 염불사지 삼층석탑	사적 제311호	삼층 탑신석 이완
장기읍성	사적 제386호	성곽 일부 배흘림 및 균열
경주 대릉원 일원	사적 제512호	화장실 기와 파손
교동 최씨고택	중민 제27호	담장 및 담장기와 파손
양동마을	보물 제413호 중민 제76호 중민 제78호 중민 제189호	독락당(보물 413) 담장기와 일부 파손 근암고택(중민 76) 담장기와 일부 파손 수졸당(중민 78) 석축 돌빠짐 이정원가옥 기와 일부 파손
금산 보리암	명승 제39호	극락전 하부 토사 유실 및 석축 붕괴 탐방로 계단 일부 유실, 탐방로 난간 파손

b) 시도지정문화재(26건)

문화재명	종 별	피해내용
동헌	도 유형문화재 제1호	화장실 지붕 기와 탈락
구 대구상업학교 본관	시 유형문화재 제48호	본관 외부 벽체 벽돌과 내부 천장 균열 발생
사의당	도 유형문화재 제74호	벽체 일부 파손 담장 일부 균열 및 기와 파손
동린각	도 유형문화재 제77호	사당건물 뒷벽 균열
자양서당	도 유형문화재 제78호	담장 균열
경주 열암곡 석불좌상	도 유형문화재 제113호	불두 지지석 하부균열 확장 다리 및 좌대 변위 발생
경주향교	도 유형문화재 제191호	명륜당 벽체 일부 흘러내림 향교 담장 20m 담장 기와 파손
통도사 극락전	도 유형문화재 제194호	극락전 내외부 회벽 일부 탈락
이씨삼강묘비	도 유형문화재 제223호	기와 파손
육의당	도 유형문화재 제263호	담장 기와 일부 파손
경주남산 비파곡 제2사지 삼층석탑	도 유형문화재 제448호	탑신받침석 석회접합제 탈락 1층과 2층 탑신석 및 옥개석 반시계 방향으로 회전 3층 탑신석과 옥개석 반시계 방향으로 회전
경주남산 지암곡 제3사지 삼층석탑	도 유형문화재 제449호	3층 탑신석과 옥개석 남측방향으로 3cm 미끄러짐 및 고임패드 노출 노반 남쪽으로 5cm 이동 및 반시계방향으로 회전
포항 보경사 대웅전	도 유형문화재 제461호	순각판 수평 이동
영지사 명부전 석조지장시왕도	도 유형문화재 제485호	영지사 명부전 기와 이탈
박제상유적	시 기념물 제1호	치산서원 충렬묘, 신묘사 앞 담장 기와 10장 탈락, 담장기와 밀림 신묘사 지붕기와 1장 깨짐 홍살문 일부 기울어짐, 사효문 기와 밀림 망해문 기와 1장 탈락 및 밀림
서악서원	도 기념물 제19호	담장 기와 일부 파손
상서장	도 기념물 제46호	담장 기와 일부 파손

문화재명	종 별	피해내용
경주표암	도 기념물 제54호	사당지붕 기와 파손, 동재굴뚝 파손
갈암종택	도 기념물 제84호	안채 기와 탈락, 대청·사당 상부 균열
종오정	도 기념물 제85호	담장 기와 일부 파손
용산서원	도 기념물 제88호	벽체 균열 및 담장기와 파손
외동 수봉정	도 기념물 제102호	기와 파손
임란의병한천전승첩지	도 기념물 제156호	담장기와 파손
충의당	도 민속문화재 제99호	담장 일부 파손
섬암고택	도 민속문화재 제172호	담장 일부 붕괴
무형문화재 전수관	도 무형문화재 제19호	주영희 전수관(가야금 병창) 지붕 기와 파손

c) 문화재자료(24건)

문화재명	종 별	피해내용
경주 사마소	문화재자료 제2호	벽체 일부 탈락, 담장 및 지붕 기와 파손
백률사 대웅전	문화재자료 제4호	지붕 배면 수키와 부분 이완
경주 교동 석등	문화재자료 제10호	석등 기움
석계서원	시 문화재자료 제17호	화장실 지붕 기와 밀림
석불사 석불입상	문화재자료 제20호	요사채 벽체 회벽 일부 탈락 및 들뜸
샬트르 성바오로 수녀원 코미넷관	시 문화재자료 제24호	외부 벽체와 굴뚝 균열
종덕재 정당	문화재자료 제91호	파손 및 문 뒤틀림
경주 활성리 석불입상	문화재자료 제96호	연지암 기와 및 바닥 파손
근계리 입불상	문화재자료 제98호	용운사 대웅전 지붕 파손
도잠서원	문화재자료 제100호	담장 기와 파손
신녕향교 대성전	문화재자료 제102호	벽체 균열 및 틀어짐

다죽리 손씨고가	문화재자료 제111호	담장 부분 파손
성산서당	문화재자료 제167호	담장 기와 파손
구강서원	문화재자료 제188호	지붕 및 벽체 파손
자암서당	문화재자료 제194호	담장 부분 파손
구니서당	문화재자료 제249호	대문채 용마루 기와 일부 파손
경주오릉 숭덕전	문화재자료 제254호	담장 기와 및 벽체 파손
숭신전	문화재자료 제255호	상인제 건물 피해
숭혜전	문화재자료 제256호	담장 기와 및 뒷문벽체 균열
덕봉정사	문화재자료 313호	담장 일부 붕괴, 담장 수키와 및 적새 탈락, 본채의 기단 일부 균열과 측면 합각부 기와 밀림 및 탈락
길암종택	문화재자료 제399호	안채기와 탈락, 대청「사당 상부 균열
우천 반곡고택	문화재자료 제420호	안채 작은방 일부 붕괴
단계서당	문화재자료 제464호	기와 파손 및 바닥 균열
도봉서당	문화재자료 제497호	지붕 기와 일부 파손

6.2 피해내용 분석 및 대책방안(조치계획)

(1) 석조문화재 피해내용 분석 및 대책방안

1) 석조문화재 피해현황

석조문화재의 경주지진에 의한 피해현황은 표 6.2.1 ~ 표 6.2.7과 같다.

표 6.2.1 석조문화재의 지진피해현황(1)

구분	불국사 다보탑	분황사 모전석탑
지진 피해	○ 동측 난간석 탈락 ○ 북측 난간 받침석 이격	○ 일부 균열 발생
지진 피해 현황	지진 전	

	지진 후	

표 6.2.2 석조문화재의 지진피해현황(2)

구분	첨성대
지진 피해	○ 북측 기울기 2cm 변위 ○ 상부 정자석 남동 맞춤부 5cm 이격 및 3.8cm 이동
지진 피해 현황	지진 전   지진 후  

표 6.2.3 석조문화재의 지진피해현황(3)

구분	나원리 오층석탑	청도 운문사 동 · 서 삼층석탑
지진 피해	○ 1층 탑신석 신부재 접합부 균열	○ 동탑 옥륜부 이탈 ○ 동탑 탑신부 균열
지진 피해 현황	지진 전	

	지진 후	
		 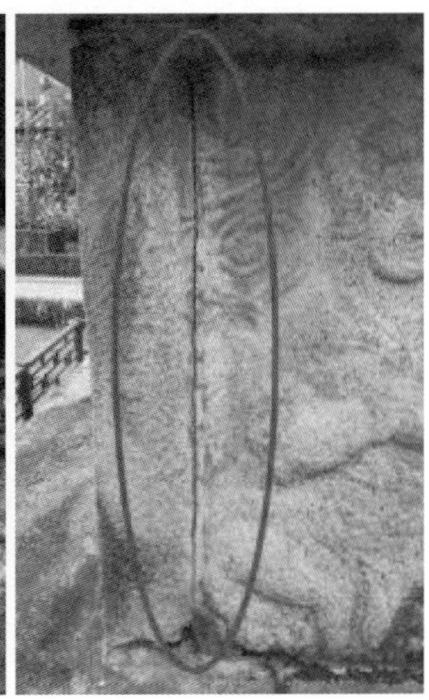

표 6.2.4 석조문화재의 지진피해현황(4)

<table>
<tr><th>구분</th><th>경주 남산 천룡사지 삼층석탑</th></tr>
<tr><td>지진 피해</td><td>○ 3층 탑신석 및 옥개석 서측으로 9.5cm 이동
○ 2층 옥개석 사이 벌어짐</td></tr>
<tr><td rowspan="4">지진 피해 현황</td><td>지진 전</td></tr>
<tr><td>

</td></tr>
<tr><td>지진 후</td></tr>
<tr><td>

</td></tr>
</table>

표 6.2.5 석조문화재의 지진피해현황(5)

<table>
<tr><th>구분</th><th>경주 남산 용장계 지곡 제3사지 삼층석탑</th></tr>
<tr><td>지진
피해</td><td>○ 노반 반시계 방향으로 회전 및 서측방향 이동
○ 3층 탑신석 미끄러짐 및 고임패드 노출</td></tr>
<tr><td rowspan="4">지진
피해
현황</td><td>지진 전</td></tr>
<tr><td></td></tr>
<tr><td>지진 후</td></tr>
<tr><td>
</td></tr>
</table>

표 6.2.6 석조문화재의 지진피해현황(6)

<table>
<tr><th>구분</th><th>경주 남산 비파곡 제2사지 삼층석탑</th></tr>
<tr><td>지진 피해</td><td>○ 탑신받침석 석회접합제 탈락
○ 1층과 2층 탑신석 및 옥개석 반시계방향으로 약 10°회전
○ 3층 탑신석과 옥개석 반시계방향으로 약 10°회전</td></tr>
<tr><td rowspan="4">지진 피해 현황</td><td>지진 전</td></tr>
<tr><td></td></tr>
<tr><td>지진 후</td></tr>
<tr><td>
</td></tr>
</table>

표 6.2.7 석조문화재의 지진피해현황(7)

구분	경주남산 지암곡 제3사지 삼층석탑
지진피해	○ 3층 탑신석과 옥개석 남측방향으로 약 3cm 미끄러짐 ○ 2층 탑신석과 2층 옥개석 접하는 부분 고임패드 노출 ○ 노반 남쪽으로 약 5cm 이동 및 반시계방향으로 회전
지진피해현황	지진 전  지진 후 

2) 석조문화재 지진피해내용 분석

석조문화재의 지진피해는 주로 석탑에 나타났으며, 이 중에서도 불국사 다보탑, 분황사 모전석탑, 첨성대, 나원리 오층석탑, 청도 운문사 동·서 삼층석탑과 경주 남산에 위치한 천룡사지 삼층석탑, 용장계 지곡 제3사지 삼층석탑, 비파곡 제2사지 삼층석탑, 지암곡 제3사지 삼층석탑에서 피해가 현저하게 나타났다.

불국사 다보탑의 난간석 접합부 탈락 원인은 기존에 시멘트모르타르로 접합을 해놓은 상태였으나 풍화로 인해 접합부의 내구성이 감소한 상태에서 지진하중을 견디지 못하고 탈락된 것으로 판단된다. 첨성대의 경우 구조적으로 큰 문제는 없었으나 기울기의 변위와 상부 정자석이 벌어지는 현상이 나타났다. 이는 지진하중으로 인해 하부보다 비교적 가벼운 상부에서 약간의 변형이 발생한 것으로 판단된다. 특히 상부의 정자석은 오랜 시간이 지나면서 석재의 풍화작용으로 인한 결합력 부족으로 벌어짐 현상이 발생한 것으로 판단된다. 그리고 석탑에서의 피해는 주로 하부보다 상부에서 많이 발생하였는데, 이는 상부로 갈수록 부재의 크기가 작아져서 접촉면적이 감소함으로 인해 상부 옥개석 및 탑신석에서의 회전 및 이동, 상륜부의 이탈 등 변형이 많이 발생한 것으로 판단된다. 하지만 분황사 모전석탑과 같이 작은 부재로 이루어진 석탑은 석재의 풍화로 내구성이 저하되어 지진 하중을 제대로 전달하지 못하고 일부분에 집중됨으로써 석재에 균열이 발생한 것으로 판단된다.

3) 석조문화재 지진피해에 따른 대책방안

지진피해에 따른 석조문화재의 대책방안으로 불국사 다보탑의 경우 현재 복원이 완료되었으며, 지진발생 당시 동측 난간석 접합부 탈락과 북측 난간받침석 이격이 발생하였다. 추가 훼손 예방을 위해 동측 돌란대를 고정시켰으며, 이후 손상된 난간부(돌란대, 받침석) 원형복구 및 구조보강을 실시하여 현재 복원이 완료된 상태이다.

첨성대의 경우 구조적으로 큰 문제는 발생하지 않으나, 추후 지진발생 시 기울기에 크게 변동이 생기면 부분적으로 해체 복원할 필요가 있다. 그리고 첨성대 정자석의 경우 추가지진시 탈락될 우려가 있으므로 재접합시킬 필요가 있다.

석탑의 경우 변형이 크게 발생한 부분에 추가지진 발생 시 붕괴될 우려가 있으므로 원위치로 복원시킬 필요가 있다. 석재에 균열이 발생한 부분은 에폭시 및 충전재를 이용하여 접합시켜 추가 균열 및 부재 파손을 방지할 필요가 있으며, 또한 상부부재의 접촉면적 감소로 인해 변위가 발생하는 부분은 맞닿는 면의 거칠기를 가공하거나 고임쇠 및 충전재를 이용하여 추가피해를 방지할 필요가 있다.

표 6.2.8 석조문화재의 지진피해에 따른 대책방안(1)

구분	대책방안	
불국사 다보탑		○ 다보탑 난간석 수리 완료
분황사 모전 석탑	 	○ 에폭시 및 충전재를 이용한 균열 보수
첨성대	 	○ 추후 지진발생으로 인해 기울기에 큰 변동이 생길 시 부분적으로 해체 복원 필요 ○ 재접합으로 인한 정자석 탈락 방지
나원리 오층 석탑		○ 에폭시 및 충전재를 이용한 균열 보수

표 6.2.9 석조문화재의 지진피해에 따른 대책방안(2)

구분	대책방안	
청도 운문사 동·서 삼층석탑		○ 옥륜부 원위치 복원 및 충전재를 사용하여 상하부재 밀착 ○ 에폭시 및 충전재를 이용한 균열 보수
남산 천룡사지 삼층석탑		○ 남산 천룡사지 삼층석탑 해체복원 완료
경주남산 용장계 지곡 제3사지 삼층석탑		○ 노반 원위치 복원 및 충전재를 사용하여 상하부재 밀착 ○ 3층 탑신석 및 고임패드 원위치 복원 및 충전재를 사용하여 상하부재 밀착

표 6.2.10 석조문화재의 지진피해에 따른 대책방안(3)

구분	대책방안	
경주남산 비파곡 제2사지 삼층석탑		○ 3층 탑신석 원위치 복원 및 접촉면적 증가를 위한 고임편 교체 필요 ○ 석회접합제 탈락으로 인한 미끄러짐 발생을 방지하기 위해 하부 공극을 채움재로 보완
경주남산 지암곡 제3사지 삼층석탑		○ 노반 및 3층 탑신석 중심축 맞추어 원위치 복원 ○ 고임편을 사용하여 수평맞춤 후 충전재를 사용하여 상하부재 밀착

(2) 목조문화재

1) 목조문화재 피해현황

목조문화재의 경주지진에 의한 피해현황은 표 6.2.11 ~ 표 6.2.13와 같다.

표 6.2.11 목조문화재의 지진피해(1)

구분	불국사 대웅전
지진 피해	○ 대웅전 지붕 및 담장기와, 벽체 일부 파손 ○ 회랑 지붕 기와 및 벽체 일부 파손
지진 피해 현황	

표 6.2.12 목조문화재의 지진피해(2)

구분	양산 통도사	경주오릉
지진피해	○ 대웅전 용마루 막새부분 파손 ○ 요사채 벽 파손	○ 동측 담장기와 파손
지진피해현황	 	

구분	경주향교		
지진피해	○ 대성전 천장 흙 일부 탈락 ○ 명륜당 벽체 일부 흘러내림 ○ 향교 담장기와 파손		
지진피해현황			

표 6.2.13 목조문화재의 지진피해(3)

구분	경주 신문왕릉	사의당
지진 피해	○ 삼문 벽체 파손	○ 벽체 일부 파손
지진 피해 현황		
구분	충의당	
지진 피해	○ 담장 일부 파손	
지진 피해 현황		

2) 목조문화재 지진피해내용 분석

목조문화재의 지진피해는 손상위치에 따라 지붕, 벽체, 담장에 비교적 많은 피해를 받은 것을 확인할 수 있다. 지붕의 경우 대표적으로 불국사 대웅전, 양산 통도사 대웅전이 지진으로 인해 지붕기와 파손이 발견되었는데, 이는 시간이 지남에 따라 지붕기와의 접착성이 떨어져 지진 발생시 기와 및 연자봉이 지붕에서 탈락되어 파손되는 것으로 판단된다.

목조문화재 벽체의 경우 흙과 가는 목재를 이용해 벽체를 만들고, 회반죽으로 마감하는데, 이때 회벽의 떨어짐으로 인해 훼손된 경우가 많다. 대표적으로 양산 통도사 요사채, 경주향교 대성전, 경주 신문왕릉 삼문, 사의당에서 나타났으며, 이는 회벽체와 내부 벽체가 일체거동이 되지 않아 지진 발생시 탈락된 것으로 판단된다.

담장의 경우 흙과 돌을 이용하여 담장을 쌓고 기와를 얹어 마감하는 방식인데, 담장 기와의 경우 흙 반죽을 얇게 발라 부착력이 매우 떨어진다. 그리고 담장은 흙과 돌을 이용하여 만들지므로 횡력에 취약하며 지진과 같은 강한 진동이 작용시 파손될 수 있다.

3) 목조문화재 지진피해에 따른 대책방안

지진피해에 따른 목조문화재의 대책방안으로 지붕의 경우 기와가 흘러내리거나 탈락되어 파손된 기와를 교체하여 제자리로 복원시키는데, 이때 흙 반죽은 부착력이 좋은 재료를 사용할 필요가 있다.

벽체의 경우 보통 기둥과 기둥사이에 얇은 목재를 엮고, 그 위에 황토흙과 짚을 섞어 초벌바름을 하게 되는데, 이때 초벌바름 후에 고름질을 깊이하여 회반죽과의 결속력을 높여줄 필요가 있다.

담장의 경우 흘러내리거나 탈락되어 파손된 기와는 교체하여 제자리로 복원시키며, 흙 반죽은 부착력을 고려하여 사용하도록 한다. 담장의 균열부분은 모르타르나 보수재료를 이용하여 수리를 하고, 담장이 파손됐을 경우 재건작업을 통해 복원시켜야 한다.

표 6.2.14 목조문화재의 지진피해에 따른 대책방안(1)

구분	지붕
대책 방안	 • 지붕 기와 재사용 및 파손된 기와 교체하여 원위치 복원 • 부착력이 좋은 재료 사용

표 6.2.15 목조문화재의 지진피해에 따른 대책방안(2)

구분	벽체
대책 방안	 • 탈락된 부분 복원 • 수지 충전 등을 이용한 균열 보수보강 • 황토흙 초벌바름 후 고름질로 인해 재벌바름의 결속력 증가

표 6.2.16 목조문화재의 지진피해에 따른 대책방안(3)

구분	담장
대책 방안	 • 담장기와 재사용 및 파손된 기와 교체하여 원위치 복원 • 모르타르나 보수재료 등을 이용하여 균열 부분 수리 • 붕괴부분 재건

part Ⅱ

포항지진

제 1 장

경주지진 여진과 포항지진 발생 메커니즘

김 광 희*

1.1 서론

경상북도 포항시에서 2017년 11월 15일 오후 2시 29분 31초에 규모 5.4의 큰 지진이 발생했다. 이 지진은 우리나라 계기지진을 본격적으로 관측하기 시작한 1978년 이후 2016년 규모 5.8의 경주지진에 이어 두 번째로 큰 규모의 지진이며, 가장 큰 피해를 입힌 지진으로 기록되었다. 지진의 크기를 측정하기 위해서 일반적으로는 우리에게 익숙한 리히터 규모를 사용하지만, 지진이 발생할 때 방출되는 에너지의 크기를 측정하기 위해서는 모멘트 규모를 사용하기도 한다. 미국 지질조사국에서 경주지진은 모멘트 규모가 5.4, 포항지진의 모멘트 규모를 5.5로 발표하였다. 따라서 포항지진은 경주지진과 비슷한 양의 에너지를 방출하였거나 보다 더 많은 양의 에너지를 방출했다고 할 수 있다. 또한 경주지진의 발생깊이는 약 13km이고, 포항지진은 이보다 얕은 4.5km에서 발생하여 지표에 전달되는 지진에너지의 양이 커서 큰 피해를 일으키는 원인으로도 작용하였다. 지진발생 초기부터 진앙주변에 위치한 지열발전을 위한 유체주입이 지진의 발생원인일 수 있다는 의혹이 제기되었으며, 이러한 의혹에 대한 과학적 증거가 제시되기도 하였다. 본 글에서는 본진발생 후 3시간 동안의 여진분포를 통하여 확인한 단층의 모습과 지진발생의 원인을 제공한 것으로 의심되는 지열발전 인공저류층 형성을 위한 유체주입과 포항지진과의 관계를 살펴보기로 한다.

1.2 포항지진 발생 후 3시간 동안의 여진과 지하단층

포항에서 발생한 규모 5.4 지진에 앞서 이 지역에서는 2015년 11월부터 많은 수의 미소지진이 발생했다. 대부분의 지진은 사람이 느끼지 못하고 주변에 설치된 지진계에 의해서만

* 김광희 : 부산대학교 지질환경과학과 부교수

관측이 가능하였지만, 2017년 4월 15일 발생한 규모 3.1의 지진은 포항에 거주하는 시민들이 느끼고 지진발생 사실을 확인하기 위하여 관계기관에 문의전화가 이어지기도 했다. 우리나라에서 규모 3.1의 지진을 많은 사람들이 느끼고 관련내용을 문의하는 것은 아주 이례적인 상황이었고, 작은 규모의 지진을 많은 사람이 느낄 수 있었다는 것은 지진의 발생깊이가 낮을 가능성을 의미하는 것이기도 하다. 부산대학교 지구물리실험실에서는 이 지역 미소지진을 관측하고 그 발생위치를 정확히 결정하기 위하여 규모 3.1 지진발생지역과 주변에 위치한 지열발전소 주변에 2017년 11월 10일 임시지진관측소 8개소를 설치/운영하기 시작했다. 임시지진관측소 설치 5일 후 발생한 규모 5.4의 본진과 전진 그리고 그 후 발생한 여진은 모두 임시지진관측망에서 관측되었다.

기상청에서는 지진발생 당일 최초발생위치를 경북 포항시 북구 북쪽 9km 지역(36.12°N, 129.36°E) 깊이 9km 지점에서 발생한 것으로 추정하였고, 8일 후인 11월 23일 발생위치를 36.109°N, 129.366°E, 그리고 깊이 3~7km로 수정 발표하였다. 부산대학교 임시지진관측망 자료를 이용하여 결정한 포항지진의 위치는 36.1071°N, 129.3719°E, 깊이 약 4.5 km이며, 지열발전소로부터 서쪽으로 약 600m 떨어진 곳에서 지진이 발생한 것으로 관측되었다. 부산대학교 임시지진관측망 자료에 의하면 본진발생 약 7분 전 규모 2.6의 지진을 포함하여 6회 이상의 전진이 같은 장소에서 일어났고, 본진발생 후 3시간 동안 200회 이상의 여진이 진앙주변에서 발발했다. 포항지진의 전진 – 본진 – 여진의 공간적 분포에 의하면, 지진은 북동 주향, 북서 경사의 기존에 알려지지 않았던 단층이 역단층 성분이 포함되어 있는 주향이동 단층운동을 하면서 재활되면서 발생했다.

1.3 유발지진

대부분의 지진은 지각이 움직이면서 발생하는 응력작용, 화산활동 같은 자연적인 원인으로 발생하지만 인간활동이 지진을 유발하기도 한다. 엄격한 의미에서 인간의 활동이 지진발생에 방아쇠 역할만을 했을 경우와 인간의 활동이 지진발생에 직접적인 역할을 했을 경우를 구분하고, 경우에 따라 촉발지진(Triggered Earthquake) 또는 유발지진(Induced

Earthquake)이라고 부르기도 한다. 그러나 그 구분이 매우 어렵고 모호하므로, 이 글에서는 인간의 활동과 관련된 지진을 모두 유발지진이라 부르기로 한다. 지진을 일으키는 인간의 활동에는 여러 가지가 있을 수 있는데, 핵실험과 같은 대규모 폭파, 댐이나 저수지를 건설하여 대량으로 물을 저장하는 경우, 광산개발, 인위적으로 지하에 유체를 주입하거나 배출하는 경우 등이 대표적인 예이다.

지진을 일으키는 물리적인 조건은 크게 단층에 작용하는 응력과 단층면에 작용하는 마찰력으로 나눌 수 있다. 보통의 경우에는 단층면에 작용하는 마찰력이 단층에 작용하는 응력보다 커서 단층은 움직이지 않고 오랫동안 정지(안정)상태를 유지하고 있다. 단층이 움직이지 않는 안정상태에서 응력이 마찰력을 초과하는 상황이 발생하면 단층이 움직이고, 이 과정에서 그 동안 단층면에 쌓여있던 많은 양의 에너지가 갑자기 방출되면 이러한 현상을 지진이라고 부른다. 불안정상태에서는 조구조 응력의 변화와 마찰력의 감소로 지진이 발생할 수 있으며, 이 지진은 자연적인 지진발생과 인위적인 지진발생으로 나뉠 수 있다. 일반적으로 자연적인 경우는 조구조 응력이 꾸준히 축적되어 어느 순간 마찰력을 초과하면 지진이 발생한다. 반면에 인위적인 경우는 인간활동에 의하여 수직응력의 변화 초래로 지진을 유발하는 경우를 들 수 있다. 예를 들면 댐이나 저수지를 건설하여 대량의 물을 저장함으로써 그 하중의 증가로 인해 지진을 일으키는 경우이다. 이와는 반대로 하중을 감소시켜 지진을 유발한 사례도 있는데, 대규모 노천채굴 광산을 수직방향 주응력을 감소시켜 역단층운동을 유발할 수도 있다. 앞서 언급한 불안정상태에서 마찰력의 감소로도 지진이 초래될 수 있는데, 마치 빗길과 눈길에서 타이어와 노면사이의 마찰력이 감소하여 미끄러짐 현상이 발생하는 것과 같은 이치이다. 탄화수소 추출 촉진, 유체폐기물 혹은 이산화탄소의 지중저장 등을 위해 인위적으로 지하에 유체를 주입하는 경우가 이에 해당한다.

일반적으로 인간활동으로 인해 발생하는 유발지진은 크기가 매우 작아서 사람이 느끼지 못하고, 지진을 관측하기 위하여 설치하는 지진계에서만 관측되는 것이 보통이지만 경우에 따라서는 큰 규모의 지진이 발생할 수도 있다. 특히 과거에는 경제성이 낮아 생산하지 않던 석유와 셰일가스를 유체주입을 통하여 그 생산성을 높이는 기술이 널리 보급되면서 경제성이 확보되었고, 이 과정에서 주입한 유체가 지진을 유발하는 경우가 많다. 이 대표적인 예를 미국 중부지역에서 찾을 수 있다. 오랜 기간 동안의 지진관측결과를 통하여 판과 판의 경계에 위치해 있는 미국의 캘리포니주에서 많은 지진이 발생하고, 판 내부에 위치하는 알칸소주, 텍사스주, 오클라오마주 등 미국 중부지역에서는 지진이 많이 발생하지 않는다고 알고 있었다. 그러나 미국 중부지역에서 2009년을 이후 지진발생 빈도가 크게 증가한 것으로 생각되는데, 산업활동과 관련된 유체주입이 이러한 지진발생 증가의 원인으로 밝혀지기도 하였다.

1.4 인공지열저류층 생성을 위한 물 주입

지구내부의 온도는 지표보다 높다는 것은 잘 알려진 사실이고, 이렇게 지구내부에 저장된 열을 지열에너지라고 한다. 지열에너지는 다른 신재생에너지에 비하여 가동효율이 높고, 지속가능한 재활용자원으로서 경제적 효율성이 높은 지속가능한 신재생에너지로 부상하고 있다. 우리나라 동남부지역은 지열이 한반도 다른 지역에 비하여 높은 것으로 조사되었고, 특히 포항지역의 경우 지하 4~5km의 지하온도가 150° 이상인 것으로 조사되었다.

땅속의 지열에너지를 지표로 끌어올려 전기 생산에 활용하는 것이 지열발전이고, 땅속의 열을 지표로 끌어올리기 위해서는 열을 운반하는 매개체인 물과 물을 뜨겁게 만들어 줄 수 있는 환경이 필요하다. 우리나라에서는 2012년부터 2015년까지 포항지역에 지하 약 4.5 km 깊이에 두 개의 시추공을 건설하여 한 개의 시추공(주입정)을 통하여 물을 주입하고, 주입된 물이 다른 하나의 시추공으로 흘러가면서 주위의 지열을 흡수하여 뜨거워지고, 뜨거워진 물을 다른 시추공(생산정)을 통해서 지표로 끌어올리기 위한 시설을 만들었다. 특별한 경우를 제외하고는 지하 4~5 km의 자연상태에서 물이 한곳에서 다른 한곳으로 흘러가지 못하기 때문에 지하에 물이 이동하거나 머무르면서 주위의 지열을 흡수하는 지하공간을 인공적으로 만들어 줘야하는데, 이러한 지하공간을 인공지열저류층(EGS: Enhanced Geothermal System)이라 부른다. EGS 형성을 위해서는 암석을 깨트리기 위하여 강한 수압으로 물을 주입하게 된다.

1.5 물 주입과 포항지진

물 주입으로 포항지진이 발생했음을 증명하기 위해서는 물 주입과 지진발생간의 시간적 그리고 공간적 상관성을 보여줘야 한다. 기상청에서는 1978년 이후 우리나라에서 발생하는 지진의 발생위치와 시간 그리고 규모 정보를 제공하고 있는데, 포항지열발전소 부근 반경 10 km 이내에서 1978년부터 2015년 사이에 규모 2.0 이상의 지진이 발생한 적이 없었다. 인공지열저류층 생성을 위한 물 주입은 2016년 1월부터 2017년 9월까지 4회에 걸쳐 2개의 시추공을 통하여 물을 주입하였고, 물의 주입이 시작되면 크고 작은 지진이 발생하다가 물 주입이 중지되면 지진의 발생이 확연히 줄어드는 현상을 4번의 물 주입 모두에서 확인할 수 있었다. 포항 지열발전소 주위에서 발생하는 지진을 정확히 관측하기 위하여 설치한 8대의 지진계를 통하여 관측된 자료를 분석해 보면, 규모 5.4의 포항지진 본진과 6회의 전진의 발생위치는 물 주입을 위해 건설한 두개의 시추공 위치와 거의 일치하고, 지진의 발생깊이는 시추공의 깊이와 거의 일치한다. 포항지진 이후 발생한 여진의 분포를 통하여 포항지진과 함께 재활된 지하단층의 모습을 확인하였고, 주입정과 생산정 위치와 비교해 보면 두 개의 정은 단층대 부근 혹은 단층대를 관통하여 건설되었으며, 물이 직접 단층에 주입된 것으로 생각된다.

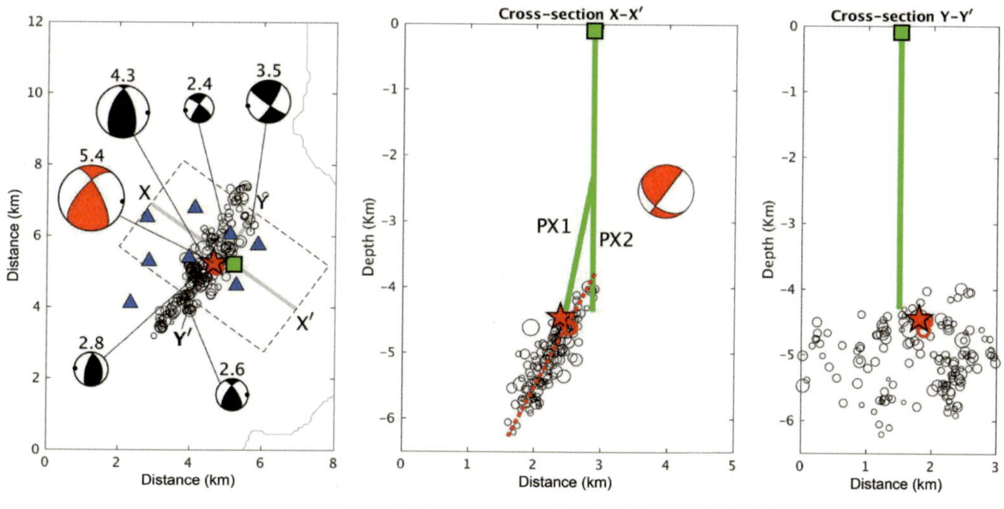

그림 1.5.1 2017년 포항지진 진앙분포 및 깊이분포

본진은 붉은색 별로 표시되어 있고, 6회의 전진은 붉은색 원으로 표시되어 있다. 본진발생 후 발생한 약 200회의 지진이 규모에 따라 원으로 표시되어 있다. 지열발전소와 지열발전소에서 설치한 주입정과 생산정의 위치는 초록색으로 표시했다.

제2장

포항지진의 지진파특성

오 상 훈*

2.1 지진개요

2017년 11월 15일 오후 2:29:31(KST)에 경북 포항시 북구 북쪽 9km 지역에서 진원깊이 7km, 리히터 규모 M5.4의 지진이 발생하였다. 지진발생 시 전국의 지진관측소에서 가속도가 계측되었으며 진원지로부터 약 400km 떨어진 가장 멀리 위치한 관측소까지 미동이 전달되었다. 관측소와 진앙거리에 따른 지진의 가속도 시간이력을 그림 2.1.1에 나타내었다. 진원지로부터 근거리에 위치하는 관측소부터 원거리에 위치하는 관측소에서의 가속도데이터를 나열하였으며 각 관측지진별 P파가 시작되는 시각을 0초로 고려하여 작성하였다. 진앙거리가 멀어질수록 P—S시가 증가하는 경향을 보이며 이는 P파와 S파의 전파특성에 따른 지각에서의 전파속도 차이에 의한 것으로 판단된다. 포항지진의 최대지반가속도(PGA, Peak Ground Acceleration)는 진원지로부터 약 9km 떨어진 포항관측소(PHA2)에서 관측된 것으로 동서방향으로 255.3gal이다.

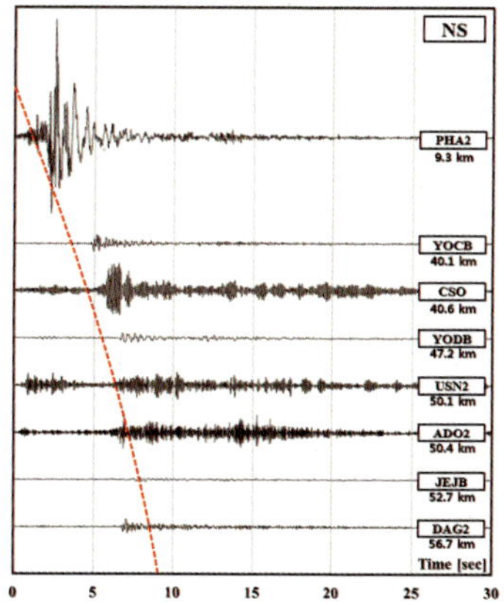

그림 2.1.1 진앙거리에 따른 포항지진의 가속도 관측데이터

---

* 오상훈 : 부산대학교 건축공학과 교수

2.2 포항지진의 거리감쇠관계

포항지진의 진앙거리에 따른 Seismic Intensity를 분석하기 위하여 포항지진 발생 시 가속도 관측기록을 진앙거리별로 수집하였다. 각 관측소의 최대지반가속도를 추출하여 선행 연구에서 제안된 지진의 거리감쇠관계와 비교하였다. 진앙거리에 따른 속도 또는 가속도의 세기를 표현하는 거리감쇠관계는 지진발생 시 진앙거리에 따른 개략적인 지진피해수준을 조기에 추정하기 위한 목적으로 개발된 것이다.

본 절에서는 소방방재청의 「백두산 화산대응기술 개발 연구보고서(2014), 연구책임자 오상훈」에서 제안된 거리감쇠관계를 이용하였다. 이것은 단층운동에 의하여 발생하는 지진(구조성 지진 및 화산구조성 지진)의 진앙거리에 따른 최대지반가속도(PGA)의 예측을 위하여 개발되었다. 거리감쇠식 제안에 이용된 지진관측기록은 지진규모의 경우 중약진부터 대지진까지 분포하며, 진원깊이는 극천부, 천부부터 심부까지 분포한다. 지반종별의 경우 S_A부터 S_E까지 분포하고 있으므로 거리감쇠를 규명하기 위한 자료의 분포정도가 적합한 것으로 판단된다.

지진규모 및 진앙거리를 변수로 하여 단층운동에 의한 지진파의 거리감쇠관계는 회귀분석을 통하여 식 2.2-1과 같이 도출되었다. 식 2.2.1에서 A는 최대지반가속도(단위는 gal), M과 X는 각각 지진규모와 진앙거리(단위는 km)를 의미한다. 계수 b, k, c는 지진규모에 대한 함수로 표현된다. 우변의 첫 번째 항은 진원지 부근의 최대지반가속도와 관련한 거리감쇠관계를 나타내며, 두 번째와 세 번째 항은 진앙거리에 따른 최대지반가속도의 감쇠경향을 표현한다.

지진규모에 따른 거리감쇠관계를 그림 2.2.1에 나타냈다. 거리감쇠식은 M9.0지진의 경우 진원지 부근에서의 최대지반가속도를 약 1,200gal로 예측하며, 10gal 이상의 최대지반가속도를 예측할 수 있는 최대 진앙거리는 약 520km이다. M5.0의 경우 진원지 부근에서의 최대지반가속도를 약 200gal로 예측하며, 10gal 이상의 최대지반가속도를 예측할 수 있는 최대 진앙거리는 약 80km이다.

$$Log(A) = bM - kX - Log(X+c)$$

$$b = 0.01M + 0.55 \qquad (식\ 2.2.1)$$
$$k = -0.00009M^2 + 0.0015M - 0.0032$$
$$c = 0.0065 \times 10^{0.54M}$$

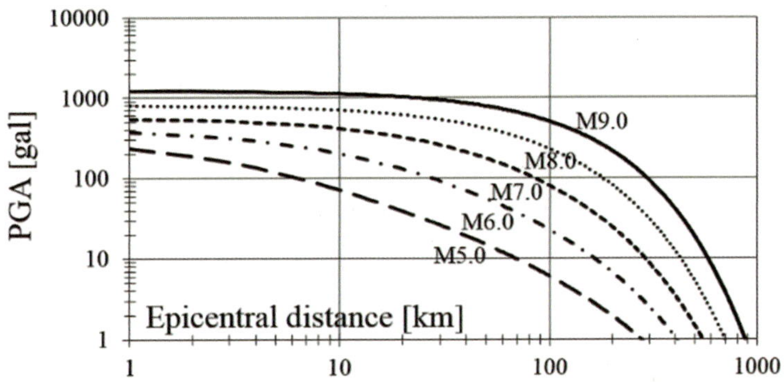

그림 2.2.1 리히터 규모에 따른 거리감쇠관계 (소방방재청, 2014)

그림 2.2.2에는 전국에 분포된 100개 이상의 관측소에서 기록된 포항지진의 진앙거리에 따른 최대지반가속도를 나타내었다. 관측소는 진원지로부터 약 20km~400km에 분포한다. 소방방재청(2014)에 의한 예측식과 함께 선행연구에서 제안된 6가지 거리감쇠관계를 함께 나타내었다. EMS-98, MOLIT(1997), Jo&Park(2003)에 의한 거리감쇠관계는 소방방재청(National Emergency Management Agency)의 지진재해대응시스템에 탑재된 식이다. 또한 멕시코, 대만 및 일본지역의 강진기록에 기반하여 제안된 세 가지 예측식(Midorikawa&Ohtake 2004; Liu&Tsai 2005; Gomez-Soberou 2006)을 플롯하였다.

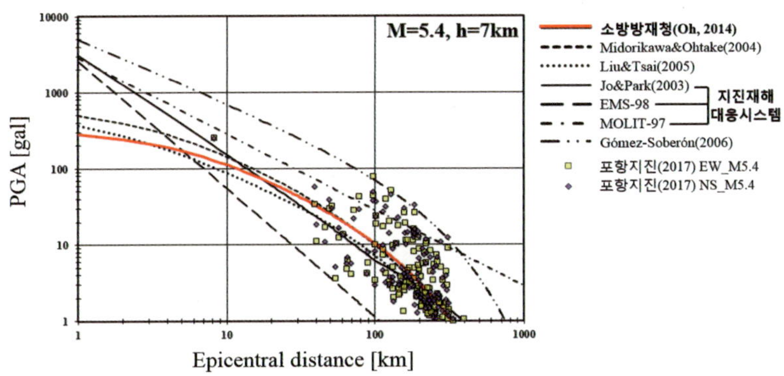

그림 2.2.2 포항지진의 거리감쇠관계

Gomez-Soberon(2006)에 의한 예측은 예측 타깃 진앙거리에 관계없이 최대지반가속도를 포락하는 형태이다. 즉, 동일 진앙거리에서 모든 관측기록을 매우 보수적으로 평가하는 경향을 나타냈다. EMS-98에 의한 예측은 로그로 표현된 진앙거리에 따라 최대지반가속도가 선형적으로 감쇠되는 것으로 평가한다. 따라서 진앙거리에 따라 특히 근거리영역에서 감쇠경향을 가파르게 평가하고 100km 이상의 원거리영역에서의 예측치는 지진관측기록보다 하한치가 되는 경향이 있다.

Jo&Park(2003)에 의한 예측은 다른 예측식에 비하여 근거리영역에서는 지진세기를 낮게 평가하지만, 100km 이상의 진앙거리에서는 거리에 따른 감쇠경향을 보수적으로 평가한다. 진원지로부터 100km 미만의 근거리에 위치한 지역에서는 소방방재청(2014)에 의한 예측식과 비교하여 지진세기를 저평가하는 경향을 나타냈다. 따라서 100km 미만의 근거리영역에서는 포항지진 관측기록에 대한 지진예측이 위험측에 속하는 것으로 나타났다. Molit(1997)에 의한 예측은 M6.0 이하의 지진에 대하여 매우 보수적으로 평가한다. 또한 원거리지역에서의 감쇠경향이 선형적이므로, 원거리지역에서의 예측은 관측치의 감쇠경향을 적절히 반영하지 못하는 것으로 나타냈다.

소방방재청(2014)에 의한 지진예측은 지진세기의 평균치(지진관측기록의 상한치와 하한치의 중간값) 정도의 수준으로 예측하는 경향을 나타냈다. Liu&Tsai(2005)에 의한 예측은 Midorikawa&Ohtake(2004)와 비슷한 감쇠경향을 나타냈으나 포항지진 관측기록에 대한 지진예측이 위험측에 속하는 것으로 나타났다. 소방방재청(2014)에 의한 지진예측은 Midorikawa&Ohtake(2004)에 의한 감쇠특성과 유사한 것으로 나타났다. 단, 소방방재청(2014)의 예측은 거리에 따른 감쇠의 정도를 조금 더 완만하게 평가하므로 원거리지역에서는 상대적으로 안전측으로 예측하는 것으로 나타났다.

2.3 진앙지 인근 관측기록에 의한 파형특성

지진의 진앙지에서 9.3km 떨어진 지진관측소 PHA2에서 기록된 지진파형을 분석하였다(그림 2.3.1, 표 2.3.1). 관측소 PHA2가 위치한 지반의 정보는 단단한 토사지반(S_D) 으로 추정하고 있다.

관측소에서는 초당 20개(20sample)와 100개(100sample)로 관측한 지진파형 데이터를 제공하고 있으며, 데이터의 진동수범위는 각각 0~10Hz, 0~50Hz이다. 지진가속도의 일반적인 진동수영역을 고려하여 100sample 지진파형 데이터를 20Hz Low-Pass Filter로 고속푸리에변환(FFT)를 실시하여 필터링하였다. 따라서 그림 2.3-2에 나타낸 바와 같이 100sample 지진파형은 0~20Hz의 진동수범위에서 푸리에역변환하여 얻어진 파형을 사용하였다. 20sample 지진파형은 원파를 사용하였다.

표 2.3.2에 지진파의 방향성분에 따른 최대지반가속도(PGA)와 유효최대가속도(EPA)를 나타냈다. 포항관측소(PHA2)에서 관측된 방향성분 중 필터를 거치지 않은 원파의 최대지반가속도는 NS방향의 성분이 크게 나타났으며, 필터링된 지진파의 경우 EW성분의 PGA가 원파에 비해 7% 증가하였으며, NS성분은 6% 감소하였다. 또한 진동수범위에 따른 최대지반가속도는 20sample보다 100sample 지진파가 모든 방향성분에서 크게 나타났다. 이는 그림 2.3.2에 나타난 바와 같이 100sample 지진파의 경우 일반적인 지진파의 탁월진동수영역으로 알려진 0~5Hz 구간뿐만 아니라 5~20Hz의 고주파영역에서도 확연한 진폭을 나타내기 때문인 것으로 판단된다. 그림 2.3.2에 Sample 개수에 따른 포항지진 푸리에 스펙트럼을 나타내었다.

그림 2.3.1 진앙지 인근 지진관측소 위치

표 2.3.1 지진관측소 개요

관측소	PHA2
지반	S_D
위도	36.193N
경도	129.3708E
가속도계	ES-T
기록계	Q330S

표 2.3.2 관측소별 경주지진 최대지반가속도 및 유효최대가속도

관측소	진앙거리 [km]	PGA, EPA [gal]					
		EW*		NS**		UD***	
		PGA	EPA	PGA	EPA	PGA	EPA
PHA2	9.3	┼ 122.4 ╫ 255.3 ⧻ 238.6	76.2 103.9 –	157.8 250.6 266.1	108.1 134.1 –	53.4 151.4 137.7	48.5 66.9 –

* : 동서방향(90°), ** : 남북방향(360°), *** : 연직방향(*updown*)
┼ : 20sample(raw, 0~10Hz)
╫ : 100sample(filtered, 0~20Hz)
⧻ : 100sample(raw, 0~50Hz)

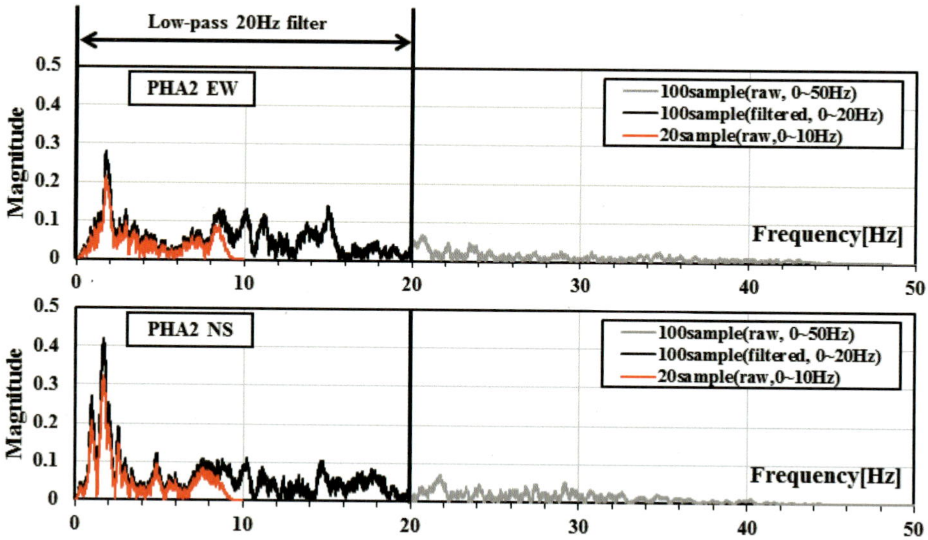

(a) PHA2 관측소

그림 2.3.2 포항지진 고속푸리에변환(FFT)

포항관측소(PHA2)에서 관측된 지진파의 경우 EW, NS방향성분 모두 2Hz 전후에서 탁월진동수가 나타나며, 이는 일반적인 구조물의 고유주기영역에 포함된다.

표 2.3.3에는 KBC 2016에서 제시하는 구조형식별 건축물의 층고(높이)별 고유진동수를 나타냈다. 층고(높이)가 증가할수록 구조물이 장주기화되어 구조물의 고유진동수가 감소하며, 모멘트프레임에 비하여 RC내력벽이나 조적벽이 포함된 구조물은 강성이 증가하여 고

유진동수가 증가하는 경향을 나타낸다.

포항지진의 탁월진동수는 약 2Hz로서, 건축물에 손상을 입힐 가능성이 있는 5Hz 이하의 진동수에 포함된다. KBC 2016에 따른 구조 형식별 고유진동수를 보면, 5층(15m)의 고유진동수는 1.54~2.68Hz으로 분포되는 것을 알 수 있다. 이는 포항지진에 의하여 5층 전후의 학교건축물 또는 필로티의 피해가 크게 나타났다는 것을 설명할 수 있다.

표 2.3.3 구조물의 높이에 따른 고유진동수 (KBC 2016)

단위 : Hz

층수(높이)	철골모멘트 골조	철근콘크리트 모멘트 골조, 철골 편심가새 골조	그 외 다른 모든 건축물
1(3m)	5.16	6.00	8.95
5(15m)	1.54	1.80	2.68
10(30m)	0.92	1.07	1.59

그림 2.3.3에는 포항지진의 가속도시간 이력을 나타냈다. 그림 2.3.3 (a)는 20sample 지진파에 대하여 각 방향성분별로 나타내었으며, 그림 2.3.3 (b)는 필터링된 100sample 지진파에 대하여 각 방향성분별로 표시했다.

포항지진의 Bracketed Duration(Threshold Acceleration : +/- 0.05g)은 약 3~4초 정도로, 일반적인 지진 지속시간과 비교하여 매우 짧게 나타났다. 2016년 7월 5일 울산에서 발생한 지진(M_L5.0)의 경우 지속시간이 약 13초이며, 역사적으로 강진으로 평가되는 고

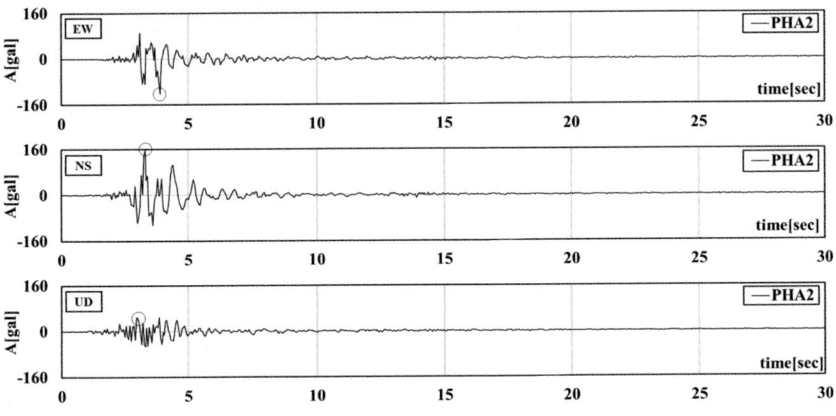

(a) 20sample(Raw)

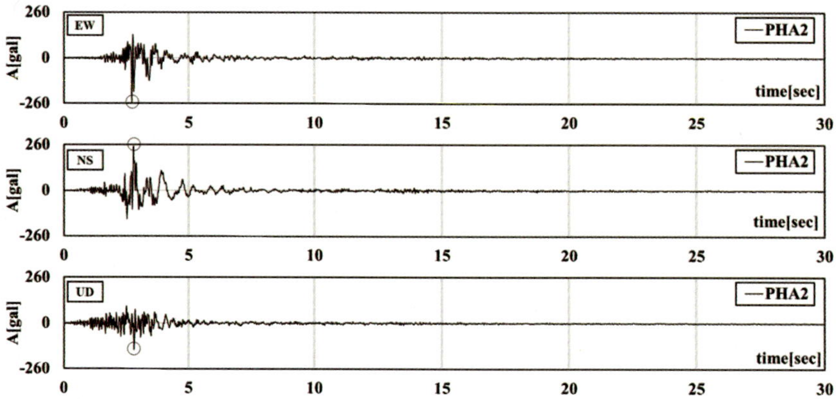

(b) 100sample(Filtered)

그림 2.3.3 포항지진 가속도시간 이력

베지진(M_W6.9)의 경우 약 20초, 동일본대지진(M_L9.0)의 경우 약 150초, 구마모토지진(M_L7.3)의 경우 약 20초이다.

2.4 포항지진(PHA2 관측소) 파형특성

그림 2.4.1에는 PHA2 관측소에서 기록된 지진파의 가속도시간 이력을 표시했다. 20sample 지진파와 100sample 지진파에 대하여 각 방향성분별로 나타냈다. 최대지반가속도는 방향성분에 관계없이 20sample보다 100sample 지진파가 모든 방향성분에서 크게 나타났다. 이는 100sample 지진파의 경우 일반적인 지진파의 탁월진동수영역으로 알려

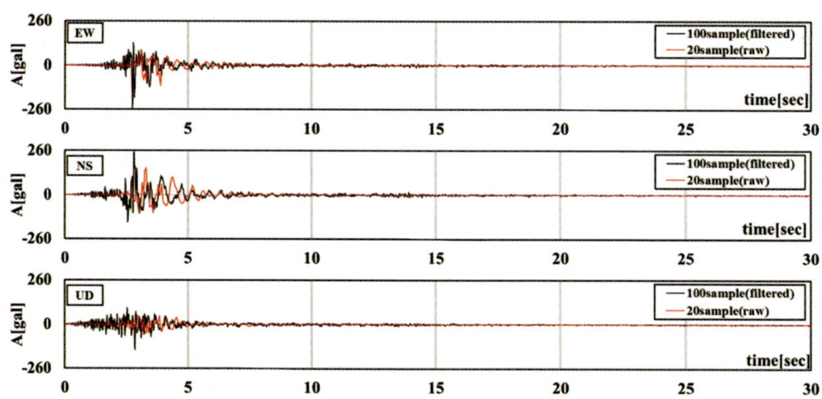

그림 2.4.1 USN 관측파의 가속도시간 이력

진 0~5Hz 구간뿐만 아니라 5~20Hz의 고주파영역에서도 확연한 진폭을 나타내기 때문인 것으로 판단된다. 지진파의 방향성분별 최대지반가속도는 수평성분(EW, NS)이 연직성분(UD)보다 크게 측정됐다.

그림 2.4.2에는 20sample과 100sample의 방향성분별 응답 스펙트럼을 나타냈다. 그림 2.4.2 (a)에는 감쇠비 5%의 가속도응답 스펙트럼($S_A - T$)을 나타냈다. 가속도응답은 20sample 지진파와 100sample 지진파 모두 약 0.1초 부근에서 탁월하며, EW와 NS방향의 경우 탁월주기에서 감소하다 약 0.5초 부근에서 가속도응답이 다시 탁월하게 나타나는 것을 확인하였다. 이는 그림 2.4.2의 푸리에 스펙트럼의 탁월영역과 유사하며 관측소지반에 의해 0.5~0.6초 주기영역대의 지진파성분이 증폭한 것으로 판단된다. 또한 지반조건을 단단한 토사지반(SD)로 가정한 설계 스펙트럼과 포항지진파의 응답 스펙트럼을 비교하여 나타냈다.

포항지진의 가속도응답과 KBC 2016에 의한 설계가속도응답 스펙트럼을 비교하기 위하여, 그림 2.4.3에는 포항지진의 최대지반가속도에 대한 유효최대가속도(EPA)를 백분율로 표시하였다. 유효최대가속도는 ATC 3-06에 제시하는 방법에 따라 고유주기 0.1~0.5초의 가속도응답을 평균하여 산정하였다. 최대지반가속도(PGA)는 지표면에서의 자유장운동에서 계측된 지진가속도 중에서 절대값의 최대치(고유주기가 0초인 선형탄성 단자유도계의 가속도응답 중 최대절대값)를 의미하는 것으로, 이것은 구조물의 응답과는 관계가 없으므로 PGA가 크다는 것은 곧 지진의 규모가 크다고 할 수는 있으나, PGA가 크다고 해서 구조물의 피해가 크다고 할 수는 없다. 한편, 유효최대가속도는 선형탄성 응답 스펙트럼상에서 가속도응답이 가장 큰 영역(일반적으로 0.1~0.5초)의 평균개념을 적용한 것으로, Newmark(1982)는 EPA를 구조물의 응답 및 지진에 의한 구조물의 손상가능성과 가장 밀접하게 관련된 가속도값으로 특성지었다. 즉, PGA에 의해 정확하게 반영될 수 없는 지진에 의한 손상가능성을 나타내기 위한 의도로 제안되었으며, 따라서 EPA는 지진의 크기뿐만 아니라, 지진의 진동수성분과 구조물의 특성을 함께 반영하고 있다. 따라서 EPA가 크다는 것은 곧 지진에 의한 구조물의 피해가 크다는 직접적인 연관성을 가지고 있다. KBC 2016

의 경우 실제구조물에 지진에 의한 손상가능성을 나타낼 수 있는 지진가속도를 정량화하기 위한 대안으로, 지역계수의 개념을 사용하여 EPA를 제시하고 있다.

그림 2.4.2 (b)에는 가속도응답비($S_{AR}-T$)를 나타냈다. 100sample 수평방향 지진파는 약 0.1초 부근에서 2.5배의 증폭율을 나타내었으며, 20sample 수평방향 지진파는 약 0.5초 부근에서 2.5~3배의 증폭율을 나타내었다. 일반적인 단주기지진파의 가속도응답비는 2.5~3.0배 정도이지만, 포항지진의 경우 비교적 장주기영역대의 증폭율이 크게 나타난 것을 확인하였다.

그림 2.4.2 (c)와 그림 2.4.2 (d)에는 각각 감쇠비 5%의 속도응답 스펙트럼(S_D-T)과 변위응답 스펙트럼(S_D-T)을 나타냈다. 100sample과 20sample의 결과가 유사하게 나타나며, 속도응답과 변위응답 모두 NS성분이 크게 나타났다.

그림 2.4.2 (e)에는 감쇠비 10%의 에너지응답 스펙트럼(V_E-T)을 나타냈다. 100sample과 20sample의 결과가 유사하게 보이며 속도응답과 변위응답 모두 NS성분이 크게 나타났다. 에너지등가속도응답은 100sample의 EW, NS성분이 각 38.4cm/s, 58.6cm/s로 가장 크게 나타났으며, 약 0.5초 부근에서 탁월하였다.

에너지등가속도(V_E)는 식 2.4-1에 나타낸 바와 같이 총에너지 입력의 속도환산치로, 단위질량당 총에너지 입력의 평방근으로서 속도의 차원을 가지는 양이다. 따라서 구조물에 입력되는 총입력에너지 E는 에너지등가속도 V_E의 제곱에 비례한다.

$$V_E=\sqrt{\frac{2E}{M}}, \qquad E=\frac{MV_E^2}{2} \qquad \text{(식 2.4.1)}$$

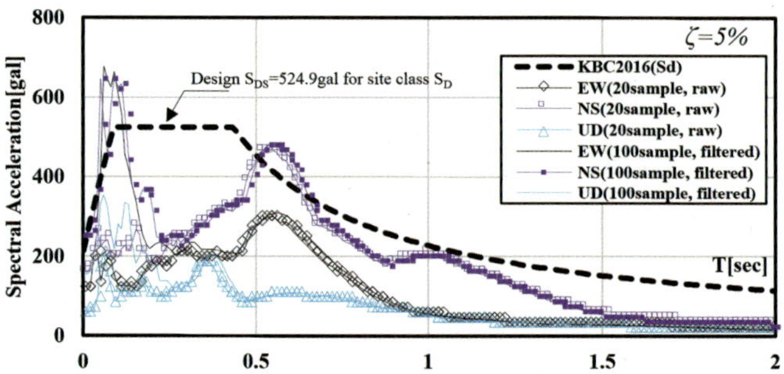

(a) 가속도응답 스펙트럼

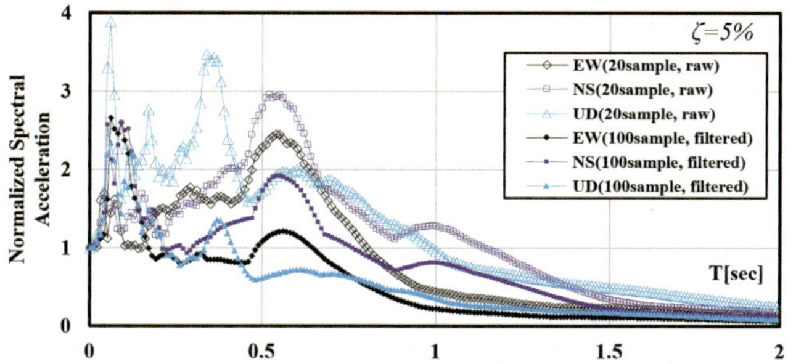

(b) 무차원화된 가속도응답 스펙트럼

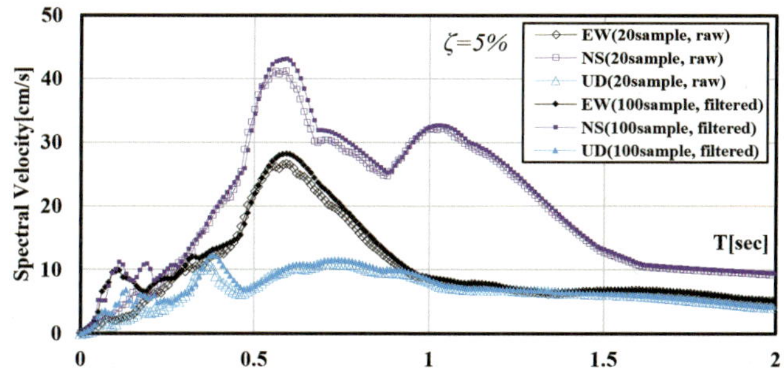

(c) 속도응답 스펙트럼

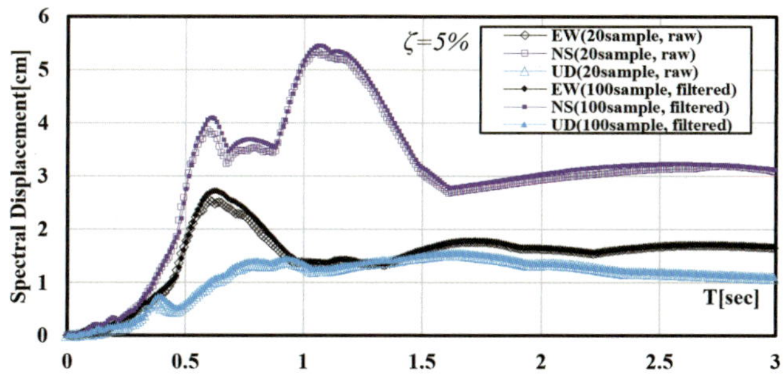

(d) 변위응답 스펙트럼

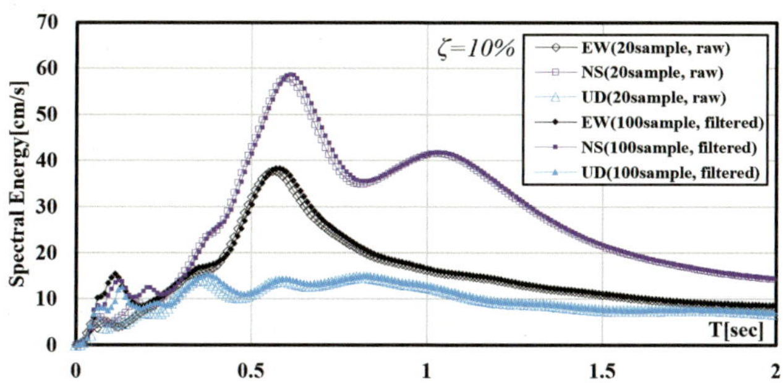

(e) 에너지응답 스펙트럼

그림 2.4.2 PHA2 관측파의 응답 스펙트럼

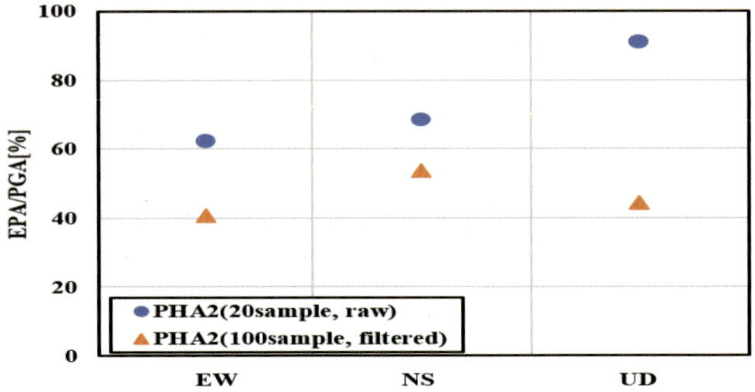

그림 2.4.3 최대지반가속도(PGA)와 유효최대가속도(EPA)의 비

2.5 유사규모 지진($M_L5.4$)과의 지진파특성 비교

포항지진과 지진파의 특성을 비교분석하기 위한 대상으로, 최근 10년간 일본에서 포항지진과 비슷한 규모로 발생한 지진파($M_L5.4$) 총 6개를 수집하였으며, 표 2.5.1에는 각 지진파의 정보를 나타냈다. 진원깊이는 5km에서 51km까지 분포하고 있으며, 지진관측소와 진원지와의 진앙거리는 7km에서 15km까지 분포하고 있다.

표 2.5.1 유사규모 지진($M_L5.4$) 일람표

	1	2	3	4	5	6
지진파	FKS013 (EW)	IBR002 (NS)	KMM006 (EW)	KMM008 (EW)	WKY008 (EW)	YMN002 (EW)
발생시각	2011.04.11 17:26:00(JST)	2013.12.31 10:03:00(JST)	2016.04.16 09:48:00(JST)	2016.04.16 16:02:00(JST)	2016.11.19 11:48:00(JST)	2012.01.28 07:43:00(JST)
진원지	37.06N 140.62E	36.69N 140.63E	32.85N 130.84E	32.70N 130.72E	33.84N 135.46E	35.49N 138.98E
M_L	5.4					
진원깊이 [km]	5	7	16	12	51	18
진앙거리 [km]	7	7	8	6	15	14
JMA진도	4.4	4.5	4.4	4.5	4.3	3.9
MMI진도	6	7	6	7	6	6
PGA [gal]	150.8	208.6	215.7	169.4	181.8	220.2
EPA [gal]	126.1	164.5	171.3	141.8	105.3	66.5

그림 2.5.1에 유사규모 지진(M_L5.4)의 가속도 시간이력을 나타냈다.

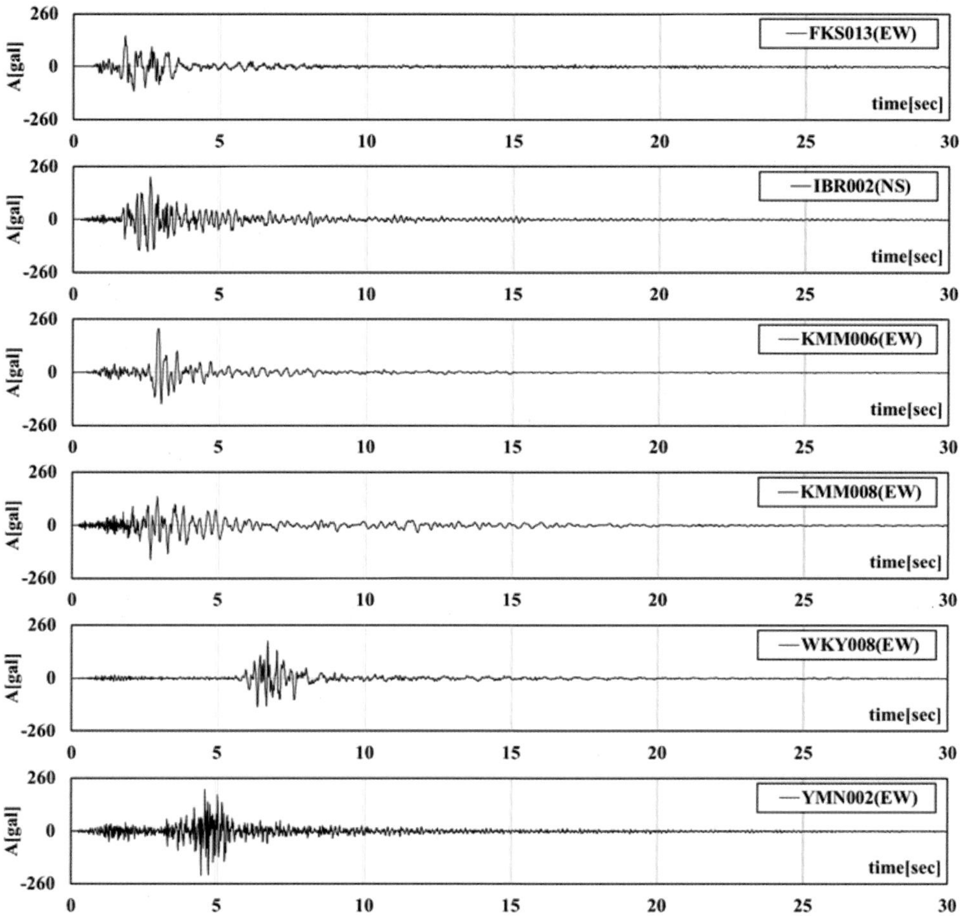

그림 2.5.1 유사규모 지진(M_L5.4) 가속도시간 이력

그림 2.5.2에는 포항지진(PHA2) 및 유사규모의 지진(M_L5.4)의 고속푸리에변환 결과를 함께 나타냈다. 포항지진(PHA2)은 100sample 지진파를 사용하였으며, 그 중 수평성분에 대하여 작성하였다. 포항지진(PHA2)은 약 2Hz 전후의 진동수영역에서 탁월진동수가 나타나고 있으며, 이는 일반적인 지진파의 탁월진동수영역과 유사하다. 이는 표 2.3.3에 나타낸 바와 같이 대부분의 구조형식에서 건축물에 손상을 입힐 가능성이 높은 5Hz 이하의 진동수에 해당한다.

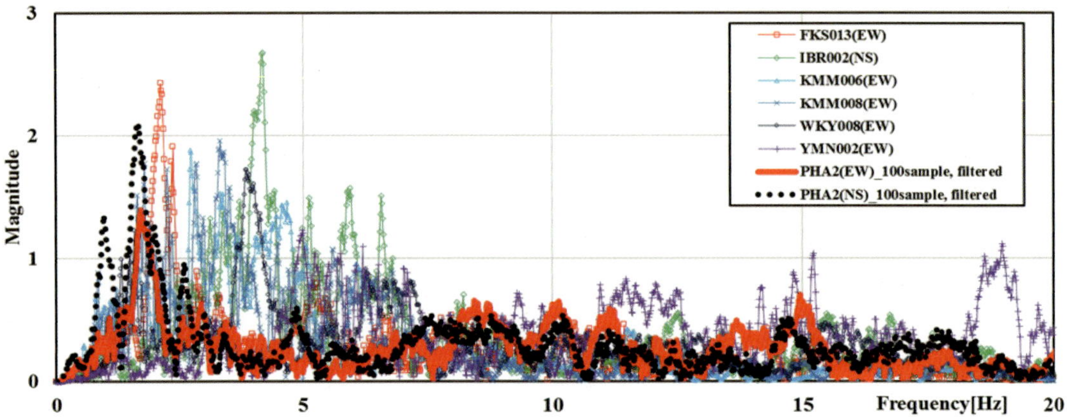

그림 2.5.2 유사규모 지진(M_L5.4) 고속푸리에변환

그림 2.5.3에 포항지진(PHA2) 및 비슷한 규모의 지진(M_L5.4)의 응답 스펙트럼을 함께 나타내었다. 포항지진(PHA2)은 100sample 지진파를 사용하였으며, 그 중 수평성분에 대하여 작성하였다. 그림 2.5.3 (a)에는 감쇠비 5%의 가속도응답 스펙트럼($S_{AR} - T$)을 나타냈다. 포항지진(PHA2)의 경우 가속도응답은 약 0.1초 부근에서 탁월하였으며, 포항지진과 비슷한 규모의 지진은 약 0.1~0.3초에서 탁월하게 나타났다. 포항지진(PHA2)과 비슷한 규모의 지진의 가속도응답 스펙트럼은 설계 스펙트럼에 포락되는 일반적인 스펙트럼 형태를 가지고 있으며, 포항지진 NS성분의 경우 유사한 지진과 비교하여 1초 부근의 주기영역에서 응답가속도가 크게 나타나는 것을 확인하였다. 포항지진(PHA2)은 0.1초 이후 가속도응답이 급격히 저감되다 약 0.2초부터 다시 증가하였다. 0.1초 및 0.5초에서 탁월한 가속도응답이 설계 스펙트럼 가속도에 대하여 각 24%, 18% 초과하였다.

그림 2.5.3 (b)에는 가속도응답비($S_{AR} - T$)를 나타냈다. 포항지진(PHA2)은 모든 수평성분에서 약 2.5의 증폭율이 나타났다. 일반적인 단주기지진파의 증폭율이 2.5~3.0 인 부분과 유사한 규모의 지진의 증폭율을 비교할 때, 포항지진의 증폭율은 크지 않은 것을 알 수 있다. 0.5초 주기영역에서 PHA2(NS)의 가속도응답비는 약 2로 나타났다.

그림 2.5.3 (c)와 그림 2.5.3 (d)에는 각각 감쇠비 5%의 속도응답 스펙트럼($S_D - T$)과 변위응답 스펙트럼($S_D - T$)을 나타냈다. 속도응답과 변위응답은 포항지진 PHA2(NS)의

응답이 각 43cm/s, 5.4cm로 가장 크게 나타났으며, 속도응답의 탁월주기가 약 0.6초로 가장 길게 나타났다.

그림 2.5.3 (e)에는 감쇠비 10%의 에너지등가속도응답 스펙트럼($V_E - T$)을 나타냈다. 에너지응답은 포항지진 PHA2(NS)의 응답이 각 58cm/s로 가장 크게 나타났으며, 속도응답의 탁월주기가 약 0.6초로 가장 길게 나타났다. 또한 1초 이상의 장주기영역에서도 PHA2(NS)의 에너지응답이 최대 2.0배 크게 나타났다. 구조물에 입력되는 총입력에너지 E는 에너지등가속도 V_E의 제곱에 비례하므로 1초 주기영역에 위치하는 구조물은 유사한 규모의 지진에 비하여 입력되는 에너지량이 약 4.0배 정도 상회한다. 따라서 포항지진의 에너지스펙트럼을 고려할 때, 고유주기가 약 0.6초 이상 되는 구조물에 대하여 유사한 규모의 지진(M_L5.4)보다 포항지진(NS)에 의해 입력되는 에너지가 크며, 구조적손상이 크게 나타날 가능성이 있다.

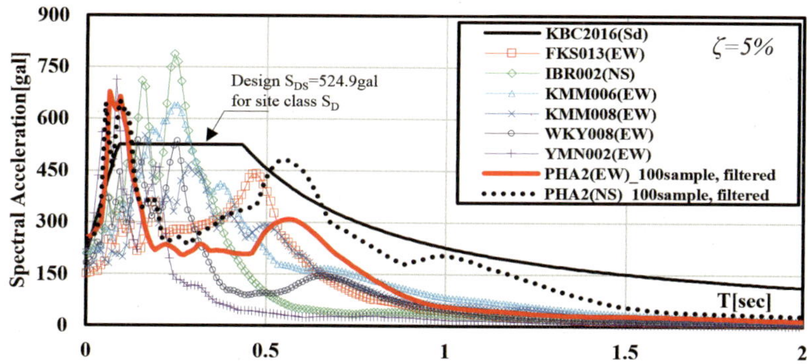

(a) 가속도응답 스펙트럼

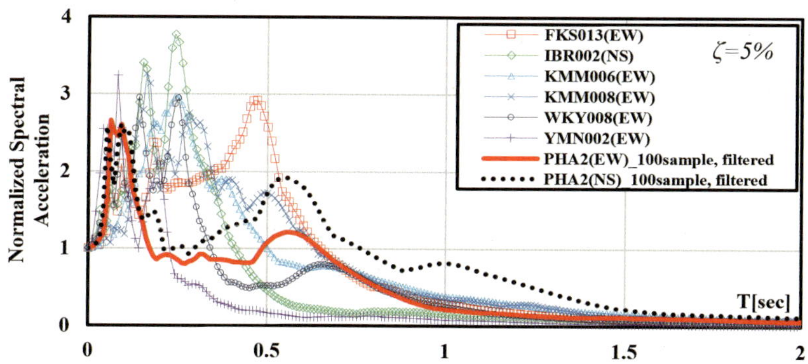

(b) 무차원화된 가속도응답 스펙트럼

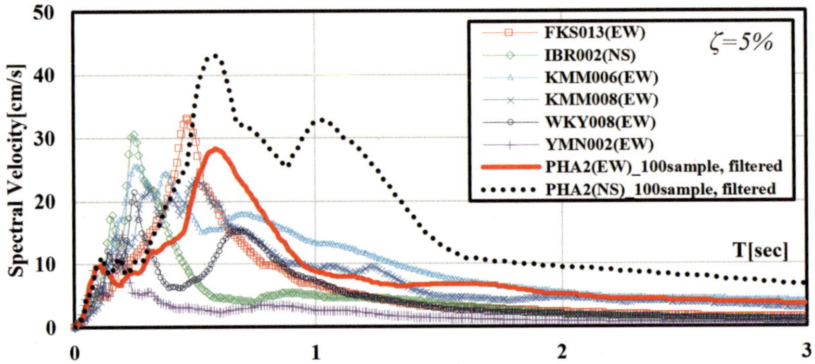

(c) 속도응답 스펙트럼

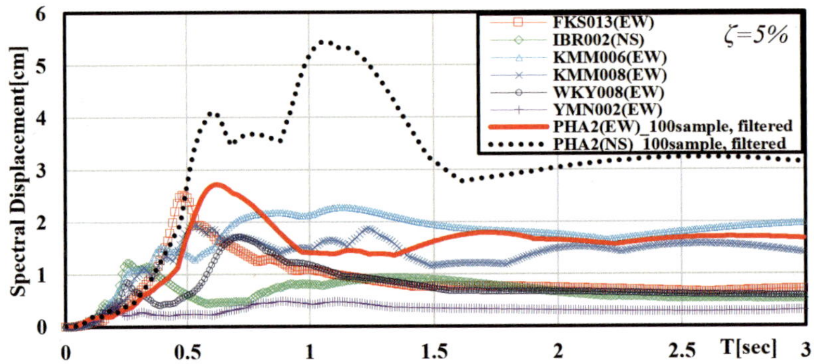

(d) 변위응답 스펙트럼

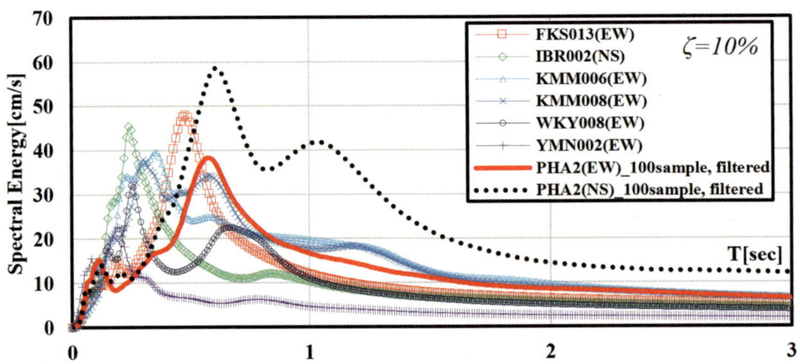

(e) 에너지응답 스펙트럼

그림 2.5.3 유사규모 지진($M_L 5.4$) 응답 스펙트럼

2.6 포항지진과 경주지진의 파형특성 비교

경주지진과 포항지진의 가속도시간 이력을 각 방향성분별로 비교하여 그림 2.6.1에 나타내었다. 방향성분별로 각 지진파형의 최대지반가속도(PGA)에 해당하는 시각을 겹쳐서 나타냈다. 파형의 비교에 사용한 지진파는 각각 USN 관측파(경주지진), PHA2 관측파(포항지진)로 100sample 지진파를 20Hz low-pass 필터링한 것이다. 두 지진 모두 EW성분의 PGA는 NS성분보다 평균 12% 정도 크게 나타났으며 UD성분은 수평방향 PGA의 절반 정도의 값을 나타내었다.

M5.8 경주지진의 PGA는 EW성분이 350.5gal, NS성분이 290.5gal, UD성분이 186.4gal로, M5.4 포항지진의 PGA에 비해 EW성분은 1.37배, NS성분은 1.16배, UD성분은 1.23배 크게 계측되었다. 지진 발생시간 동안의 가속도파형을 살펴보면 경주지진의 진폭이 포항지진보다 확연히 크게 나타나고 있다. 또한 경주지진의 파형은 포항지진에 비교하여 진동주기가 짧은 형태의 고주파지진의 특성을 나타내었다. 두 지진 모두 Bracketed duration(threshold acceleration : +/- 0.05g)은 약 2~4초 정도로, 일반적인 지진의 강진 지속구간(20초 이상)과 비교하여 짧게 나타났다.

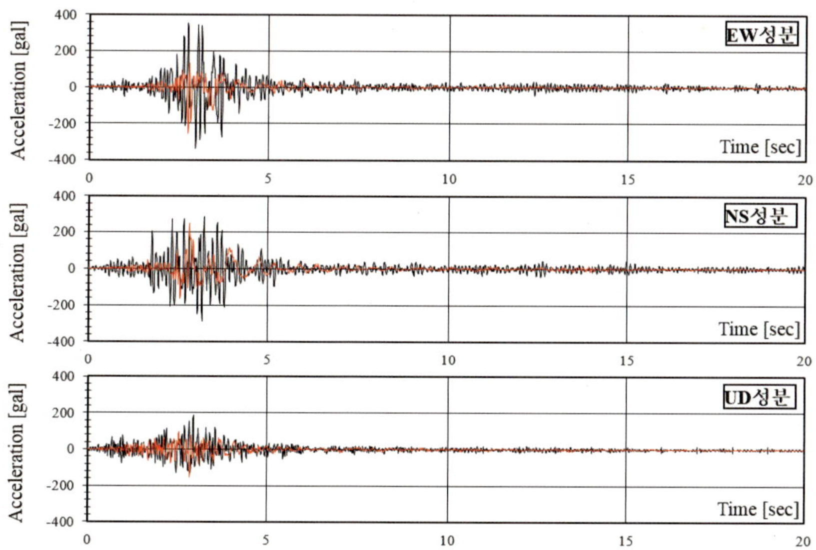

그림 2.6.1 경주지진과 포항지진의 가속도시간 이력 비교

그림 2.6.2는 경주지진과 포항지진의 고속푸리에변환(FFT) 결과를 각 방향성분별로 비교하여 나타낸 것이다. 경주지진의 경우 6~10Hz의 영역에서 탁월진동수가 나타나고 있으며, 이는 일반적인 지진파의 탁월진동수영역에 비하여 고주파에 해당한다. 건축물에 손상을 입힐 가능성이 높은 5Hz 이하의 진동수를 벗어난 점을 고려하면, 경주지진으로 약소하게나마 피해를 입은 민간건축물이 대부분 2층 이하의 소규모건축물이라는 사실이 설명된다. 저층건축물에 피해가 집중된 이유는 지진파의 에너지가 주로 고주파수대역에 집중되어 강성이 크고 대부분 내진설계가 적용되지 않은 저층건축물을 주로 가진했기 때문이다. 그러나 강진구간 지속시간이 불과 1~2초에 불과하고 유효지반가속도가 작아 건축물을 충분히 진동시켜 손상을 누적시킬 에너지가 없었기 때문에 설계지진을 크게 초과하는 PGA에도 불구하고 그 피해는 제한적이었다.

반면, 포항지진에서는 2Hz 전후에서 탁월진동수가 나타나며, 이는 건축물에 손상을 입힐 가능성이 높은 5Hz 이하의 진동수영역에 위치하고 있다. 건축구조기준에서 5층 정도의 건축물의 고유진동수는 1.54~2.68Hz으로 산정되는데, 이는 포항지진에 의하여 5층 전후의 학교건축물 또는 필로티건축물의 피해가 크게 발생한 사실을 설명할 수 있다.

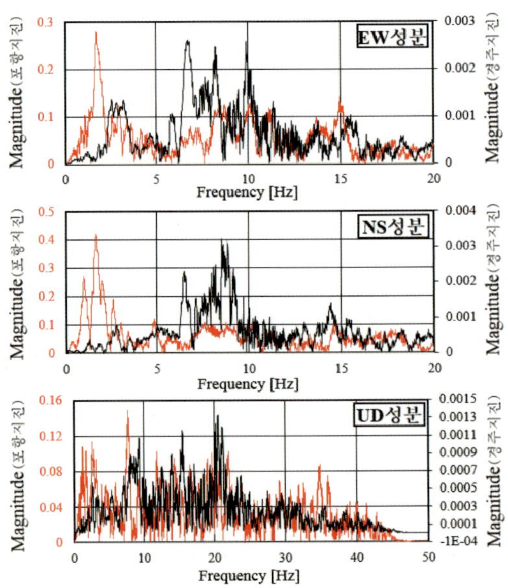

그림 2.6.2 경주지진과 포항지진의 고속푸리에변환 비교

그림 2.6.3에는 경주지진과 포항지진의 응답 스펙트럼을 비교하여 나타내었다. 그림 2.6.3 (a)의 가속도응답 스펙트럼에 나타낸 바와 같이 포항지진과 경주지진의 탁월주기는 0.1~0.2초 정도로 유사하게 나타나며 단주기지진파의 특성을 보였다. 단, 포항지진은 탁월주기 이후로 응답이 감소하다 약 0.6초 부근에서 다시 응답이 탁월하게 되는데, 이는 관측소주변의 부지고유의 연약지반특성에 의해 증폭된 것으로 판단된다. 지반효과에 따른 가속도응답의 증폭은 그림 2.6-2에 나타낸 탁월진동수영역과 일치한다

응답가속도를 PGA로 무차원화하여 나타낸 그림 2.6.3 (b)과 같이 포항지진의 가속도 증폭율은 최대 2.6으로 설계기준에 제시되어 있는 응답 스펙트럼의 증폭수준에 해당한다. 반면 경주지진은 응답가속도의 최대 증폭율이 5.0 이상을 나타내어 단주기영역에서 매우 큰 가속도응답을 나타냈다.

그림 2.6.3 (c), (d), (e)에는 각각 속도, 변위 및 에너지응답 스펙트럼을 비교하여 나타내었다. 속도, 변위 및 에너지응답은 가속도응답과는 달리 포항지진이 경주지진보다 동등 또는 이상의 응답을 나타내었다. 또한 방향성분에 관계없이 0.5초 이하의 단주기영역에서는 경주지진의 응답이 포항지진보다 크게 되며, 0.5초 이상의 주기영역에서는 포항지진의 응답이 역전되어 더 크게 나타났다. 포항지진의 속도, 변위 및 에너지응답이 탁월하게 나타나는 주기는 약 0.6초 정도로, 이는 그림 2.6.1 (a)에 전술한 부지고유의 특성으로 인한 지반효과 때문인 것으로 판단된다.

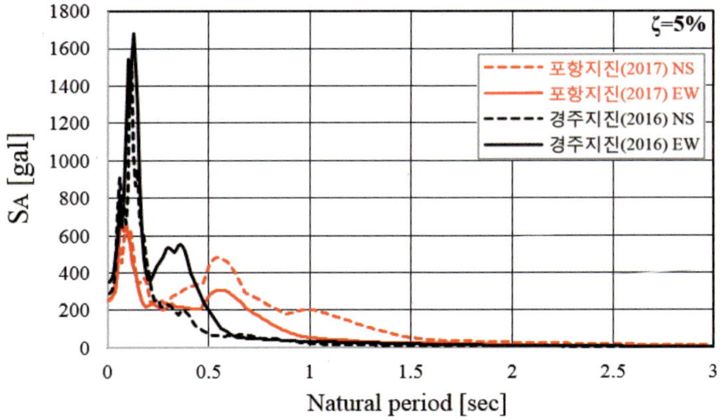

(a) 가속도응답 스펙트럼

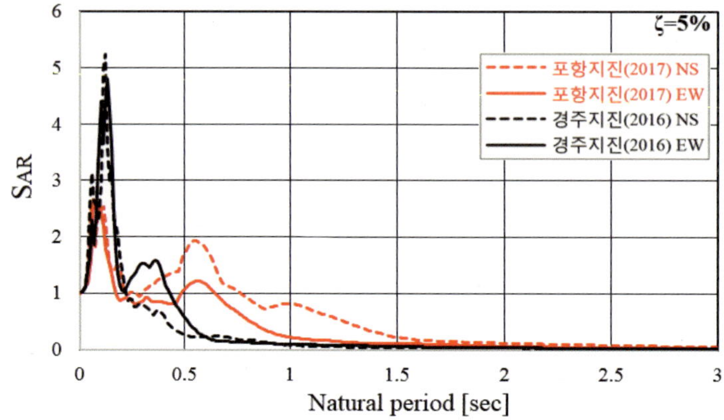

(b) 무차원화된 가속도응답 스펙트럼

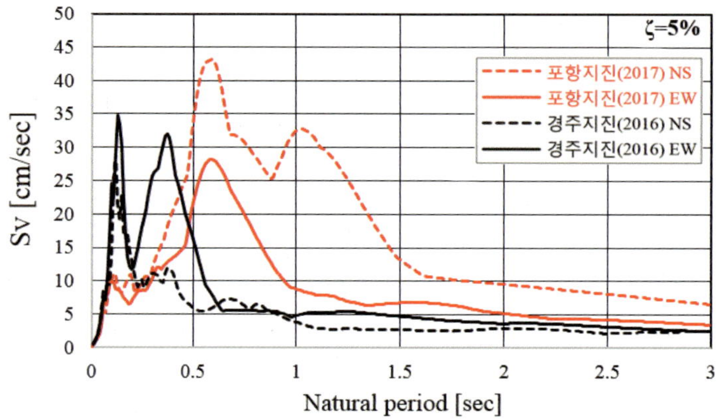

(c) 속도응답 스펙트럼

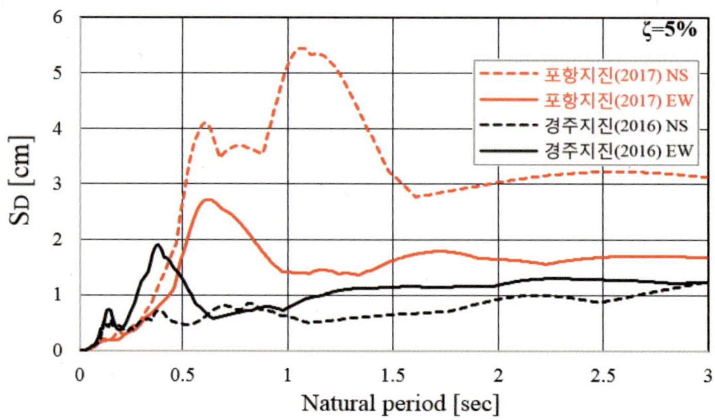

(d) 변위응답 스펙트럼

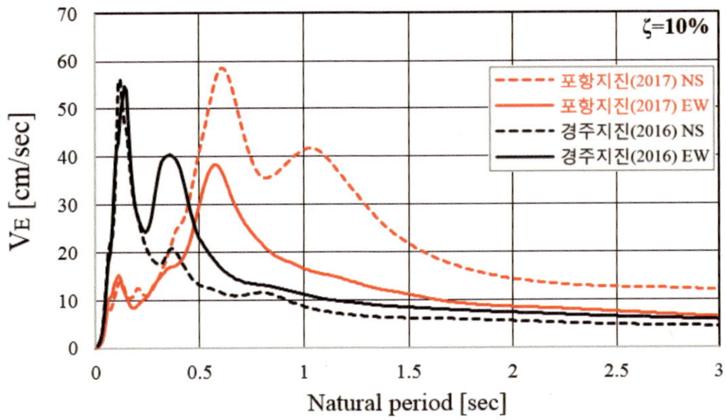

(e) 에너지응답 스펙트럼

그림 2.6.3 경주지진과 포항지진의 응답 스펙트럼 비교

2.7 소결

본 장에서는 응답 스펙트럼과 FFT 분석을 통하여 포항지진의 지진파특성을 파악하고 포항지진과 유사규모의 지진기록을 수집하여 포항지진과 지진파특성을 비교하였다. 이를 통하여 포항지진의 지진파특성을 파악하고, 포항지진과 건축물 피해규모와의 상관관계를 분석하여 다음과 같은 결론을 얻었다.

1. 진앙지에서 약 9.3 km 떨어진 포항관측소(PHA2)에서 관측된 지진파의 최대지반가속도(PGA)와 유효최대가속도(EPA)가 각각 255.3gal(EW), 134.1gal(NS)로 나타났다. 또한 포항지진(PHA2)의 탁월진동수는 약 2Hz로 건축물의 손상을 입힐 가능성이 높은 5Hz 이하의 진동수영역에 있으며, 포항지진파의 진동특성은 구조물과의 공진을 발생시킬 가능성이 높다.

2. 감쇠비 5%의 가속도응답 스펙트럼 분석결과, 포항지진(PHA2)의 가속도응답은 약 0.1초에서 탁월하여 감소하다 약 0.2초부터 다시 증가하여 0.6초 부근에서 가속도응답이 탁월하게 나타났다. 이는 연약지반에서 부지고유의 장주기성분에 의한 증폭효과에 의한 것으로 판단된다. 탁월주기 0.1초, 0.5초에서 가속도응답은 KBC 2016의 설계 스펙트럼에 비하여 각각 24%, 18% 크게 나타났다.

3. 유사규모(M_L5.4)로 발생한 역사지진과 지진특성을 비교한 결과, 감쇠비 10%의 에너지등가속도응답은 포항지진(PHA2)이 59cm/s로 가장 크게 나타났고, 최대응답은 부지고유의 진동수영역인 0.6초에서 탁월하게 나타났다. 이는 포항지진(PHA2)과 비슷한 PGA 및 진앙거리를 가지는 YMN002(M_L5.4) 지진의 에너지등가속도응답에 비하여 2.5배 큰 값에 해당한다. 이는 연약지반에 의한 지반증폭효과로 인하여 유사규모 지진에 비해 에너지응답이 더 크게 증폭되어 나타낸 것으로 판단된다.

4. 이상의 결과를 종합하면, 포항지진은 일반적인 구조물이 가지는 진동수영역에서 응답이 탁월하게 나타내어 구조물에 손상을 입힐 가능성이 크다. 또한 연약지반에서의 2차 증폭효과로 인하여 부지고유의 진동수영역에서 응답이 매우 크게 증폭되어 나타났다. 특히 지진파 고유의 탁월주기에서 구조물의 응답은 유사규모 지진과 비슷한 수준으로 나타났으나, 연약지반에서 부지고유의 주기영역에서는 구조물에 입력된 지진에너지가 유사규모 지진에 비하여 최대 6배 가량 크게 나타났다.

제3장

포항지진 피해규모 및 집계현황

김 혜 원*

3.1 포항지진 발생현황

포항지진은 지난해 9.12 경주지진에 비하여 규모는 작았지만, 1,797명의 이재민과 551억원의 재산피해를 발생시켰으며, 또한 액상화현상과 땅밀림 피해가 나타났고 학교시설의 지진취약성을 드러내 주었으며, 이재민 주거불안의 장기화 문제 등 많은 시사점도 남겨 주었다.

시간대별 지진발생현황을 9.12 지진과 비교를 하면 다음과 같다. 지진발생 후 19일까지의 발생현황을 보면 포항지진은 9.12 지진보다 여진의 규모와 발생횟수는 적은 편으로 나타났다.

표 3.1.1 시간대별 여진횟수(일)

구분	소계	+24시간	+2일	+3	+4	+5	+6	+7	+8	+9	+10	+11~19
포항 지진	68	44 (4.3)	7 (2.4)	1 (2.6)	4 (2.4)	2 (3.6)	3 (2.4)	1 (2.5)	1 (2.0)	2 (2.3)	2 (2.3)	1 (2.4)
9.12 지진	124	80 (3.6)	9 (3.0)	3 (2.7)	6 (2.6)	3 (2.2)	1 (2.4)	2 (2.1)	4 (4.5)	4 (3.5)	2 (2.3)	10 (3.1)

○ 발생횟수 : 본진발생 후 24시간 동안 44회 발생, 이후 급격한 감소추세

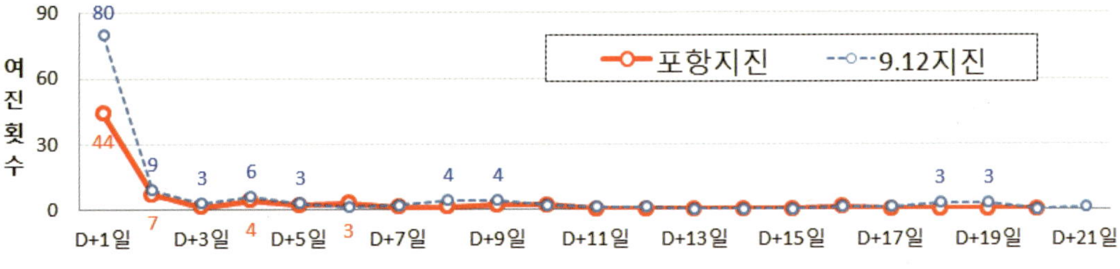

○ 규모현황 : 최대규모 4.3(본진 후 2시간 20분) 후 감소추세

* 김혜원 : 국립재난안전연구원 지진대책연구실 시설연구관

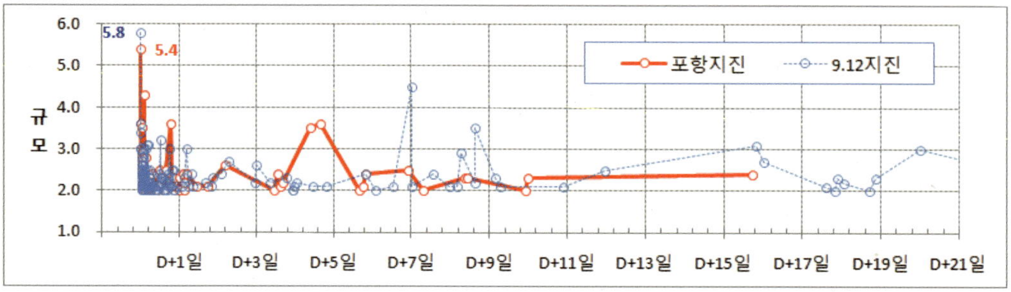

3.2 포항지진 피해현황

11.15 지진으로 92명의 부상자발생과 총 2개 시·도, 9개 시·군·구에 지진피해가 발생하여 지진 피해건축물로 인한 이주대상 613세대 발생과 여진으로 인한 대피로 최대일의 경우 1,797명의 대피소 이재민이 발생했다. 재산피해액은 총 55,057백만원(사유시설 29,421, 공공시설 25,636)으로 경북의 7개 시군지역 피해 55,000백만원, 경남의 2개 지역 57백만원의 피해가 발생하였다.

표 3.2.1 중앙재난안전대책본부, 지진피해 복구계획 심의확정 · 통보 (2017.12.05)

- [인명피해] 92명 부상자 입원
- [재산피해] 총 55,057백만원(사유시설 29,421, 공공시설 25,636)
- [복구계획] 총 144,500백만원(국비 109,100, 지방비 27,700, 자체복구 7,700)

표 3.2.2 사유시설 피해현황

시설별		단위	피해내용	
			물량	피해액(백만원)
계			27,000	29,421
주택	전파	동	331	9,930
주택	반파	동	228	3,420
주택	소파	동	25,362	15,217
축사 · 잠사		개소	24	21
기타		개소	1,055	833

표 3.2.3 공공시설 피해현황

시설별	단위	피해내용	
		물량	피해액(백만원)
계	개소	317	25,636
학교시설	개소	103	12,584
도로 · 교량	개소	2	930
항만시설	개소	16	2,414
문화재시설	개소	14	1,350
상하수도, 쓰레기	개소	7	1,709
산사태	개소	7	436
수리시설	–	5	454
체육시설	–	9	1,042
소규모시설 등	–	154	4,717

3.3 11.15 지진대응

중앙재난안전대책본부는 재난발생 시 현장상황을 관리하고 지자체와 중앙기관의 긴밀한 협조를 위해 현장상황관리관을 파견한다. 11.15 지진발생 30분만에 현장상황관리관이 현장조사를 위해 투입되고, 중앙지진재해원인조사단을 구성하여 포항지역의 지진피해에 대한 정보와 보고를 신속하게 수행하였다.

현장상황관리관 및 중앙지진재해원인조사단은 국립재난안전연구원장을 단장으로 액상화조사팀, 구조점검팀, 구호조사팀 등으로 구성되었다. 현장상황관리관은 재난 현장상황과 응급조치 진행상황을 파악하여 보고하고, 수능시험 연기여부에 대한 중요한 의사결정 지원 역할을 수행하였다. 중앙지진재해원인조사단의 각 조사팀은 지진재해 원인과 시설물별 피해현황 등을 조사하는 역할을 수행하였다.

특히, 이번 지진 대응과정에서 지진파보다 빨랐던 재난문자, 특별재난지역 조기 선포, 재난안전특교세 긴급지원, 수습지원단 운영 등 정부 노력은 물론 이재민 무료 숙소제공, 임대료 무상 임대주택지원, 주택형 컨테이너 기부, 자원봉사행렬 등 국민들의 성원과 관심이 포항지역에 집중되었다.

3.4 복구계획수립 및 피해지원

행정안전부는 신속하고 정확한 피해조사 및 복구계획수립을 위한 “중앙재난피해합동조사단”을 운영하여 자치단체 자체조사 및 중앙합동조사단의 현지확인을 거쳐 피해액 및 복구비용 산정하였다. 또한, 포항시는 국고지원기준 피해액(36억원)의 2.5배 90억원을 초과하는 피해가 발생하였기 때문에 2017년 11월 20일 특별재난지역으로 선포하였다.

(1) 중앙재난피해합동조사단

중앙재난피해합동조사단은 2017년 11월 22일부터 27일까지 운영되었고, 중앙재난안전대책본부 심의를 통하여 복구계획을 확정하였다. 이에 따라, 정부와 지자체는 2개시 · 도, 9개 시 · 군 · 구에 총 144,466백만원의 복구비를 들여 주요 기반시설복구에도 총력을 기울였다. 조사단은 중앙부처(행정안전부, 국토교통부, 산업통상자원부 등), 민간전문가, 지역자율방재단 등 13개 부처 39명으로 구성하였으며, 피해조사 결과 경북 포항시의 피해액은 143,992백만원으로 가장 큰 피해가 발생하였다.

표 3.4.1 주요지역 피해 및 복구비현황

시군구	피해액	총 복구액	지원복구비(백만원)					자체 복구
			계	국고총액			지방비	
				소계	국고	국고추가		
계	55,057	144,466	136,786	109,112	75,255	33,857	27,674	7,680
포항	54,618	143,992	136,711	109,077	75,220	33,857	27,634	7,281
경주	382	410	70	35	35	–	35	340
기타 (7)	57	64	5	–	–	–	5	59

표 3.4.2 시·도별 복구비현황

시도	시군구	피해내용(백만원)		
		계	공공시설	사유시설
합계	9개	144,466	113,500	30,966
경상북도	포항시	143,992	113,101	30,891
	경주시	410	340	70
	기타(5개)	60	59	1
경상남도	양산시 외 1	4	–	4

(2) 중앙수습지원단

정부는 범정부협업을 위한 재난현장 지원체계 강화를 위해 중앙수습지원단을 11월 18일부터 12월 30일까지 운영하였다. 행정안전부 실장급을 단장으로 하여 행정안전부, 국토교통부, 교육부 등 11개 기관 40여명이 참여하여 관계부처 합동으로 구성·운영되었다. 지원단은 안전점검반, 수능안전지원반, 이재민구호반 등 6개 현장 실무반으로 나뉘어 운영되었으며 포항시 지진피해수습을 위한 범정부활동을 수행하였다.

그 중 지진피해 시설물에 대한 긴급위험도 평가를 11월 16일부터 12월 15일까지 실시하였다. 안전점검 결과 민간주택 3,300개소 중 위험 132개소, 사용제한 166개소, 사용가능 2,966개소, 기타 제외 36개소로 분류되었다. 또한 위험 및 사용제한 등지진피해로 인하여 안전성확인이 필요한 민간시설물 100개소에 대해서는 정밀점검을 연계하여 실시하였다. 정밀점검 이후 보수·보강 비용은 소유자부담(재난지원금, 의연금 등 활용)이 원칙이나, 공동주택 공용시설에 대하여는 지자체에서 복구비용의 일부를 지원하는 방안을 검토하였고, 철거가 필요한 건물은 지역주민안전 등을 고려하여 지자체에서 철거하였다.

그림 3.4.1 11.15 포항지진 및 9.12 경주지진 비교

제4장 아파트건축물의 피해 및 분석

이 승 재*, 김 승 직*

4.1 흥해 D아파트 건축물의 피해

그림 4.1.1에서 보여지는 바와 같이 진원지로부터 남서쪽으로 약 2.0km 떨어진 곳에 위치하는 흥해 D아파트는 철근콘크리트 골조에 조적으로 벽을 채운 5층 건축물 6동으로 구성되어 있다. 이 중 E동은 건축물의 절반 이상이 약 4도 가량 기울어지는 등 가장 큰 피해를 입었다. 그 원인으로 지진 직후에는 액상화로 인한 지반침하가 거론되었으나, 조사에 따르면 지면에 접한 벽체의 손상에 의한 것으로 보인다. 당해 아파트 E동의 피해상세를 그림 4.1.2에서부터 그림 4.1.13까지 예시한다.

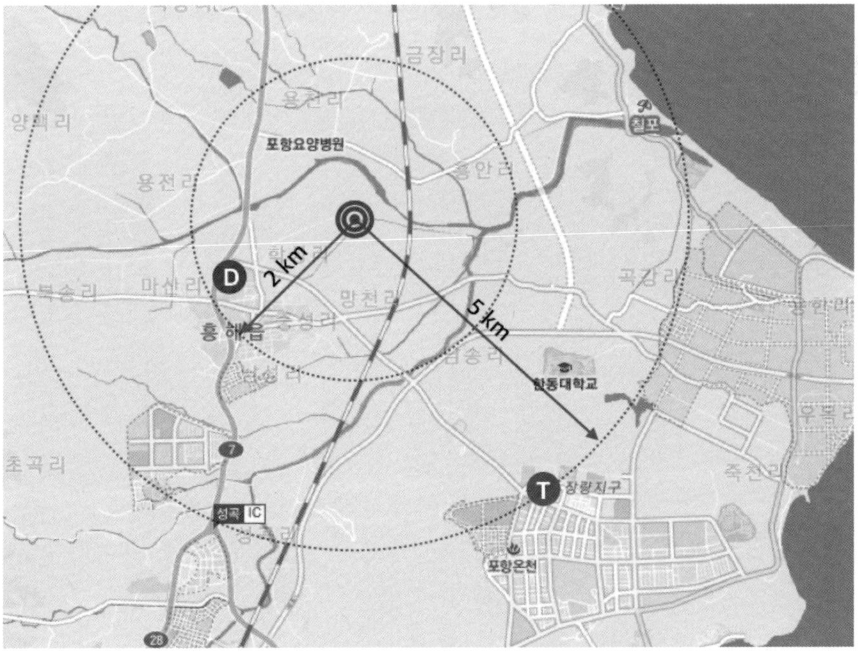

그림 4.1.1 피해조사 아파트건축물과 진원지의 관계

* 이승재 : 한국기술교육대학교 디자인 · 건축공학부 교수
* 김승직 : 계명대학교 건축공학과 교수

그림 4.1.2 기울어진 D아파트 E동

그림 4.1.3 GL벽체의 손상

그림 4.1.4 1층 슬래브의 손상

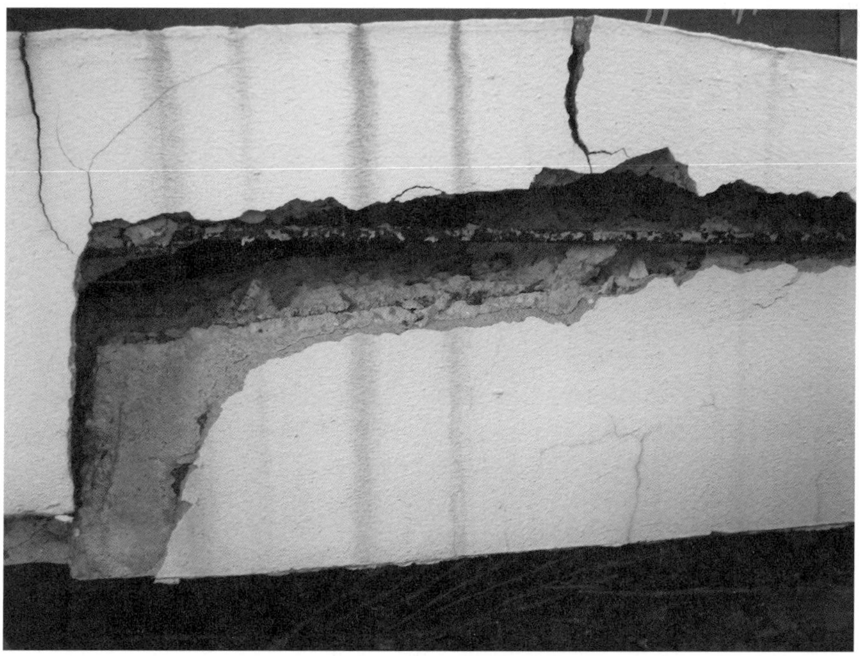

그림 4.1.5 1층 슬래브(발코니부) 내 녹슨 철근

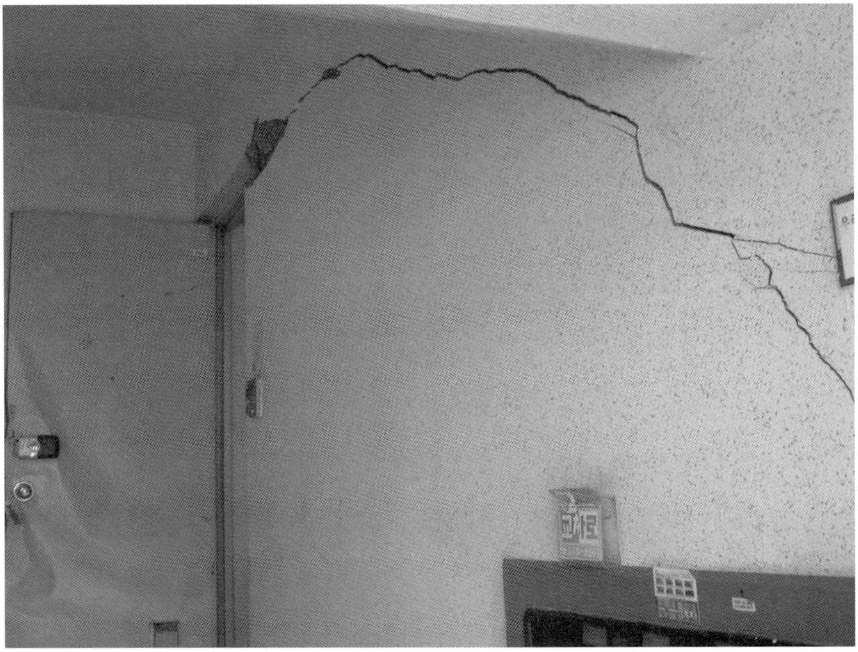

그림 4.1.6 계단실 벽체의 균열

그림 4.1.7 계단실 벽체균열부의 박리

그림 4.1.8 E동의 길이방향 벽체이격

그림 4.1.9 E동의 길이방향 벽체이격 확대

그림 4.1.10 실내 벽체균열

그림 4.1.11 실내다용도실 출입문의 비틀림

그림 4.1.12 출입구의 침하

그림 4.1.13 출입구의 침하 확대

4.2 흥해 D아파트 건축물의 피해분석

1988년 1월에 입주가 시작된 흥해 D아파트는 포항지진 당시 건축년 30년을 넘긴 낡은 아파트로 지진이 발생하기 전부터 균열 등 손상이 많아 철거 등의 논의가 있었던 것으로 파악된다. 건축의 골조는 현재 아파트에 사용되고 있는 벽식 철근콘크리트구조와는 달리, 라멘 골조 위에 벽돌을 쌓아 벽을 채운 구조로, 벽량이 부족해 지진으로 인한 횡력에 취약했던 것으로 보인다.

파손된 기둥과 슬래브에서는 정착되지 않은 철근과 녹슨 철근이 발견되었다. 당해 건축물은 1980년대 후반 우리나라의 건축러시에 시공되었는데, 부실시공을 비롯하여 골재부족으로 인한 바다모래 사용 등이 의심되고, 바다가 인접한 지역에서 콘크리트 균열에 따른 해풍 침투로 철근 녹이 발생했다던가, 콘크리트나 벽돌 등 건축 구성재료의 열화 등 확인가능한 원인으로 건축물의 내력이 상당히 떨어져 있었을 것으로 추정된다.

4.3 양덕 S아파트 건축물의 피해

진원지로부터 동남쪽으로 약 5.0km 떨어진 포항시의 신규 택지개발지구(장량택지지구)에 위치하는 양덕 S아파트는 벽식 철근콘크리트 골조로 최고 21층의 9개동으로 구성되어 있다(그림 4.1.1 참조). 당해아파트는 전체층 외벽에 X자형 전단균열이 발견되어 상세조사를 계획하였으나, 입주민의 반대로 외관조사만 수행했다. 외벽 전단균열의 상세를 그림 4.3.1부터 4..3.3까지 보여준다.

그림 4.3.1 양덕 S아파트

그림 4.3.2 외벽 전단균열

그림 4.3.3 조적채움벽 전단균열 확대

4.4 양덕 S아파트 건축물의 피해분석

양덕 S아파트는 2014년 6월에 입주를 시작한 아파트로, 포항시의 신규 택지조성지구인 장량지구 내에 위치한 신축아파트이다. 지진으로 인한 외벽의 전단균열은 비 내력벽인 조적채움벽을 비롯해, 일부 동에서는 내력 외벽에서도 균열이 관찰되었다. 이러한 균열은 이번 지진의 외력에 대항해 장변방향의 내력이 부족했음을 나타내고 있다. 원인을 설계용 평면도로부터 찾을 수 있는데, 용이한 평면확장을 위해 장변방향의 내력벽을 설계하지 않아 내진벽량이 현저히 부족한 것을 알 수 있다.

제5장 학교건축물의 피해 및 분석

이 강 석*

5.1 학교시설 피해조사

(1) 조사지역 및 지진피해 평가방법

진원보다 약 2km 서쪽에 위치한 흥해읍 및 진원보다 약 3~5km 남동부에 위치한 포항시 북구를 중심으로 피해조사를 실시하였으며, 그림 5.1.1에 조사지역 및 구조 피해발생 학교를 나타내었다.

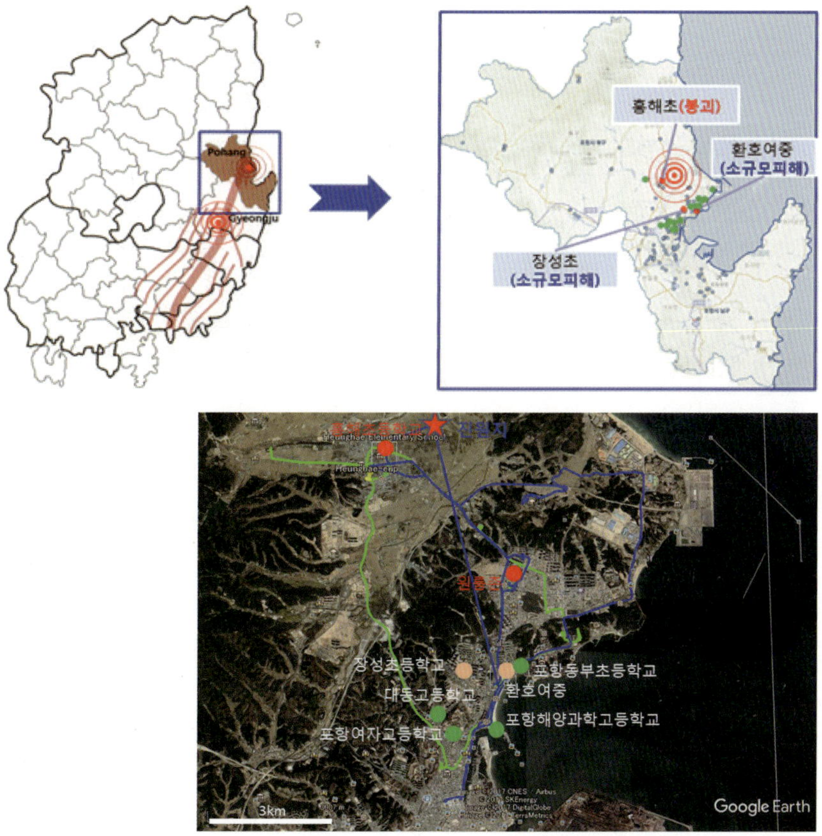

그림 5.1.1 조사지역 및 주요 피해발생 학교시설

* 이강석 : 한양대학교 건축학부 교수

지진피해의 평가는 지진피해를 받은 철근콘크리트 건축물의 지진피해도 판정기준(일본 건축방재협회, 2001)을 참조로 교육부 및 교육시설재난공제회에서 작성한 『철근콘크리트 학교건축물의 지진피해도 판정조사표』에 의해 수행되었으며, 양식은 그림 5.1.2에 예시한 바와 같다.

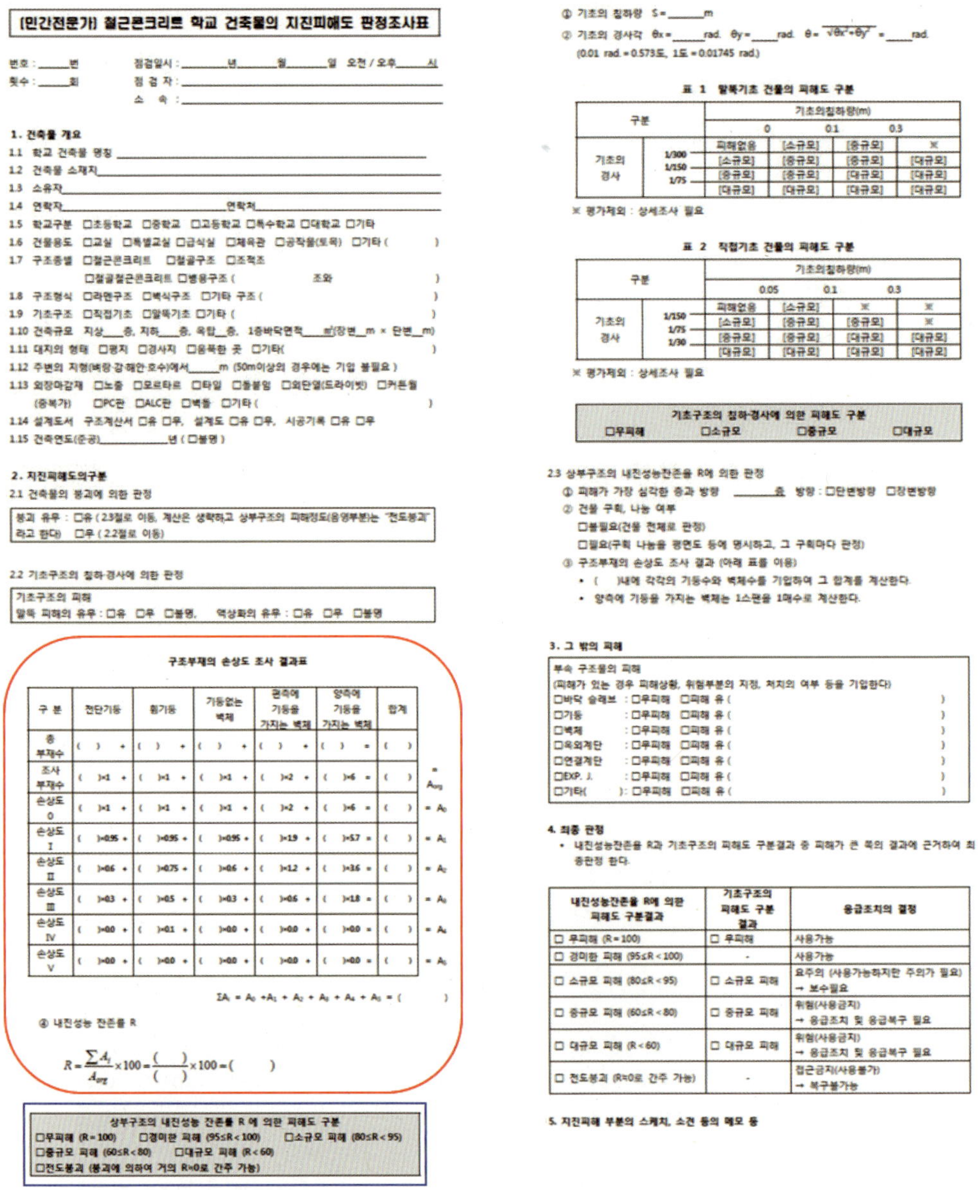

(민간전문가) 철근콘크리트 학교 건축물의 지진피해도 판정조사표

번호 : ____번 점검일시 : ______년 ____월 ____일 오전 / 오후 ____시
횟수 : ____회 점 검 자 : ______________
소 속 : ______________

1. 건축물 개요

1.1 학교 건축물 명칭 ______________
1.2 건축물 소재지 ______________
1.3 소유자 ______________
1.4 연락자 ______________ 연락처 ______________
1.5 학교구분 □초등학교 □중학교 □고등학교 □특수학교 □대학교 □기타
1.6 건물용도 □교실 □특별교실 □급식실 □체육관 □공작물(토목) □기타 ( )
1.7 구조종별 □철근콘크리트 □철골구조 □조적조 □철골철근콘크리트 □병용구조 (조와)
1.8 구조형식 □라멘구조 □벽식구조 □기타 구조 ( )
1.9 기초구조 □직접기초 □말뚝기초 □기타 ( )
1.10 건축규모 지상___층, 지하___층, 옥탑__층, 1층바닥면적____㎡(장변__m × 단변__m)
1.11 대지의 형태 □평지 □경사지 □움푹한 곳 □기타( )
1.12 주변의 지형(벼랑·강·해안·호수)에서_____m (50m이상의 경우에는 기입 불필요)
1.13 외장마감재 □노출 □모르타르 □타일 □돌붙임 □외단열(드라이빗) □커튼월(중복가) □PC판 □ALC판 □벽돌 □기타 ( )
1.14 설계도서 구조계산서 □유 □무, 설계도 □유 □무, 시공기록 □유 □무
1.15 건축연도(준공)__________년 (□불명)

2. 지진피해도의구분

2.1 건축물의 붕괴에 의한 판정

붕괴 유무 : □유 (2.3절로 이동, 계산은 생략하고 상부구조의 피해정도(음영부분)는 "전도붕괴"라고 한다) □무 (2.2절로 이동)

2.2 기초구조의 침하·경사에 의한 판정

기초구조의 피해
말뚝 피해의 유무 : □유 □무 □불명, 액상화의 유무 : □유 □무 □불명

구조부재의 손상도 조사 결과표

구 분	전단기둥	휨기둥	기둥없는 벽체	편측에 기둥을 가지는 벽체	양측에 기둥을 가지는 벽체	합계	
총 부재수	( ) +	( ) +	( ) +	( ) +	( ) =	( )	
조사 부재수	( )×1 +	( )×1 +	( )×1 +	( )×2 +	( )×6 =	( )	= A_{org}
손상도 0	( )×1 +	( )×1 +	( )×1 +	( )×2 +	( )×6 =	( )	= A_0
손상도 Ⅰ	( )×0.95 +	( )×0.95 +	( )×0.95 +	( )×1.9 +	( )×5.7 =	( )	= A_1
손상도 Ⅱ	( )×0.6 +	( )×0.75 +	( )×0.6 +	( )×1.2 +	( )×3.6 =	( )	= A_2
손상도 Ⅲ	( )×0.3 +	( )×0.5 +	( )×0.3 +	( )×0.6 +	( )×1.8 =	( )	= A_3
손상도 Ⅳ	( )×0.0 +	( )×0.1 +	( )×0.0 +	( )×0.0 +	( )×0.0 =	( )	= A_4
손상도 Ⅴ	( )×0.0 +	( )×0.0 +	( )×0.0 +	( )×0.0 +	( )×0.0 =	( )	= A_5

$\Sigma A_i = A_0 + A_1 + A_2 + A_3 + A_4 + A_5 = (\quad)$

④ 내진성능 잔존율 R

$$R = \frac{\sum A_i}{A_{org}} \times 100 = \frac{(\quad)}{(\quad)} \times 100 = (\quad)$$

상부구조의 내진성능 잔존율 R 에 의한 피해도 구분
□무피해 (R = 100) □경미한 피해 (95≤R < 100) □소규모 피해 (80≤R < 95)
□중규모 피해 (60≤R < 80) □대규모 피해 (R < 60)
□전도붕괴 (붕괴에 의하여 거의 R≈0로 간주 가능)

① 기초의 침하량 S = ______m
② 기초의 경사각 θx = ______rad. θy = ______rad. θ = $\sqrt{\theta x^2 + \theta y^2}$ = ______rad.
(0.01 rad. = 0.573도, 1도 = 0.01745 rad.)

표 1 말뚝기초 건물의 피해도 구분

구분		기초의침하량(m): ~0	0~0.1	0.1~0.3	0.3~
기초의 경사	~1/300	피해없음	[소규모]	[중규모]	※
	1/300~1/150	[소규모]	[중규모]	[중규모]	[대규모]
	1/150~1/75	[중규모]	[중규모]	[대규모]	[대규모]
	1/75~	[대규모]	[대규모]	[대규모]	[대규모]

※ 평가제외 : 상세조사 필요

표 2 직접기초 건물의 피해도 구분

구분		기초의침하량(m): ~0.05	0.05~0.1	0.1~0.3	0.3~
기초의 경사	~1/150	피해없음	[소규모]	※	※
	1/150~1/75	[소규모]	[중규모]	[중규모]	※
	1/75~1/30	[중규모]	[중규모]	[대규모]	[대규모]
	1/30~	[대규모]	[대규모]	[대규모]	[대규모]

※ 평가제외 : 상세조사 필요

기초구조의 침하·경사에 의한 피해도 구분
□무피해 □소규모 □중규모 □대규모

2.3 상부구조의 내진성능잔존율 R에 의한 판정
① 피해가 가장 심각한 층과 방향 ______층 방향 : □단변방향 □장변방향
② 건물 구획, 나눔 여부
□불필요(건물 전체로 판정)
□필요(구획 나눔을 평면도 등에 명시하고, 그 구획마다 판정)
③ 구조부재의 손상도 조사 결과 (아래 표를 이용)
• ( )내에 각각의 기둥수와 벽체수를 기입하여 그 합계를 계산한다.
• 양측에 기둥을 가지는 벽체는 1스팬을 1매수로 계산한다.

3. 그 밖의 피해

부속 구조물의 피해
(피해가 있는 경우 피해상황, 위험부분의 지정, 처치의 여부 등을 기입한다)
□바닥 슬래브 : □무피해 □피해 유 ( )
□기둥 : □무피해 □피해 유 ( )
□벽체 : □무피해 □피해 유 ( )
□옥외계단 : □무피해 □피해 유 ( )
□연결계단 : □무피해 □피해 유 ( )
□EXP. J. : □무피해 □피해 유 ( )
□기타( ): □무피해 □피해 유 ( )

4. 최종 판정

• 내진성능잔존율 R과 기초구조의 피해도 구분결과 중 피해가 큰 쪽의 결과에 근거하여 최종판정 한다.

내진성능잔존율 R에 의한 피해도 구분결과	기초구조의 피해도 구분 결과	응급조치의 결정
□ 무피해 (R = 100)	□ 무피해	사용가능
□ 경미한 피해 (95≤R < 100)	-	사용가능
□ 소규모 피해 (80≤R < 95)	□ 소규모 피해	요주의 (사용가능하지만 주의가 필요) → 보수필요
□ 중규모 피해 (60≤R < 80)	□ 중규모 피해	위험(사용금지) → 응급조치 및 응급복구 필요
□ 대규모 피해 (R < 60)	□ 대규모 피해	위험(사용금지) → 응급조치 및 응급복구 필요
□ 전도붕괴 (R≈0로 간주 가능)	-	접근금지(사용불가) → 복구불가능

5. 지진피해 부분의 스케치, 소견 등의 메모 등

그림 5.1.2 철근콘크리트 학교건축물의 지진피해도 판정조사표

(2) 구조피해 건축물

1) H초등학교

진원에서 서쪽으로 약 1.5km 떨어진 곳에 위치한 철근콘크리트조 3층 건축물 3개 동으로 이루어져 있으며(그림 5.1.3), 건축물 A는 약 50년 전(1968년), 건축물 B는 약30년 전(1984년), 건축물 C는 약 25년 전(1992년)에 건설되었다.

그림 5.1.3 H초등학교의 전경 및 건설연도

건축물 A : 지진피해 학교건축물 중 가장 큰 피해가 발생하였으며, 손상도 V로 판단된 기둥은 6개가 있었으며(그림 5.1.4), 손상도 IV 및 Ⅲ (그림 5.1.5)도 다수 확인되었다. 약 50년 전에 건설 된 건축물로, 콘크리트의 품질이 나쁘고 건설되었을 무렵 굵은 골재의 규정은 24mm 이하이지만 50mm 이상의 것이 혼입된 것이 확인되었다(그림 5.1.6). 또한 전단보강근의 간격은 300mm, 후크는 90 °이나(그림5.1.7), 내진설계기준이 제정되지 않은 시기에 지어진 것이기 때문에 설계불량은 아니지만 후크의 시공불량 부분이 확인되었다(그림 5.1.7).

건축물 내부기둥은 양쪽에 400mm 정도의 조적조날개벽을 가지고 있는 것과 양쪽에 조적조허리벽을 보유하고 있는 2종류로 구분되었다. 기존 연구에 의하면 조적조날개벽과 조적조허리벽은 내진성능에 거의 기여하지 않는다고 판단되었지만, 조적조날개벽을 가지고 있는 기둥의 손상은 작은 반면, 조적조허리벽을 갖는 기둥의 손상도는 Ⅳ 이상으로 컸다(그림 5.1.8).

그림 5.1.4 손상도 V의 기둥

건축물 A는 출입금지 조치 및 출입금지에 대한 가설공사와 축 붕괴방지 서포터공사가 진행되었다 (그림 5.1.9). 상기의 평가를 통해 나타난 건축물 A의 지진피해도 판정결과를 그림 5.1.12에 나타내었다.

그림 5.1.5 손상도 Ⅲ 및 Ⅳ의 기둥

그림 5.1.6 50mm 이상의 골재혼입

그림 5.1.7 전단보강근 간격 및 90° 후크 시공불량

그림 5.1.8 조적조날개벽과 조적조허리벽을 가지고 있는 기둥의 손상비교

그림 5.1.9 붕괴방지 서포터 설치공사

건축물 B : 본 건축물은 건축물 A와 부재의 단면이 동일하며 유사한 구조평면을 가지지만 눈에 띄는 구조물의 피해는 발견되지 않았다(그림 5.1.10). 건축물 B가 건축물 A에 비해 피해가 적었던 원인은 건설연도가 다른 것으로 인해 콘크리트의 품질이 건축물 A에 비해 양호한 것과 건축물 A는 계단부가 중앙에 1개 밖에 없는 것에 반해 건축물 B는 계단부가 건축물의 양쪽과 중앙에 3곳인 것으로 추정된다.

그림 5.1.10 건축물 B의 손상상태

건축물 C : 본 건축물은 눈에 띄는 구조물의 피해는 확인되지 않았다. 한편, 본 건축물은 양행방향의 양 외측에 내진보강이 되어 있었다. 내진보강 접합부의 앵커가 전체적으로 조금 빠져 있으며, 이는 앵커의 시공불량인 것으로 보인다(그림 5.1.11).

그림 5.1.11 건축물 C의 내진보강 및 앵커의 손상

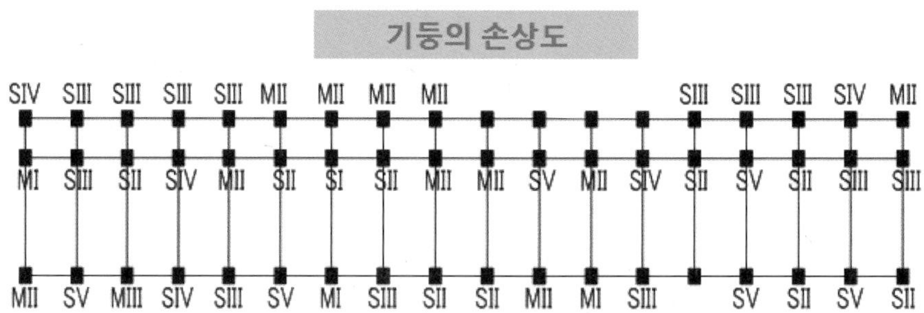

잔류 내진성능

$$R\text{-}index(\%) = \frac{20.3}{49} \times 100 = 41.4\,\%\ (\text{붕괴상태})$$

- **전체 1층의 54개 기둥 가운데 총 49개 조사**
- **49개 전체 전단균열 및 파괴**
- **손상도**-I: 4**개**, **손상도**-II: 20**개**, **손상도**-III: 15**개**, **손상도**-IV: 5**개**, **손상도**-V: 5**개**

그림 5.1.12 H초등학교 건축물 A의 지진피해도 판정결과

2) H여자중학교

진원에서 남동쪽으로 약 4.0km 떨어진 곳에 위치한 철근콘크리트조 4층 건축물로 약 26년 전(1991년)에 건설되었다(그림 5.1.13).

그림 5.1.13 H여자중학의 전경 및 건설연도

다수의 조적조외장재 및 조적벽체에 균열이 발생하였으나(그림 5.1.14), 기둥 등의 구조부재는 일부 기둥에 손상도 Ⅱ의 피해를 입은 것에 반해 대부분의 기둥은 피해를 입지 않은 것으로 나타났다(그림5.1.15). 건축물의 피해정도는 경미한 수준으로 판단된다.

그림 5.1.14 조적조외장재 손상상태

그림 5.1.15 손상도 II의 기둥

3) J초등학교

진원에서 남동쪽으로 약 3.9km 떨어진 곳에 위치한 철근콘크리트조 3층 건축물로 약 23년 전(1994년)에 건설되었다(그림 5.1.16).

그림 5.1.16 J초등학교의 전경 및 건설연도

다수의 조적조외장재 및 조적벽체에 전단파괴가 발생하였으며, 손상도 Ⅲ로 판단된 기둥은 2개가 있었다(그림 5.1.17). 손상도 Ⅰ 및 Ⅱ (그림 5.1.18)도 일부 확인되었다. 대부분의 기둥은 피해를 입지 않은 것으로 나타났으며, 건축물의 피해정도는 소규모수준으로 판단된다(그림 5.1.19).

그림 5.1.17 손상도 Ⅲ의 기둥

그림 5.1.18 손상도 Ⅰ 및 Ⅱ의 기둥

구조부재의 손상도 조사 결과표

구 분	전단기둥	휨기둥	기둥없는 벽체	편측에 기둥을 가지는 벽체	양측에 기둥을 가지는 벽체	합계	
총 부재수	( ) +	( ) +	( ) +	( ) +	( ) =	( )	
조사 부재수	(30)×1 +	( )×1 +	( )×1 +	( )×2 +	( )×6 =	(30)	= A_{org}
손상도 0	(22)×1 +	( )×1 +	( )×1 +	( )×2 +	( )×6 =	(22)	= A_0
손상도 Ⅰ	(2)×0.95 +	( )×0.95 +	( )×0.95 +	( )×1.9 +	( )×5.7 =	(1.9)	= A_1
손상도 Ⅱ	(4)×0.6 +	( )×0.75 +	( )×0.6 +	( )×1.2 +	( )×3.6 =	(2.4)	= A_2
손상도 Ⅲ	(2)×0.3 +	( )×0.5 +	( )×0.3 +	( )×0.6 +	( )×1.8 =	(0.6)	= A_3
손상도 Ⅳ	( )×0.0 +	( )×0.1 +	( )×0.0 +	( )×0.0 +	( )×0.0 =	( )	= A_4
손상도 Ⅴ	( )×0.0 +	( )×0.0 +	( )×0.0 +	( )×0.0 +	( )×0.0 =	( )	= A_5

$$\Sigma A_i = A_0 + A_1 + A_2 + A_3 + A_4 + A_5 = (\ 26.9\ )$$

④ 내진성능 잔존률 R

$$R = \frac{\sum A_i}{A_{org}} \times 100 = \frac{(\ 26.9\ )}{(\ 30\ )} \times 100 = (\ 89.6\ )$$

상부구조의 내진성능 잔존률 R 에 의한 피해도 구분		
□무피해 (R = 100)	□경미한 피해 (95≤R < 100)	■소규모 피해 (80≤R < 95)
□중규모 피해 (60≤R < 80)	□대규모 피해 (R < 60)	
□전도붕괴 (붕괴에 의하여 거의 R≒0로 간주 가능)		

그림 5.1.19 J초등학교 건축물의 지진피해도 판정결과

5.2 비선형 동적해석에 의한 학교시설 손상도와 피해원인관계

(1) 상세평가를 위한 구조모델(CANNY)

대상건축물은 1980년대 표준도면(그림5.2.1)에 의한 학교로 현장조사를 통해 관측된 콘크리트의 낮은 품질에 따른 강도저감과 300mm 전단보강근 간격을 상세평가에 반영하였으며 지진파는 제2장에서 분석된 지진파를 적용하였다.

Cross section of columns

	Type C_1	Type C_2	Type C_3
Cross section	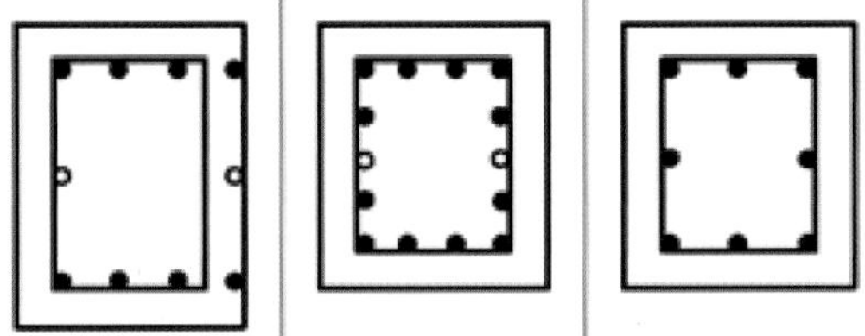		
Dim.	350*500 mm	350*400 mm	350*400 mm
Main bar	• 8-D19 ∘ 2-D16	• 12-D19 ∘ 2-D16	8-D16
Hoop bar	D10-@300	D10-@300	D10-@300

그림 5.2.1 1980년대 표준도면

부재양단부와 중앙부에 비선형거동을 나타내는 스프링을 갖는 선부재로 모델화하였다. 기둥의 축력 및 휨거동은 부재양단부에서 가정한 MS(Multi Axial-Spring)모델(그림5.2.2)에 의하여, 전단거동은 기둥중심에 위치한 전단스프링(그림5.2.3)에 의하여 표현하는 것으로 가정하였다. 또한 보는 전단력에 대하여 탄성거동을 보이는 것으로 가정하였으며, 휨모멘트에 의한 비선형거동은 부재양단부의 휨스프링(그림5.2.4)에 의하여 나타내는 것으로 가정하였다. 기둥과 보의 접합부는 Rigid Zone으로 치환하여 나타내었다. 각 부재의 단일스팬 모델링의 개요는 그림 5.2.5와 같다.

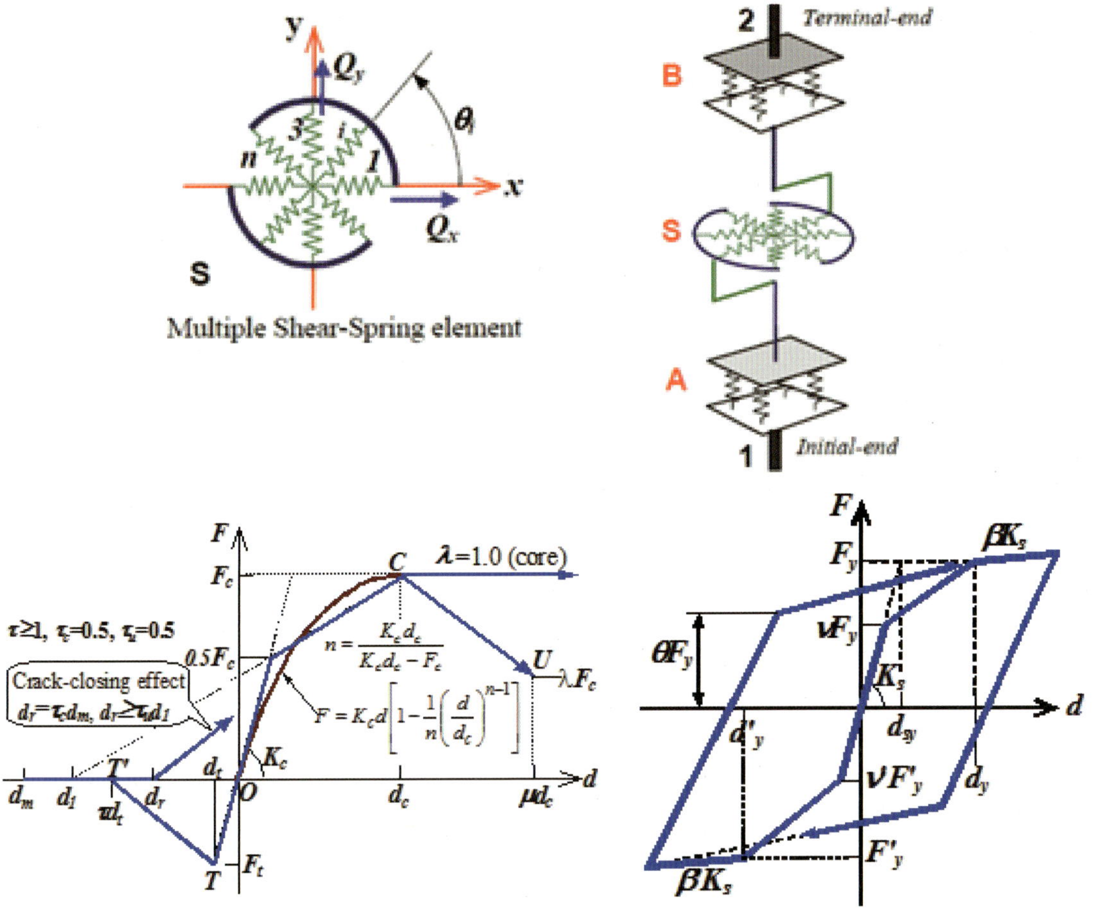

그림 5.2.2 MS(Multi Axial-Spring) 모델

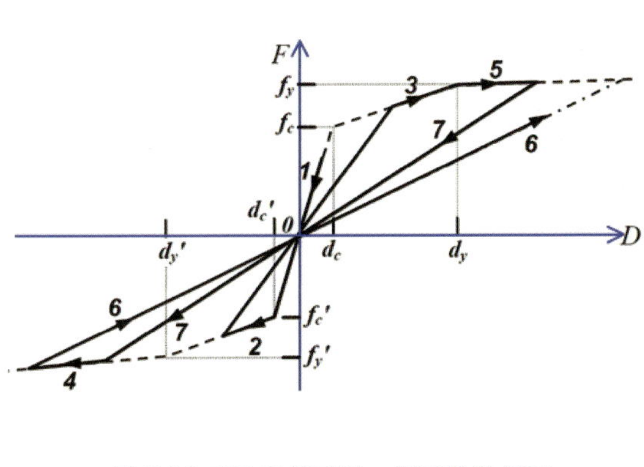

그림 5.2.3 기둥의 전단력 – 전단변위 관계

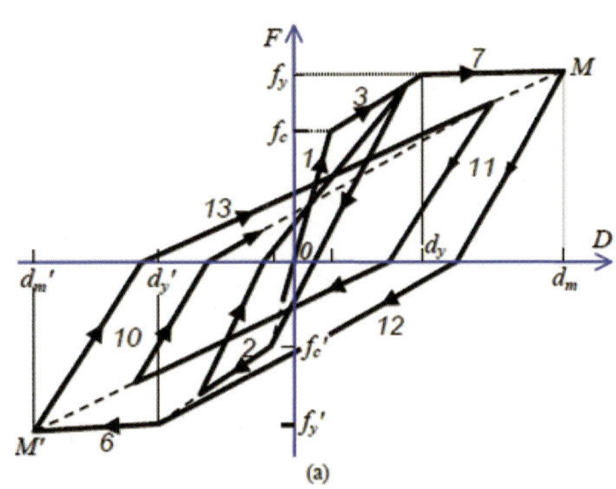

그림 5.2.4 보의 모멘트 – 곡률관계

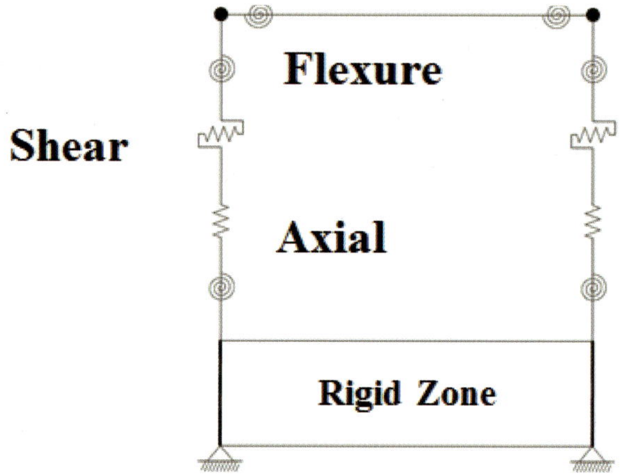

그림 5.2.5 부재의 모델링 개요

(2) 해석결과에 의한 손상도와 피해원인 관계 분석

5.2 (1)항에 나타낸 모델링에 의한 대상건축물의 응답을 장변방향과 단변방향으로 구분하여 그림 5.2.6에 각각 나타내었다. 표 5.2.1에는 해석결과의 최대내력 및 최대응답변위를 나타내었다.

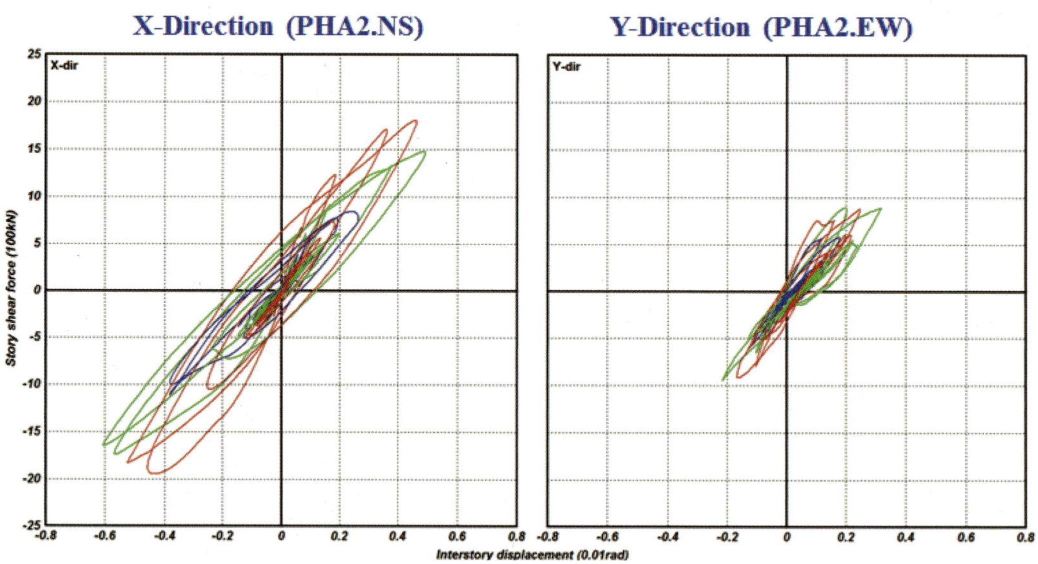

그림 5.2.6 하중 – 변위곡선 (콘크리트 강도저하)

그림 5.2.1 해석결과 비교

Ground Motions	Concrete Compressive Strength [Mpa]	Maximum Shear Force, Vu [kN]		Maximum Interstory Displacement, Δu [rad] (mm)	
		X-Direction	Y-Direction	X-Direction	Y-Direction
PHA2	10	-1942.6	-917.8	0.0052 (17.2)	0.0025 (8.3)

상기의 해석결과에 따른 피해부재의 하중-변위관계를 그림 5.2.7에, 부재의 손상정도를 연성율을 통해서 그림 5.2.8과 같이 나타내었다.

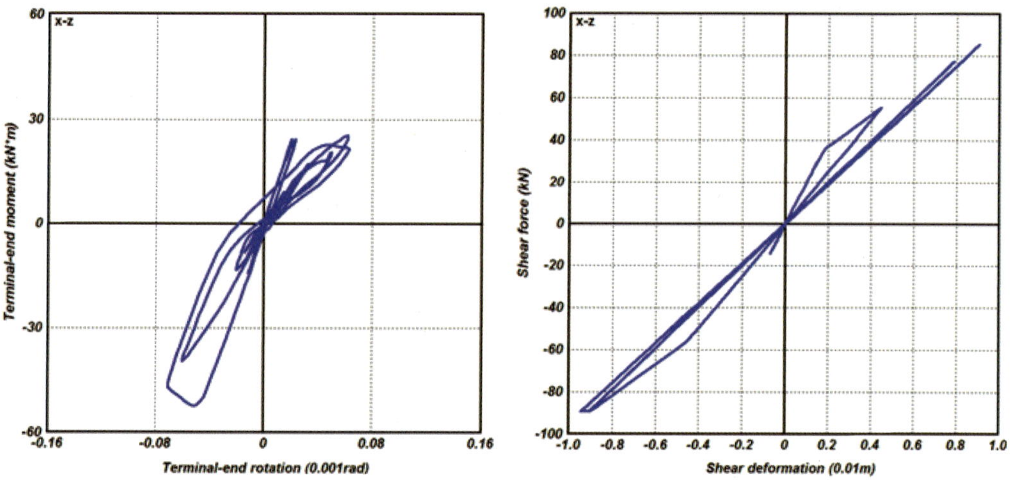

(a) 모멘트 – 곡률관계 (휨거동)　　(b) 전단력 – 전단변위관계 (전단거동)

그림 5.2.7 피해부재 하중 – 변위곡선 (콘크리트 강도저하)

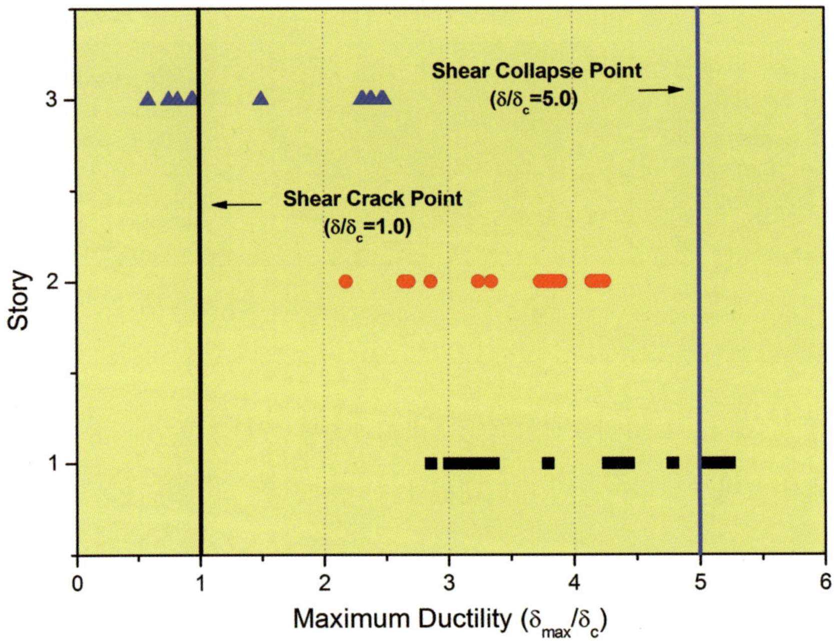

그림 5.2.8 부재별 손상정도 (콘크리트 강도저하)

현장조사를 통해 관측된 콘크리트의 낮은 품질에 따른 강도저감과 300mm 전단보강근 간격을 반영하여 수행된 비선형 동적해석은 실제피해와 유사하게 붕괴수준의 결과를 나타내었다. 일부 기둥이 손상도 Ⅴ의 피해를 입었으며, 대다수의 기둥이 Ⅱ~Ⅳ도 다수 확인되었다.

이는 내진설계가 되어있지 않으며, 콘크리트 품질의 기대치가 낮은 1980년도의 학교건축물의 경우 향후 심각한 지진피해가 추가적으로 발생할 수 있다는 근거로 판단된다.

제6장 필로티건축물의 피해 및 분석

오 상 훈*

진원보다 약 2km 서쪽에 위치한 흥해읍 및 진원보다 약 3~5km 남동부에 위치한 포항 시본 장에서는 2017년 11월 15일 포항시에서 리히터 규모 5.4 지진발생으로 인한 필로티건축물의 지진피해 조사결과를 기술하였다. 포항시 북구 장성동에 위치하는 필로티건축물 중 지진피해가 집중되어 나타난 지역의 건축물 131개동을 조사했다. 필로티건축물의 지진으로 인한 피해수준의 판정은 국내 · 외 건축물손상도 평가기준에 근거하여 실시하였다. 지진 직후의 응급조사는 일본에서 제안된 철근콘크리트건축물의 조사시트를 채용하였고 필로티층의 부재별 손상도 평가는 소방방재청(2012)의 '지진피해 건축물 손상도평가 및 붕괴위험도 검증을 위한 구조실험' 및 일본 내진성능평가지침(2004)에서 제안된 수법을 참고하였다.

필로티건축물의 지진피해조사는 필로티층에 위치하는 철근콘크리트기둥 부재와 전단벽 코어의 균열, 파괴 등 부재에서 발생한 손상을 중심으로 실시하였다. 조사방법은 육안에 의한 외관조사와 코어 내부의 내관조사를 병행하는 것으로 하고 각 부재에 발생한 균열폭은 균열측정 장비를 이용하여 실측하였다. 또한 마감재와 코어 내부타일과 같은 비구조재의 피해와 부동침하에 의한 건축물의 기울기, 지반파괴에 의한 건축물 전체의 침하 등을 조사하였다.

지진으로 인한 구조물 각부와 비구조재의 피해를 종합하여 건축물 전체의 손상도를 판정하고, 피해사례로부터 필로티건축물의 지진피해 원인을 분석하였다. 또한 부재손상이 심각하게 발생한 필로티건축물을 선별하여 비선형해석에 의하여 내진성능을 평가하였다. 비선형해석 시 입력지진파는 포항에서 실제로 관측된 지진파(PHA2)를 이용하였다. 또한 필로티건축물의 구조형식에 적합한 내진보강공법을 제안하고 피해를 입은 건축물에 내진보강을 실시하여 보강성능을 검증하였다.

* 오상훈 : 부산대학교 건축공학과 교수

6.1 필로티건축물 지진피해조사 개요

필로티건축물의 지진피해조사는 지진피해가 집중되어 나타난 포항시 장성동에 위치하는 건축물을 조사대상으로 하여 실시하였다(그림 6.1.1). 해당지역은 진원지로부터 남동쪽 약 3km에 위치하며, 지역에 속해있는 필로티건축물은 총 131개동이다. 표 6.1.1에 조사대상 건축물의 번호, 건물명, 소재지를 표시하였다.

그림 6.1.1 필로티건축물 지진피해조사 대상범위

표 6.1.1 조사대상 필로티건축물 리스트

정리 번호	건물명	소재지	정리 번호	건물명	소재지
1	JH	경북 포항시 법원로 123번길 00	67	HSVB	경북 포항시 장량로 31번길 00-00
2	HR	경북 포항시 법원로 123번길 00	68	HSVA	경북 포항시 법원로 91-00
3	CI	경북 포항시 장량로 31번길 00-00	69	BLV	경북 포항시 법원로 91-00
4	CII	경북 포항시 장량로 31번길 00-00	70	ADH	경북 포항시 장량로 17번길 00-00
5	CIII	경북 포항시 장량로 31번길 00-00	71	YU	경북 포항시 장량로 31번길 00-00
6	CH	경북 포항시 법원로 129번길 00	72	KD	경북 포항시 장량로 31번길 00-00
7	SP	경북 포항시 법원로 139번길 00-00	73	HW	경북 포항시 장량로 31번길 00-00
8	A11	경북 포항시 장량로 17번길 00	74	MV	경북 포항시 법원로 97번길 00
9	A12	경북 포항시 장량로 17번길 00	75	HM	경북 포항시 법원로 97번길 00
10	A13	경북 포항시 장량로 17번길 00	76	JR	경북 포항시 법원로 97번길 00-00
11	A21	경북 포항시 장량로 17번길 00	77	SD	경북 포항시 장량로 17번길 00-00
12	A22	경북 포항시 장량로 17번길 00	78	CF	경북 포항시 장량로 17번길 00-00
13	A23	경북 포항시 장량로 17번길 00	79	DY	경북 포항시 장량로 31번길 00-00

정리번호	건물명	소재지	정리번호	건물명	소재지
14	A31	경북 포항시 장량로 17번길 00	80	JA	경북 포항시 장량로 31번길 00-00
15	A32	경북 포항시 장량로 17번길 00	81	SH	경북 포항시 장량로 31번길 00-00
16	A33	경북 포항시 장량로 17번길 00	82	KMV	경북 포항시 장량로 32번길 00
17	PV	경북 포항시 장량로 17번길 00	83	GL	경북 포항시 장량로 32번길 00
18	BV	경북 포항시 장량로 17번길 00	84	KSV	경북 포항시 장량로 32번길 00
19	JV	경북 포항시 장량로 17번길 00	85	GV1	경북 포항시 법원로 63번길 00-00
20	KCI	경북 포항시 장량로 17번길 00	86	GV2	경북 포항시 장량로 32번길 00
21	KCS	경북 포항시 장량로 17번길 00	87	DWN	경북 포항시 장량로 32번길 00-00
22	MD	경북 포항시 장량로 17번길 00	88	LX	경북 포항시 법원로 63번길 00-00
23	BK	경북 포항시 장량로 17번길 00	89	MSV	경북 포항시 법원로 79번길 00-00
24	UNK1	경북 포항시 법원로 111번길 00	90	WHV	경북 포항시 법원로 63번길 00-00
25	UNK2	경북 포항시 법원로 111번길 00-00	91	BJ	경북 포항시 법원로 79번길 00-00
26	UNK3	경북 포항시 법원로 111번길 00-00	92	BKO	경북 포항시 법원로 51번길 00
27	UNK4	경북 포항시 법원로 111번길 00-00	93	BJA	경북 포항시 법원로 51번길 00-00
28	PLS	경북 포항시 법원로 115번길 00	94	BLD	경북 포항시 장량로 32번길 00
29	GL	경북 포항시 법원로 111번길 00	95	SY	경북 포항시 법원로 79번길 00-00
30	AR	경북 포항시 법원로 111번길 00	96	SA	경북 포항시 법원로 79번길 00
31	LO	경북 포항시 법원로 111번길 00-00	97	SV	경북 포항시 법원로 63번길 00-00
32	KRO	경북 포항시 장량로 31번길 00	98	SS	경북 포항시 법원로 51번길 00
33	DD	경북 포항시 장량로 31번길 00	99	WV	경북 포항시 법원로 51번길 00-00
34	EL	경북 포항시 장량로 31번길 00	100	SSV	경북 포항시 장량로 18번길 00
35	CD	경북 포항시 법원로 97번길 00-00	101	SSF	경북 포항시 법원로 45-00
36	SJC	경북 포항시 법원로 97번길 00-00	102	AHS	경북 포항시 장량로 32번길 00-00
37	HV	경북 포항시 법원로 111번길 00-00	103	BTF	경북 포항시 장량로 32번길 00
38	YH	경북 포항시 장량로 31번길 00	104	OS	경북 포항시 장량로 18번길 00
39	CC	경북 포항시 장량로 31번길 00	105	WQ	경북 포항시 법원로 63번길 00-00
40	WH	경북 포항시 법원로 97번길 00	106	QA	경북 포항시 법원로 63번길 00-00
41	NB	경북 포항시 법원로 97번길 00-00	107	JRA	경북 포항시 법원로 79번길 00-00
42	HCS	경북 포항시 법원로 111번길 00	108	JYV	경북 포항시 법원로 63번길 00-00
43	HPT	경북 포항시 법원로 111번길 00-00	109	JHZ	경북 포항시 장량로 32번길 00

정리 번호	건물명	소재지	정리 번호	건물명	소재지
44	BMA	경북 포항시 장량로 31번길 00	110	JAH	경북 포항시 장량로 32번길 00
45	BMB	경북 포항시 법원로 115번길 00	111	JUZ	경북 포항시 법원로 63번길 00
46	HC	경북 포항시 법원로 115번길 00	112	JGD	경북 포항시 법원로 79번길 00
47	GJ	경북 포항시 법원로 115번길 00	113	CHA	경북 포항시 장량로 32번길 00
48	PAL	경북 포항시 법원로 111번길 00	114	CHU	경북 포항시 장량로 32번길 00-00
49	YJ	경북 포항시 법원로 111번길 00-00	115	CHA	경북 포항시 장량로 32번길 00-00
50	LF	경북 포항시 법원로 111번길 00-00	116	TAE	경북 포항시 장량로 32번길 00
51	TS	경북 포항시 법원로 97번길 00-00	117	PU	경북 포항시 장량로 32번길 00
52	SJV	경북 포항시 법원로 97번길 00-00	118	POS	경북 포항시 법원로 79번길 00
53	GJH	경북 포항시 법원로 97번길 00-00	119	HQ	경북 포항시 장량로 32번길 00
54	JKH	경북 포항시 법원로 111번길 00-00	120	AX	경북 포항시 법원로 63번길 00
55	TDH	경북 포항시 법원로 111번길 00-00	121	XH	경북 포항시 법원로 51번길 00-00
56	JAN	경북 포항시 법원로 111번길 00	122	XB	경북 포항시 법원로 51번길 00
57	SMT	경북 포항시 법원로 97번길 00	123	XSM	경북 포항시 법원로 51번길 00
58	TH	경북 포항시 법원로 97번길 00-00	124	XQ	경북 포항시 법원로 63번길 00-00
59	HG	경북 포항시 법원로 97번길 00-00	125	XN	경북 포항시 법원로 51번길 00-00
60	CA	경북 포항시 법원로 97번길 00	126	XM	경북 포항시 법원로 63번길 00
61	AN	경북 포항시 법원로 91-00	127	XT	경북 포항시 법원로 79번길 00-00
62	A61	경북 포항시 법원로 91-00	128	MG1	경북 포항시 북구 항도길 00
63	A51	경북 포항시 장량로 31번길 00-00	129	MG2	경북 포항시 북구 항도길 00
64	IJS	경북 포항시 장량로 31번길 00-00	130	ETC	경북 포항시 법원로 51번길 00
65	IJO	경북 포항시 장량로 31번길 00-00	131	AUT	경북 포항시 장량로 18번길 00
66	HAE	경북 포항시 장량로 31번길 00-00			

6.2 필로티건축물 지진피해 판정기준

지진으로 인한 필로티건축물의 피해정도를 판단하기 위한 방법으로 일본에서 제안된 철근콘크리트건축물의 지진피해 응급조사 시트를 이용하였다(표 6.2.1). 본 조사시트는 지진 직후 철근콘크리트건축물의 지진피해의 정도를 신속히 판정하기 위한 것으로, 개별 부재의 손상, 비구조재의 피해, 지반침하에 의한 기울기 및 전체 부재수에 대하여 높은 손상도를 나타낸 부재의 비율 등을 종합하여 최종적으로 A등급(거주가능), B등급(주의), C등급(위험)의 세 가지 등급으로 위험도를 판정한다. 건축물의 지진피해조사는 다음의 항목을 평가하는 것에 의한다.

1) 육안판별

- 건축물 전체 또는 일부 붕괴 또는 층붕괴
- 기초의 현저한 파괴, 상부구조와 현저한 차이
- 건축물 전체 또는 일부의 현저한 기울기

2) 구조물 전체에 대한 위험도 (인접건축물 및 주변 지반조사 포함)

- 손상도 III 이상의 손상부재의 유무
- 인접건축물 및 주변지반의 파괴에 의한 위험
- 지반파괴에 의한 건축물 전체의 침하
- 조사 기둥개수에 대한 손상도 V의 기둥개수의 비율
- 조사 기둥개수에 대한 손상도 IV의 기둥개수의 비율

3) 낙하위험물 또는 전도위험물에 대한 위험도

- 창틀 또는 유리창
- 외장재, 간판 또는 기기류
- 실외계단

4) 상세조사

- 주근 및 후프근의 직경, 간격, 정착
- 전단벽 코어의 길이, 벽체두께
- 건축물의 기울기(단변 및 장변방향)
- 기둥과 전단벽의 균열폭

5) 종합판정

- A등급(거주가능), B등급(주의), C등급(위험)

본 조사시트를 필로티건축물의 손상도평가에 적용함에 있어서는 지진피해가 집중되어 나타난 필로티층의 철근콘크리트 부재의 손상에 기준하였다. 따라서 필로티건축물의 지진피해 판정은 본 조사시트에 의하여 1. 필로티층에 위치하는 각 부재별손상도 2. 지반파괴, 부동침하에 의한 건축물 침하, 기울기 3. 비구조재의 손상을 종합하여 결정된다. 조사방법은 표 6.2-1에 따라 외관조사와 내관조사를 병행하는 것으로 하고 각 부재의 단면크기 및 균열폭은 측정장비로 실측한 결과를 이용하였다. 부재가 완파되어 철근이 노출된 경우에는 주철근 및 후프근의 배근상태와 직경 등을 조사하였다.

표 6.2.1 필로티건축물의 지진피해 응급조사 시트

철근콘크리트 건축물의 지진피해응급조사

■ **정리번호 (　　　　　)**

1. 조사일시 :　　년　월　일　　:
2. 조사자 성명 :

■ **건축물 개요**

1. 건축물 명칭 (　　　　　　　　　　　　　　)
2. 건축물 소재지 (　　　　　　　　　　　　　　)
3. 건축물 용도
   1. 매물전용주택 2. 연립주택 3. 공동주택 4. 병용주택　5. 점포 6. 사무소 7. 여관 및 호텔 8. 청사등 공공시설 9. 병원 및 진료소 10. 탁아소 11. 공장 12. 창고 13. 학교 14. 체육관 15. 극장놀이터 등　16. 기타
4. 구조 종류
   1. 철근콘크리트조 2. 프리캐스트 콘크리트조 3. 조적조 4. 철골철근콘크리트조 5. 혼합구조(　　　)
5. 층수 : 지상(　)층　지하(　)층
6. 건축물 규모 : 지상높이(　)m　X-dir.(　)m　Y-dir.(　)m

■ **조사 조사방법: (1. 외관조사 실시 2. 내관조사를 병행한 실시)**

1. 육안으로 위험 판별(해당하는 경우 O를 표시하여, 위험 판정조사를 종료하여 종합판정한다.)

1. 건축물 전체 또는 일부 붕괴 또는 층붕괴	2. 기초의 현저한 파괴, 상부구조와 현저한 차이
3. 건축물 전체 또는 일부의 현저한 기울기	4. 기타

2. 인접건축물 및 주변지반 등 및 구조전체에 대한 위험도

		A 등급	B 등급	C 등급
판정(1)	① 손상도 III 이상의 손상부재의 유무	1. 없음	2. 있음	

		A 등급	B 등급	C 등급
판정(2)	② 인접건축물 및 주변지반의 파괴에 의한 위험	1. 위험없음	2. 불명확	3. 위험있음
	③ 지반파괴에 의한 건축물전체의 침하	1. 0.2m 이하	2. 0.2~1.0m	3. 1.0m 초과
	④ 부동침하에 의한 건축물전체의 기울기	1. 1/60 이하	2. 1/60~1/30	3. 1/30 초과
	기둥의 피해(아래⑤⑥의 조사 층(최대 피해층)) (벽구조의 경우에는 기둥을 벽의 길이로 본다)			
	⑤ 손상도 V의 기둥 개수/조사 기둥 개수	손상도V의 기둥의 총 개수: 개, 조사기둥 개수: 개 (조사율 %)		
		1. 1% 이하	2. 1~10%	3. 10% 초과
	⑥ 손상도 IV의 기둥 개수/조사 기둥 개수	손상도IV의 기둥의 총 개수: 개, 조사기둥 개수: 개 (조사율 %)		
		1. 10% 이하	2. 10~20%	3. 20% 초과
	판정(2)	1. 조사 후 전부 A등급의 경우	2. 주의 요망 <B등급이 1의 경우>	3. 위험 <C등급이 1이상 B등급이 2이상>

위험도의 판정			
판정(1) 과 판정(2) 중 큰 쪽의 위험도로 판정	1. 조사 후에 내관조사 요구됨	2. 주의 요망	3. 위험

3. 낙하위험물 또는 전도위험물에 대한 위험도

	A 등급	B 등급	C 등급
① 창틀 또는 유리창	1. 대부분 피해없음	2. 변형 균열	3. 낙하의 위험있음
② 외장재 습식의 경우	1. 대부분 피해없음	2. 부분적 균열, 틈새	3. 현저한 위험있음
③ 외장재 건식의 경우	1. 줄눈의 균열 정도	2. 판새 틈이 보이는 경우	3. 현저한 줄눈의 차이, 판재 손상
④ 간판 또는 기기류	1. 기울기 없음	2. 약간의 기울기	3. 낙하의 위험있음
⑤ 실외계단	1. 기울기 없음	2. 약간의 기울기	3. 뚜렷한 기울기
⑥ 기타( )	1. 안전	2. 주의요망	3. 위험
위험도의 판정	1. 조사 후 전부 A등급의 경우	2. 주의 요망 <B등급이 1의 경우>	3. 위험 <C등급이 1이상 B등급이 2이상>

■ **종합판정**

조사의 1에서 위험 판정된 경우는, 그렇지 않으면 조사2와 3의 판정 중 더 큰 위험으로 판정.

1.조사됨(녹색)　　**2. 주의요망(황색)**　　**3. 위험(적색)**

■ **상세조사**

1. 주근 : 직경(　　), 간격(　　)
2. 후프근 : 직경(　　), 간격(　　), 정착상세(　　)
3. 코어길이 : X-dir.(　)cm Y-dir.(　)cm
4. 코어두께 : X-dir.(　)cm Y-dir.(　)cm
5. 상부구조의 구조형식 : (　　　　　　)
6. 기울기 :
   수평방향 기울기(　　), 수직방향 기울기(　　)
7. 총 기둥개수 : 그림참조

- 기둥의 균열타입(전단균열/휨균열) 및 균열폭

Remark

부재별 손상도평가는 일본의 내진성능평가지침(2004) 및 소방방재청(2012)의 '지진피해 건축물 손상도평가 및 붕괴위험도 검증을 위한 구조실험'에서 제안된 수법을 활용하였다.

두 개의 평가기준은 공통적으로 구조형식별 한계상태에 따른 층간변형각, 손상도에 따른 잔류균열폭을 제시하고 있어, 응급조사 시 관찰된 구조부재의 균열폭에 따른 손상판정이 가능하다.

소방방재청(2012)은 철근콘크리트 골조를 대상으로 구조실험을 통하여 지진에 의한 손상발생 후 구조물의 잔존내진성능을 평가하여 손상도 판정기준을 제안하였다. 소방방재청(2012)의 주요 연구결과를 요약하면 다음과 같다. 그림 6.2.1 및 표 6.2.2에 나타낸 바와 같이 구조실험은 비내진상세를 가지는 실물크기의 철근콘크리트 골조실험체를 대상으로 한다. 실험체는 손상을 도입하지 않은 건전상태의 RC골조(손상 無)와 일정 손상을 도입한 RC골조(손상 有)로 구분된다. 후자는 동적실험을 수행하기 전에 골조의 층간변형각이 1%rad와 1.5%rad에 도달하도록 정적 반복가력 실험을 실시하여 손상을 사전에 도입한 실험체다. 동적실험은 EL CENTRO NS(1941)을 입력파로 하며, 입력원파의 가속도를 10%~300% 범위에서 스케일링하여 순차적으로 가진하였다.

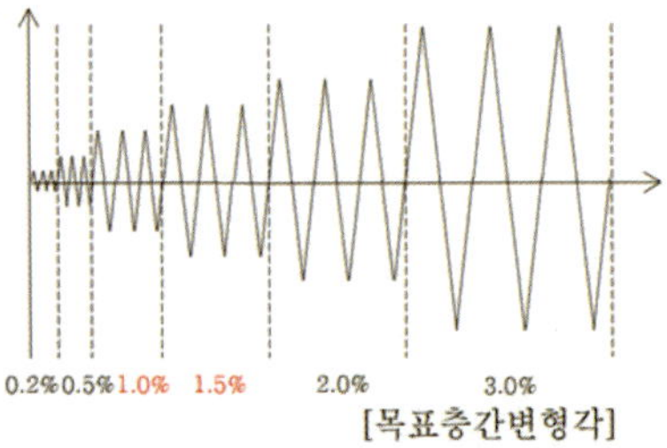

(a) 정적실험

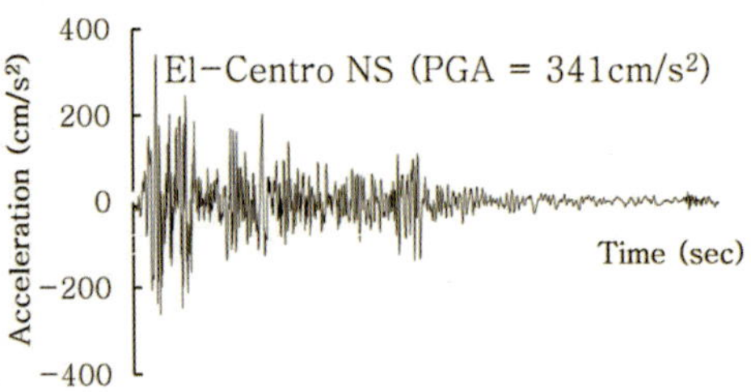

(b) 동적실험

그림 6.2.1 철근콘크리트 골조의 내진성능평가 (소방방재청, 2012)

표 6.2.2 실험체 및 실험방법 (소방방재청, 2012)

시험체명	정적실험	동적실험	주요사항
RCM1	○		정적실험을 통한 RC골조의 성능평가
RCM2	○	○	목표손상(1%) 유발 후 RC골조의 동적거동 분석
RCM3	○	○	목표손상(1.5%) 유발 후 RC골조의 동적거동 분석
RCM4		○	건전 시험체의 동적거동 분석

그림 6.2.2에는 손상을 도입하지 않은 건전상태 실험체의 균열상황을 나타내었다. 그림 6.2.2 (a)는 건전상태 실험체를 정적실험에 의하여 종국상황(층간변형각 3%rad)에 도달시킨 케이스(RCM1)이며, 그림 6.2-2(b)는 건전상태 실험체를 동적실험에 의하여 종국상황(가속도 스케일 190%)에 도달시킨 케이스(RCM4)이다. 두 실험체는 공통적으로 각 종국상황에서 기둥 상하부와 접합부에 균열이 집중되어 나타내었다. 정적실험에 의한 최종 잔류균열폭은 동적실험에 의한 최종 잔류균열폭에 비해 2.6배 크게 나타내었으며, 정적실험에 의한 균열은 동적실험에 비하여 많은 균열 수를 나타내었다.

그림 6.2.3에는 정적 반복가력실험을 통하여 손상을 도입한 후 동적실험으로 종국상황까지 도달시킨 실험체의 균열상황을 나타낸 것이다. 그림 6.2.3 (a)와 그림 6.2.3 (b)는 각각 정적실험에 의하여 층간변형각 1%rad(RCM2), 1.5%rad(RCM3)을 도입한 이후 동적실험에 의하여 추가적으로 발생한 균열을 나타내었다. 정적실험 후 동적실험에 의하여 RCM2 시험체에 RCM3 시험체보다 많은 균열 수를 나타내었다. 이는 지진에 의하여 발생한 손상의 정도가 증가할수록 구조물의 종국상황까지 발생하는 균열의 수가 감소하는 것을 나타낸다.

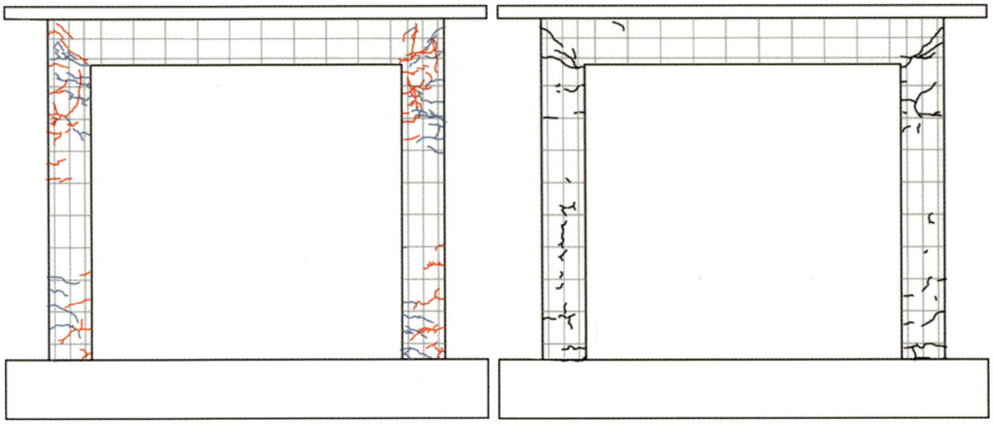

(a) RCM1 실험체　　　　　　(b) RCM4 실험체

그림 6.2.2 RCM1와 RCM4 실험체의 균열도 (소방방재청, 2012)

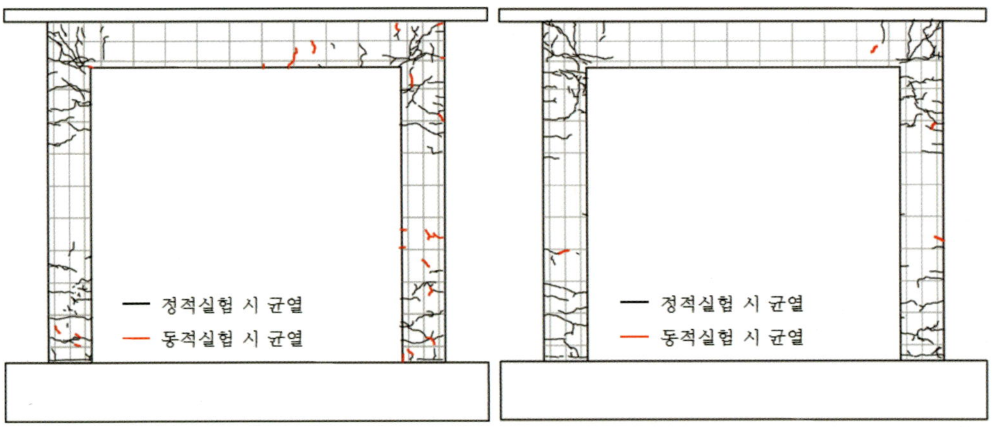

(a) RCM2 실험체　　　　　　(b) RCM3 실험체

그림 6.2.3 RCM2와 RCM3 실험체의 균열도 (소방방재청, 2012)

그림 6.2.4에는 정적실험과 동적실험에 따라 실험체의 기둥과 접합부에서 발생한 잔류균열폭을 층간변형각과 대응시켜 나타내었다. 균열이 발생한 위치와 관계없이 동일한 최대층간변형각에서 동적실험에 의한 잔류 최대균열폭이 정적실험에 의한 잔류 최대균열폭보다 작아지는 경향을 나타내었다.

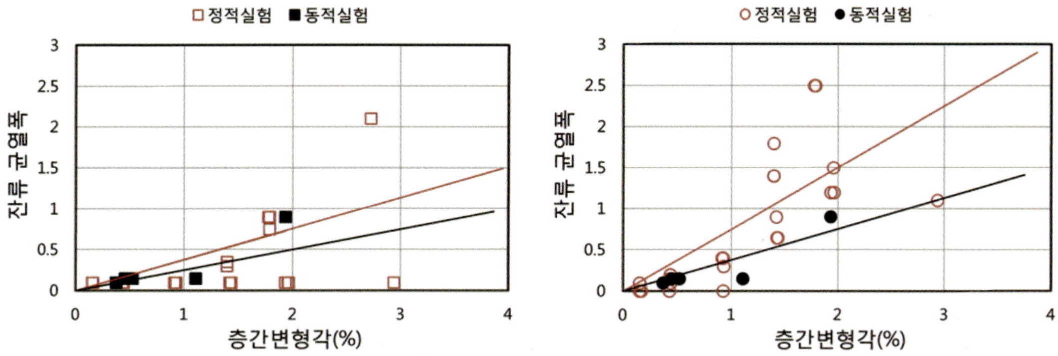

(a) 기둥의 균열폭 (b) 접합부의 균열폭

그림 6.2.4 층간변형각과 잔류 최대균열폭의 관계 (소방방재청, 2012)

그림 6.2.5는 동적실험에 의하여 실험체에 입력된 에너지를 가진 스텝별로 누적하여 나타낸 것이다. 동일 가진스텝에서 누적입력에너지는 정적실험으로 사전에 손상을 유발시킨 RCM2, RCM3 실험체가 RCM4 실험체에 비하여 다소 더 크게 나타내었다. 그러나 종국상황에 대응하는 최종 누적입력에너지는 RCM4 실험체가 RCM2, RCM3 실험체보다 2.5배 이상 크게 나타났다. 그림 6.2-6은 정적실험에 의하여 종국상황까지 도달시킨 RCM1 실험체와 동적실험에 의하여 종국상황까지 도달시킨 RCM4 실험체를 기준으로 RCM2와 RCM3 실험체의 잔존 에너지흡수능력을 비교하여 나타낸 것이다. 정적실험에서의 잔존에너지 비율은 RCM1 실험체의 총 누적에너지흡수량에서 RCM2 실험체와 RCM3 실험체의 종국상황까지의 누적에너지흡수량을 제외한 값을 RCM1 실험체의 총 누적에너지흡수량으로 나눈 값이다. 또한 동적실험에서의 잔존에너지 비율은 RCM2 실험체와 RCM3 실험체의 종국상황까지의 누적에너지흡수량을 RCM4 실험체의 총 누적에너지흡수량으로 나눈 값이다.

정적실험 종료 시, RCM2 실험체와 RCM3 실험체는 각각 85%, 67%의 에너지를 더 흡수할 수 있는 것으로 나타나나, 동적실험 결과에 따르면 실제로 두 실험체가 추가적으로 흡수할 수 있는 에너지는 약 33% 정도인 것으로 나왔다. 이는 지진에 의하여 발생한 손상의 정도에 관계없이 지진에 의하여 일정 손상이 유발된 경우에는 구조물의 종국상황까지 흡수할 수 있는 지진에너지, 즉 잔존 에너지량이 유사하게 나타나는 것을 의미한다. 또한 그림 6.2.2 ~ 그림 6.2.4

의 결과와 종합하면, 손상유발 후 지진파에 의한 동적가진 시 실험체의 누적입력에너지와 균열폭 및 균열 수는 정적실험의 하중—변위 관계로 평가되는 잔존에너지량, 균열폭 및 균열 수보다 월등히 작아지는 것을 의미한다.

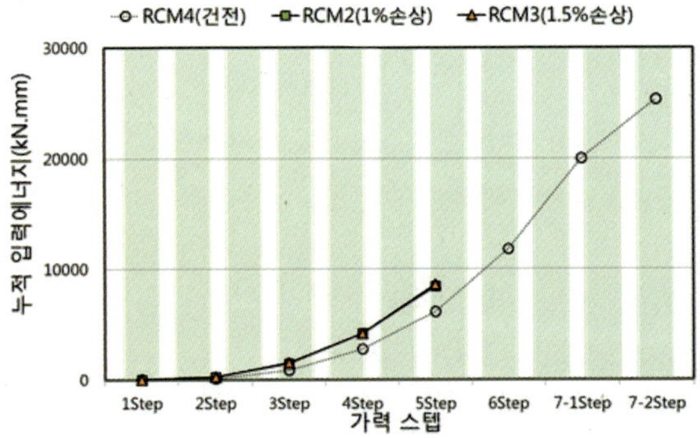

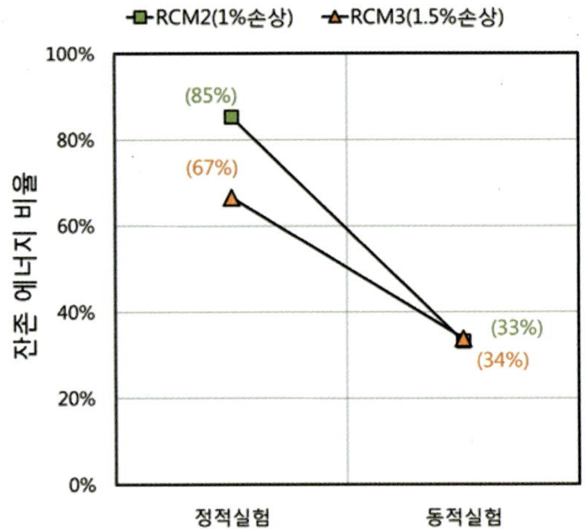

그림 6.2.5 동적실험 시 누적입력에너지 (소방방재청, 2012) (左)

그림 6.2.6 잔존 내진성능 비교 (소방방재청, 2012) (右)

이상에 기술한 구조 실험결과에서 도출된 최대 층간변형각과 잔류 최대균열폭의 관계를 그림 6.2.7에 나타냈다. 일본의 내진성능평가지침(2004)에서 제안되어 있는 손상도기준을 함께 표시했다. 종합하면 첫째, 정적실험에서 발생한 균열의 폭은 동적실험에서 발생한 균열폭에 비하여 큰 것으로 나타났다. 둘째, 정적 및 동적실험결과에서 제시된 균열폭은 일본의 내진성능평가지침에 제시된 값에 비하여 비교적 작게 나왔다. 따라서 손상도를 평가하기 위한 균열폭은 보다 엄격한 기준을 제시할 필요가 있으며 이를 고려하여 소방방재청(2012) 연구에서는 그림 6.2.7과 같이 성능수준별 잔류균열폭을 제시하였다.

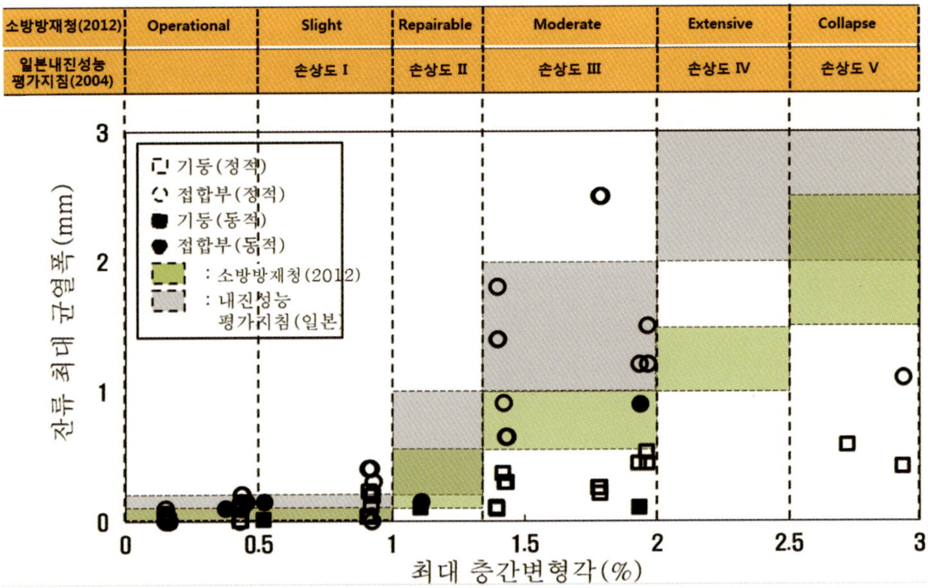

그림 6.2.7 최대 층간변형각과 잔류 최대균열폭의 관계 (소방방재청, 2012)

표 6.2.3에는 잔류 최대균열폭 및 층간변형각에 따른 손상도 판정기준을 각 기준별로 비교하여 나타내었다. 소방방재청(2012)은 부재의 손상수준을 총 5단계로 제시하고 있다. 본 필로티 건축물의 손상도판정에는 균열폭에 따른 부재의 손상수준을 제시하고 있는 일본 내진성능평가지침(2004) 및 소방방재청(2012)을 기준으로 하였다. 따라서 표 6.2.1에 나타낸 필로티건축물의 지진피해 응급조사 시트에서 손상도 IV, 손상도 V는 내진성능평가지침(2004)을 적용할 경우 각각 손상도 IV(잔류균열폭 2.0mm 이상), 손상도 V(주근 좌굴 및 내력 저하)이 된다. 또한 소방방재청(2012)를 적용하는 경우에는 각각 붕괴직전(NC, 잔류균열폭 1.0~1.5mm), 붕괴(C, 잔류균열폭 1.5mm 이상)에 상응한다.

표 6.2.3 기준별 손상도 판정기준

<table>
<tr><th>내진성능평가지침
[일본]</th><th>SEAOC Vision 2000</th><th>지진재해대응시스템
[소방방재청]</th><th>소방방재청(2012)</th></tr>
<tr><td rowspan="2">손상도 Ⅰ
층간변형각 = 0.5%
[잔류균열폭 = 0.2mm]</td><td>Fully Operational
층간변형각 = 0.2%</td><td rowspan="3">Slight
층간변형각 = 0.63%</td><td rowspan="2">SlightIO
층간변형각 = 0.5%
[잔류균열폭 = 0.2mm]</td></tr>
<tr><td>Operatioanl
층간변형각 = 0.5%</td></tr>
<tr><td rowspan="2">손상도 Ⅱ
층간변형각 = 1.0%
[잔류균열폭 = 0.2~1.0mm]</td><td rowspan="5">Life Safety
층간변형각 = 1.5%</td><td rowspan="2">ModerateLS Ⅰ
층간변형각 = 1.0%
[잔류균열폭 = 0.2~0.5mm]</td></tr>
<tr><td>Moderate
층간변형각 = 1.0%</td></tr>
<tr><td>손상도 Ⅲ
층간변형각 = 1.33%
[잔류균열폭 = 1.0~2.0mm]</td><td rowspan="4">Extensive
층간변형각 = 2.0%</td><td rowspan="2">Life SafetyLS Ⅱ
층간변형각 = 1.3%
[잔류균열폭 = 0.5~1.0mm]</td></tr>
<tr><td rowspan="3">손상도 Ⅳ
층간변형각 = 2.0%
[잔류균열폭 〉 2.0mm]</td></tr>
<tr><td rowspan="2">Near CollapseNC
층간변형각 = 2.0%
[잔류균열폭 = 1.0~1.5mm]</td></tr>
<tr><td rowspan="2">Near Collapse
층간변형각 = 2.5%</td></tr>
<tr><td rowspan="2">손상도 Ⅴ</td><td rowspan="2">Complete
층간변형각 = 4.0%</td><td rowspan="2">CollapseC
층간변형각 〉 2.5%
[잔류균열폭 〉 1.5mm]</td></tr>
<tr><td>Collapse
층간변형각 〉 2.5%</td></tr>
</table>

6.3 필로티건축물 손상도 평가결과

6.2절에 전술한 두 가지의 손상도 판정기준에 따라 조사대상 건축물의 손상도를 평가한 결과를 각각 표 6.3.3(소방방재청, 2012), 표 6.3.4(내진성능평가지침, 2004)에 작성하였다. 표에는 각 건축물의 필로티층에 배치된 총 기둥개수, 기둥부재의 균열폭 및 손상도, 비구조재의 피해, 전단벽 코어의 균열폭 및 손상도를 나타내었다. 또한 기둥 – 보 접합부의 피해 및 지반파괴와 부동침하에 의한 잔류변형각을 조사한 결과를 함께 보여주었다.

표에서 '종합판정'은 필로티층에 위치하는 전단벽 코어와 철근콘크리트기둥의 부재별손상도를 두 가지 손상도 판정기준에 따라 결정한 후, 기둥부재의 손상도와 전단벽 코어의 손상도를 종합한 것으로, 이는 필로티건축물 전체의 손상도를 의미한다. 철근콘크리트 부재의 손상도 평가기준을 표 6.3.1, 건축물 전체의 손상도 종합평가를 표 6.3.2에 표시하였다.

표 6.3.1 부재별 손상도 평가기준

철근콘크리트기둥			
	A등급	B등급	C등급
NC(손상도 Ⅳ) 기둥개수 /전체 기둥개수 %	10% 이하	10% 초과 20% 이하	20% 초과
C(손상도 Ⅴ) 기둥개수 /전체 기둥개수 %	1% 이하	1% 초과 10% 이하	10% 초과
전단벽 코어			
	A등급	B등급	C등급
성능수준에 따름	OP~IO (또는 OP~손상도 Ⅰ)	LS(Ⅰ) ~ LS(Ⅱ) (또는 손상도 Ⅱ~Ⅲ)	NC ~ C (또는 손상도 Ⅳ~Ⅴ)

표 6.3.2 건축물 전체 손상도 종합평가

A등급	B등급	C등급
기둥과 코어가 모두 A인 경우	B가 1개 있는 경우	B가 2개 또는 C가 1개

표 6.3.3 필로티건축물 손상도 평가결과 (소방방재청, 2012)

#	명	기둥										코어			종합 판정	필로티층 잔류변형각	기타(보, 접합부)
		총기둥 개수	손상도						[NC] /전체	[C] /전체	판정	최대균열	손상도	판정			
			비구조재손상	IO (즉시거주)	LS I (인명안전 I)	LS II (인명안전 II)	NC (붕괴직전)	C (붕괴)									
1	JH	16	2	0	0	0	0	0	0%	0%	A	0	OP	A	A		
			- , 마감재균열 및 탈락						A	A		-코어 내/외부 미장, 마감재균열 및 탈락	A				
2	HR	5	대부분의 기둥	0	1	0	1	0	20%	0%	B	0.45mm~2.0mm	C	C	C		-확인불가
			- 미장, 마감재균열 및 탈락		-전단균열(0.3mm~0.4mm)		-전단균열(1.2mm)		B	A		-코어 내/외부 미장, 마감재균열 및 탈락	C				
3	CI	9	3	0	0	0	0	0	0%	0%	A	0	OP	A	A		
			- 미장, 마감재균열 및 탈락						A	A		-비구조재 무손상	A				
4	CII	9	2	0	0	0	0	0	0%	0%	A	0	OP	A	A		
			-미장, 마감재균열 및 탈락						A	A		-비구조재 무손상	A				
5	CIII	9	2	0	0	0	0	0	0%	0%	A	0	OP	A	A		
			-미장, 마감재균열 및 탈락						A	A		-비구조재 무손상	A				
6	CH	10	0	0	0	0	0	0	0%	0%	A	0.10mm	IO	A	A		
			-조적 허리벽 시공줄눈 균열, -조적 날개벽 균열(10mm)						A	A		-코어 내/외부 미장, 마감재균열 및 탈락	A				
7	SP	12	0	0	0	0	0	0	0%	0%	A	0	OP	A	A		
			-무손상						A	A		-비구조재 무손상	A				
8	A11	7	대부분의 기둥	0	7	0	0	0	0%	0%	A	0	OP	A	A		
			-미장, 마감재균열 및 탈락		-휨, 휨압축균열(0.06~0.4mm)				A	A		-비구조재 무손상	A				
9	A12	7	대부분의 기둥	0	7	0	0	0	0%	0%	A	0	OP	A	A		
			-미장, 마감재균열 및 탈락		-휨, 휨압축균열(0.06~0.4mm)				A	A		-비구조재 무손상	A				
10	A13	7	대부분의 기둥	0	7	0	0	0	0%	0%	A	0	OP	A	A		
			-미장, 마감재균열 및 탈락		-휨, 휨압축균열(0.06~0.4mm)				A	A		-비구조재 무손상	A				
11	A21	7	대부분의 기둥	0	7	0	0	0	0%	0%	A	0	OP	A	A		
			-미장, 마감재균열 및 탈락		-휨, 휨압축균열(0.06~0.4mm)				A	A		-비구조재 무손상	A				
12	A22	7	대부분의 기둥	0	7	0	0	0	0%	0%	A	0	OP	A	A		
			-미장, 마감재균열 및 탈락		-휨, 휨압축균열(0.06~0.4mm)				A	A		-비구조재 무손상	A				
13	A23	7	대부분의 기둥	0	7	0	0	0	0%	0%	A	0	OP	A	A		
			-미장, 마감재균열 및 탈락		-휨, 휨압축균열(0.06~0.4mm)				A	A		-비구조재 무손상	A				
14	A31	7	대부분의 기둥	0	7	0	0	0	0%	0%	A	0	OP	A	A		
			-미장, 마감재균열 및 탈락		-휨, 휨압축균열(0.06~0.4mm)				A	A		-비구조재 무손상	A				
15	A32	7	대부분의 기둥	0	7	0	0	0	0%	0%	A	0	OP	A	A		
			-미장, 마감재균열 및 탈락		-휨, 휨압축균열(0.06~0.4mm)				A	A		-비구조재 무손상	A				
16	A33	7	대부분의 기둥	0	7	0	0	0	0%	0%	A	0	OP	A	A		
			-미장, 마감재균열 및 탈락		-휨, 휨압축균열(0.06~0.4mm)				A	A		-비구조재 무손상	A				
17	PV	13	2	0	0	0	0	0	0%	0%	A	0	OP	A	A		
			-미장, 마감재균열 및 탈락						A	A		-비구조재 무손상	A				

#	명	기둥										코어			종합 판정	필로티층 잔류변형각	기타(보, 접합부)
		총기둥 개수	손상도					[NC] /전체	[C] /전체	판정	최대균열	손상도	판정				
			비구조재손상	IO (즉시거주)	LS I (인명안전 I)	LSII (인명안전 II)	NC (붕괴직전)	C (붕괴)									
18	BV	8	기둥	0	0	8	0	0	0%	0%	A	0.06mm	IO	A	A		
			-미장, 마감재균열 및 탈락			-전단, 휨, 휨압축균열(0.3~0.6mm)			A	A		-코어 내/외부 미장, 마감재균열 및 탈락	A				
19	JV	10	대부분의 기둥	9	0	0	0	1	0%	10%	B	0.6mm	LSII	B	C		-확인불가
			-미장, 마감재균열 및 탈락	-휨압축, 전단균열(0.13~0.15mm)				-전단균열(>2.0mm)	A	B		-코어 내/외부 미장, 마감재균열 및 탈락	B				
20	KCI	11	2	0	0	0	0	2	0%	18%	C	1.0mm	NC	C	C		-확인불가
			-미장, 마감재균열 및 탈락					-주두 전단균열(>2.0mm)	A	C		-코어 내/외부 미장, 마감재균열 및 탈락	C				
21	KCS	11	3	0	0	0	0	2	0%	18%	C	1.0mm	NC	C	C	0.04%rad	-확인불가
			-미장, 마감재균열 및 탈락					-주두 전단균열(>2.0mm)	A	C		-코어 내/외부 미장, 마감재균열 및 탈락	C				
22	MD	12	대부분의 기둥	9	0	0	0	3	0%	25%	C	0.6mm	LSII	B	C		-확인불가
			-미장, 마감재균열 및 탈락	-휨, 전단균열(<0.2mm)				-휨, 전단균열(>2.0mm)	A	C		-코어 내/외부 미장, 마감재균열 및 탈락	B				
23	BK	12	대부분의 기둥	9	0	0	0	3	0%	25%	C	0.6mm	LSII	B	C		-확인불가
			-미장, 마감재균열 및 탈락	-휨, 전단균열(<0.2mm)				-휨, 전단균열(>2.0mm), -기둥 사이 전단벽 전단균열(15mm)	A	C		-코어 내/외부 미장, 마감재균열 및 탈락	B				
24	UNK1	3	3	3	0	0	0	0	0%	0%	A	0	OP	A	A		
			-미장, 마감재균열 및 탈락	-주두 휨균열(0.04mm)					A	A		-비구조재 무손상	A				
25	UNK2	3	3	3	0	0	0	0	0%	0%	A	0	OP	A	A		
			-미장, 마감재균열 및 탈락	-주두 휨균열(0.04mm)					A	A		-비구조재 무손상	A				
26	UNK3	3	3	3	0	0	0	0	0%	0%	A	0	OP	A	A		
			-미장, 마감재균열 및 탈락	-주두 휨균열(0.04mm)					A	A		-비구조재 무손상	A				
27	UNK4	3	3	3	0	0	0	0	0%	0%	A	0	OP	A	A		
			-미장, 마감재균열 및 탈락	-주두 휨균열(0.04mm)					A	A		-비구조재 무손상	A				
28	PLS	13	대부분의 기둥	13	0	0	0	0	0%	0%	A	0.45~14mm	C	C	C		-확인불가
			-미장, 마감재균열 및 탈락	-휨균열(0.04~0.06mm)					A	A		-코어 내/외부 미장, 마감재균열 및 탈락	C				
29	GL	8	대부분의 기둥	8	0	0	0	0	0%	0%	A	0	OP	A	A		
			-미장, 마감재균열 및 탈락	-주두 전단, 휨균열(<0.2mm)					A	A		-비구조재 무손상	A				
30	AR	12	대부분의 기둥	2	0	0	0	0	0%	0%	A	2.5mm	C	C	C		-확인불가
			-미장, 마감재균열 및 탈락, -조적 날개벽과 기둥 조인트 균열(7mm)	-전단, 휨균열(<0.2mm)					A	A		-코어 내/외부 미장, 마감재균열 및 탈락	C				
31	LO	12	대부분의 기둥	8	0	0	0	0	0%	0%	A	1.3mm	NC	C	C		-확인불가
			-미장, 마감재균열 및 탈락	-중간 및 주두 휨, 전단, 휨압축, 수직균열(<0.2mm)					A	A		-코어 내/외부 미장, 마감재균열 및 탈락	C				
32	KRO	8	대부분의 기둥	4	0	0	0	3	0%	38%	C	확인불가	C	C	C	EW:1.01%rad, NS:0.70%rad	-필로티층 천정재균열 및 탈락, 보 및 접합부 손상 확인불가

#	명	기둥										코어			종합 판정	필로티층 잔류변형각	기타(보, 접합부)
		총기둥 개수	손상도					[NC] /전체	[C] /전체	판정		최대균열	손상도	판정			
			비구조재손상	IO (즉시거주)	LS I (인명안전 I)	LS II (인명안전 II)	NC (붕괴직전)	C (붕괴)									
			- , 마감재균열 및 탈락	-중간 및 주두 휨, 전단균열(<0.2mm)				-휨, 전단균열(>2.0mm)	A	C		-코어 내/외부 미장, 마감재균열 및 탈락	C				
33	DD	10	대부분의 기둥	10	0	0	0	0	0%	0%	A	0.1mm~1.1mm	NC	C	C		-확인불가
			-미장, 마감재균열 및 탈락	-주각 휨균열(<0.2mm)					A	A		-코어 내/외부 미장, 마감재균열 및 탈락	C				
34	EL	10	대부분의 기둥	10	0	0	0	0	0%	0%	A	0	OP	A	A		
			-미장, 마감재균열 및 탈락, - 기둥 조인트 균열(3~5mm)	-주각 휨, 전단, 휨압축, 수직균열(<0.2mm)					A	A		-비구조재 무손상	A				
35	CD	14	0	0	0	0	0	0	0%	0%	A	<0.2mm	IO	A	A		
			-무손상						A	A		-비구조재 무손상	A				
36	SJC	13	대부분의 기둥	3	0	0	0	0	0%	0%	A	10mm	C	C	C		-필로티층 천장재균열 및 탈락, 보 및 접합부 손상 확인불가
			-미장, 마감재균열 및 탈락	-주각 휨, 전단, 휨압축, 수직균열(<0.2mm)					A	A		-코어 내/외부 미장, 마감재균열 및 탈락	C				
37	HV	6	0	0	0	0	0	0	0%	0%	A	0	OP	A	A		
			-무손상						A	A		-비구조재 무손상	A				
38	YH	8	3	1	0	0	0	0	0%	0%	A	0.12mm	IO	A	A		
			-미장, 마감재균열 및 탈락	-주각 휨균열(<0.2mm)					A	A		-코어 내/외부 미장, 마감재균열 및 탈락	A				
39	CC	13	3	2	0	0	0	0	0%	0%	A	0.2mm	LSI	B	B		
			-미장, 마감재균열 및 탈락	-수직, 압축균열(<0.2mm)					A	A		-코어 내/외부 미장, 마감재균열 및 탈락	B				
40	WH	12	대부분의 기둥	0	0	0	0	0	0%	0%	A	0.5mm	LSII	B	B		
			-미장, 마감재균열 및 탈락						A	A		-코어 내/외부 미장, 마감재균열 및 탈락	B				
41	NB	10	6	6	0	0	0	0	0%	0%	A	0.06mm~1.0mm	NC	C	C		-확인불가
			-미장, 마감재균열 및 탈락, -보와 조형물 조인트 균열(5mm)	-주각 휨균열(<0.2mm)					A	A		-코어 내/외부 미장, 마감재균열 및 탈락	C				
42	HCS	8	대부분의 기둥	2	1	0	0	0	0%	0%	A	0.2mm~0.25mm	LSI	B	B		
			-미장, 마감재균열 및 탈락	-주두 휨균열(<0.2mm)	-기둥 사이 전단벽 균열(0.4mm)				A	A		-코어 내/외부 미장, 마감재균열 및 탈락	B				
43	HPT	8	1	1	0	0	0	0	0%	0%	A	0.08mm	IO	A	A		-필로티층 천장재균열 및 탈락
			-미장, 마감재균열 및 탈락	-휨균열(<0.2mm)					A	A		-코어 내/외부 미장, 마감재균열 및 탈락	A				
44	BMA	10	0	0	0	0	0	0	0%	0%	A	0	OP	A	A		
			-무손상						A	A		-비구조재 무손상	A				
45	BMB	10	2	0	0	0	0	0	0%	0%	A	<0.2mm	IO	A	A		
			-미장, 마감재균열 및 탈락						A	A		-코어 내/외부 미장, 마감재균열 및 탈락	A				

#	명	기둥										코어			종합 판정	필로티층 잔류변형각	기타(보, 접합부)
		총기둥 개수	손상도						[NC] /전체	[C] /전체	판정	최대균열	손상도	판정			
			비구조재손상	IO (즉시거주)	LS I (인명안전 I)	LS II (인명안전 II)	NC (붕괴직전)	C (붕괴)									
46	HC	12	4	4	0	0	0	0	0%	0%	A	0.4mm	LSI	B	B		
			- , 마감재균열 및 탈락	-주두 휨균열(<0.2mm)					A	A		-코어 내/외부 미장, 마감재균열 및 탈락	B				
47	GJ	16	0	0	0	0	0	0	0%	0%	A	0.3mm	LSI	B	B		
			-기둥 사이 모든 조적벽 균열						A	A		-코어 내/외부 미장, 마감재균열 및 탈락	B				
48	PAL	9	2	1	0	0	0	0	0%	0%	A	확인불가	C	C	A		
			-미장, 마감재균열 및 탈락	-주각 휨균열(<0.2mm)					A	A		-코어 내/외부 미장, 마감재균열 및 탈락	C				
49	YJ	11	2	2	0	0	0	0	0%	0%	A	0.08mm~0.1mm	IO	A	A		-필로티층 천장재균열 및 탈락
			-미장, 마감재균열 및 탈락, - 옆 조형물 벽 균열(<1.0mm)	-휨, 전단균열(<0.2mm)					A	A		-코어 내/외부 미장, 마감재균열 및 탈락	A				
50	LF	12	대부분의 기둥	4	0	0	0	0	0%	0%	A	<0.2mm	IO	A	A		
			-미장, 마감재균열 및 탈락	-휨균열(<0.2mm)					A	A		-코어 내/외부 미장, 마감재균열 및 탈락	A				
51	TS	10	0	0	0	0	0	0	0%	0%	A	0.2mm	LSI	B	B		-대부분의 테두리보 휨균열(<0.2mm)
			-기둥과 조형물 조인트 균열(8mm)						A	A		-코어 내/외부 미장, 마감재균열 및 탈락	B				
52	SJV	10	0	0	0	0	0	0	0%	0%	A	0.4mm	LSI	B	B		-대부분의 테두리보 휨균열(<0.2mm)
			-무손상						A	A		-코어 내/외부 미장, 마감재균열 및 탈락	B				
53	GJH	12	대부분의 기둥	8	4	0	0	0	0%	0%	A	0.6mm	LSII	B	B		-대부분의 보 휨균열(<0.2mm), 대부분의 보기둥 접합부 및 계면균열
			-미장, 마감재균열 및 탈락	-주두 휨, 휨압축균열(<0.2mm)	-주각 전단균열(0.2mm)				A	A		-코어 내/외부 미장, 마감재균열 및 탈락	B				
54	JKH	12	대부분의 기둥	6	0	0	0	0	0%	0%	A	0.55mm	LSII	B	B		
			-미장, 마감재균열 및 탈락, -조적벽과 기둥 조인트 균열(5mm)	-주각 수직, 전단균열(<0.2mm)					A	A		-코어 내/외부 미장, 마감재균열 및 탈락	B				
55	TDH	12	0	0	0	0	0	0	0%	0%	A	0.5mm~3.0mm	C	C	C		-대부분의 테두리보 휨균열(<0.2mm), 보 및 접합부 손상 확인불가
			-조적벽과 기둥 조인트 균열(1~2mm)						A	A		-코어 내/외부 미장, 마감재균열 및 탈락	C				
56	JAN	8	6	0	0	0	0	0	0%	0%	A	0.1mm	IO	A	A		-대부분의 테두리보 휨균열(<0.2mm)
			-미장, 마감재균열 및 탈락, -조적벽 균열(8mm)						A	A		-코어 내/외부 미장, 마감재균열 및 탈락	A				
57	SMT	11	5	0	0	0	2	1	18%	9%	C	0.5mm	LSII	B	C		-기둥 1열에서 기둥간 단차 존재(20mm),

#	명	기둥										코어			종합 판정	필로티층 잔류변형각	기타(보, 접합부)
		총기둥 개수	손상도						[NC] /전체	[C] /전체	판정	최대균열	손상도	판정			
			비구조재손상	IO (즉시거주)	LS I (인명안전 I)	LS II (인명안전 II)	NC (붕괴직전)	C (붕괴)									
																	및 접합부 손상 확인불가
			-미장, 마감재균열 및 탈락				-주각 횡균열(1.0mm)	-전단균열(5.0mm)	B	B		-코어 내/외부 미장, 마감재균열 및 탈락	B				
58	TH	6	0	0	0	0	0	0	0%	0%	A	0.1mm	IO	A	A		
			-무손상						A	A		-코어 내/외부 미장, 마감재균열 및 탈락	A				
59	HG	6	0	0	0	0	0	0	0%	0%	A	0.1mm	IO	A	A		
			-무손상						A	A		-코어 내/외부 미장, 마감재균열 및 탈락	A				
60	CA	8	2	0	0	0	0	0	0%	0%	A	0	OP	A	A		-대부분의 테두리보 횡균열(<0.2mm)
			-미장, 마감재균열 및 탈락						A	A		-비구조재 무손상	A				
61	AN	8	3	2	1	0	0	0	0%	0%	A	0.6mm	LSII	B	B		
			-미장, 마감재균열 및 탈락	-주각 수직균열(<0.2mm)	-전단균열(0.3mm)				A	A		-코어 내/외부 미장, 마감재균열 및 탈락	B				
62	A61	11	대부분의 기둥	6	0	0	0	0	0%	0%	A	<0.2mm	IO	A	A		
			-미장, 마감재균열 및 탈락	-주각 휨, 전단, 압축균열(<0.2mm)					A	A		-코어 내/외부 미장, 마감재균열 및 탈락	A				
63	A51	11	대부분의 기둥	5	0	0	0	0	0%	0%	A	<0.2mm	IO	A	A		
			-미장, 마감재균열 및 탈락	-주각 휨, 전단, 압축균열(<0.2mm)					A	A		-코어 내/외부 미장, 마감재균열 및 탈락	A				
64	IJS	10	대부분의 기둥	8	0	0	0	0	0%	0%	A	0.4mm	LSI	B	B		
			-미장, 마감재균열 및 탈락	-주각 휨압축, 수직균열(<0.2mm)					A	A		-코어 내/외부 미장, 마감재균열 및 탈락	B				
65	IJO	12	6	4	0	0	0	0	0%	0%	A	0.2mm	LSI	B	B		
			-미장, 마감재균열 및 탈락, 기둥 조인트 균열(20mm), -조적벽 균열(<0.2mm)	-주각 휨압축, 휨, 수직균열(<0.2mm)					A	A		-코어 내/외부 미장, 마감재균열 및 탈락	B				
66	HAE	8	0	0	0	0	0	0	0%	0%	A	<0.2mm	IO	A	A		-필로티층 천장재균열 및 탈락
			-무손상						A	A		-코어 내/외부 미장, 마감재균열 및 탈락	A				
67	HSVB	8	대부분의 기둥	0	5	0	0	0	0%	0%	A	0.1mm	IO	A	A		-대부분의 테두리보 횡균열(<0.2mm)
			-미장, 마감재균열 및 탈락, -조적벽과 기둥 조인트 균열, -조적벽 균열		-주각 및 주두 휨, 전단균열(0.2mm)				A	A		-코어 내/외부 미장, 마감재균열 및 탈락	A				
68	HSVA	8	2	2	1	0	0	0	0%	0%	A	0	OP	A	A		
			-미장, 마감재균열 및 탈락	-주각 휨압축균열(<0.2mm)	-전단균열(0.3mm)				A	A		-비구조재 무손상	A				
69	BLV	5	0	0	0	0	0	0	0%	0%	A	0	OP	A	A		
			-조형물 균열(10mm)						A	A		-비구조재 무손상	A				
70	ADH	12	3	3	0	0	0	0	0%	0%	A	0.3mm~0.6mm	LSII	B	B		

#	명	기둥										코어			종합 판정	필로티층 잔류변형각	기타(보, 접합부)
		총기둥 개수	손상도						[NC]/전체	[C]/전체	판정	최대균열	손상도	판정			
			비구조재손상	IO (즉시거주)	LS I (인명안전 I)	LS II (인명안전 II)	NC (붕괴직전)	C (붕괴)									
			- , 마감재균열 및 탈락	-주각 및 중앙 휨균열(<0.2mm)					A	A		-코어 내/외부 미장, 마감재균열 및 탈락	B				
71	YU	12	2	2	0	0	0	0	0%	0%	A	0.3mm~0.6mm	LSII	B	B		
			-미장, 마감재균열 및 탈락	-주각 및 중앙 휨균열(<0.2mm)					A	A		-코어 내/외부 미장, 마감재균열 및 탈락	B				
72	KD	12	2	2	0	0	0	0	0%	0%	A	0.3mm~0.6mm	LSII	B	B		
			-미장, 마감재균열 및 탈락	-주각 및 중앙 휨균열(<0.2mm)					A	A		-코어 내/외부 미장, 마감재균열 및 탈락	B				
73	HW	5	3	2	1	0	0	0	0%	0%	A	0.1mm	IO	A	A		
			-미장, 마감재균열 및 탈락	-주각 압축균열(<0.2mm)	-전단균열(0.2mm)				A	A		-코어 내/외부 미장, 마감재균열 및 탈락	A				
74	MV	7	5	3	2	0	0	0	0%	0%	A	0.6mm~0.8mm	LSII	B	B		
			-미장, 마감재균열 및 탈락, -조적벽과 기둥 조인트 균열	-주각 휨균열(<0.2mm)	-전단균열(0.3mm~0.4mm)				A	A		-코어 내/외부 미장, 마감재균열 및 탈락	B				
75	HM	7	5	3	0	0	0	1	0%	14%	C	5.0mm	C	C	C		-확인불가
			-미장, 마감재균열 및 탈락	-주각 및 주두 휨균열(<0.2mm)				-주두 휨, 전단균열(20mm)	A	C		-코어 내/외부 미장, 마감재균열 및 탈락	C				
76	JR	11	5	0	0	2	0	0	0%	0%	A	0.25mm~0.6mm	LSII	B	B		-대부분의 보 미장균열(<0.2mm)
			-미장, 마감재균열 및 탈락, -조적벽과 기둥 조인트 균열, -조적벽 균열			-주각 휨균열(0.8mm)			A	A		-코어 내/외부 미장, 마감재균열 및 탈락	B				
77	SD	12	대부분의 기둥	6	0	0	0	0	0%	0%	A	0.2mm~0.75mm	LSII	B	B		
			-미장, 마감재균열 및 탈락	-주각 휨균열(<0.2mm)					A	A		-코어 내/외부 미장, 마감재균열 및 탈락	B				
78	CF	12	대부분의 기둥	10	0	0	0	0	0%	0%	A	0.1mm~0.35mm	LSI	B	B		
			-미장, 마감재균열 및 탈락	-주각 휨, 압축균열(<0.2mm)					A	A		-코어 내/외부 미장, 마감재균열 및 탈락	B				
79	DY	8	5	5	0	0	0	0	0%	0%	A	0.2mm~0.5mm	LSII	B	B		
			-미장, 마감재균열 및 탈락, -조적벽과 기둥 조인트 균열	- 및 주각 압축, 휨, 전단균열 (<0.1mm)					A	A		-코어 내/외부 미장, 마감재균열 및 탈락	B				
80	JA	9	2	0	0	0	0	0	0%	0%	A	<0.2mm	IO	A	A		
			-미장, 마감재균열 및 탈락, -조적벽과 기둥 조인트 균열						A	A		-코어 내/외부 미장, 마감재균열 및 탈락	A				
81	SH	13	0	0	0	0	0	0	0%	0%	A	0.25mm	LSI	B	B		
			- 기둥 조인트 균열(3mm)						A	A		-코어 내/외부 미장, 마감재균열 및 탈락	B				
82	KMV	8	1	1	0	0	0	0	0%	0%	A	0.15mm	IO	A	A		
			-미장, 마감재균열 및 탈락	-주각 압축균열(<0.2mm)					A	A		-코어 내/외부 미장, 마감재균열 및 탈락	A				
83	GL	10	대부분의 기둥	7	0	0	0	1	0%	10%	B	0.6mm	LSII	B	C		-확인불가
			-미장, 마감재균열 및 탈락	-주각 및 주두 휨, 수직, 전단균열 (<0.2mm)				-주두 휨, 전단균열(3mm)	A	B		-코어 내/외부 미장, 마감재균열 및 탈락	B				

#	명	기둥										코어			종합 판정	필로티층 잔류변형각	기타(보, 접합부)
		총기둥 개수	손상도						[NC]/전체	[C]/전체	판정	최대균열	손상도	판정			
			비구조재손상	IO (즉시거주)	LS I (인명안전 I)	LS II (인명안전 II)	NC (붕괴직전)	C (붕괴)									
84	KSV	10	6	4	1	0	0	1	0%	10%	B	0.06mm~0.2mm	LSI	B	C		-
			-미장, 마감재균열 및 탈락	-주각 휨, 압축, 수직균열(<0.2mm)	-주두 휨균열(0.2mm)			-주각, 주두 및 중간 전단균열 (0.9mm~2.0mm)	A	B		-코어 내/외부 미장, 마감재균열 및 탈락	B				
85	GV1	14		9	2	0	0	0	0%	0%	A	0.15mm~3.0mm	C	C	C		-확인불가
			-미장, 마감재균열 및 탈락, -조적벽과 기둥 조인트 균열	-주두 및 주각 휨, 수직, 전단균열(<0.2mm)	-전단균열(0.3mm)				A	A		-코어 내/외부 미장, 마감재균열 및 탈락	C				
86	GV2	10	2	0	0	0	0	0	0%	0%	A	0.6mm	LSII	B	B		
			-미장, 마감재균열 및 탈락						A	A		-코어 내/외부 미장, 마감재균열 및 탈락	B				
87	DWN	11	대부분의 기둥	8	0	0	1	0	9%	0%	A	0.5mm~0.6mm	LSII	B	B		
			-미장, 마감재균열 및 탈락	-주각 및 주두 휨, 압축, 전단균열(<0.2mm)			-주각 휨균열(1.0mm)		A	A		-코어 내/외부 미장, 마감재균열 및 탈락	B				
88	LX	7	3	3	0	0	0	0	0%	0%	A	0.5mm~2.0mm	C	C	C		-확인불가
			-미장, 마감재균열 및 탈락	-주각 휨전단균열(<0.2mm)					A	A		-코어 내/외부 미장, 마감재균열 및 탈락	C				
89	MSV	11	7	7	0	0	0	0	0%	0%	A	0.1mm	IO	A	A		
			-미장, 마감재균열 및 탈락	-주각 수직, 휨, 전단균열(<0.2mm)					A	A		-코어 내/외부 미장, 마감재균열 및 탈락	A				
90	WHV	9	1	1	0	0	0	0	0%	0%	A	0.5mm	LSII	B	B		
			-미장, 마감재균열 및 탈락	-주각 압축균열(<0.2mm)					A	A		-코어 내/외부 미장, 마감재균열 및 탈락	B				
91	BJ	14	8	2	1	0	1	1	7%	7%	B	0.6mm~9.0mm	C	C	C		-필로티층 천장재균열 및 탈락, 보 및 접합부 손상 확인불가
			-미장, 마감재균열 및 탈락	-주두 및 주각 휨, 압축균열(<0.2mm)	-전단균열(0.3mm)		-전단균열(1.0mm)	-주두 휨균열(2.0mm)	A	B		-코어 내/외부 미장, 마감재균열 및 탈락	C				
92	BKO	12	대부분의 기둥	0	1	0	0	9	0%	75%	C	0.5mm~2.0mm	C	C	C		-대부분의 보 휨균열(<0.2mm), 단부 전단균열(4.0mm), 대부분의 보기둥 접합부 및 계면균열
			-미장, 마감재균열 및 탈락		-주두 휨균열(0.2mm)			-주각 및 주두 휨, 전단(1.0mm~5.0mm)	A	C		-코어 내/외부 미장, 마감재균열 및 탈락	C				
93	BJA	11	3	1	2	0	0	0	0%	0%	A	0.05mm~0.1mm	IO	A	A		-대부분의 보기둥 접합부 및 계면균열
			-미장, 마감재균열 및 탈락	-주두 압축균열(<0.2mm)	-전단균열(0.2mm~0.3mm)				A	A		-코어 내/외부 미장, 마감재균열 및 탈락	A				
94	BLD	6	3	0	3	0	0	0	0%	0%	A	0.2mm	LSI	B	B		-대부분의 보 휨, 전단균열(<0.12mm)
			-미장, 마감재균열 및 탈락		-주각 및 주두 휨균열(0.2mm)				A	A		-코어 내/외부 미장, 마감재균열 및 탈락	B				
95	SY	8	대부분의 기둥	0	0	0	0	0	0%	0%	A	<0.2mm	IO	A	A		
			-미장, 마감재균열 및 탈락						A	A		-코어 내/외부 미장, 마감재균열 및 탈락	A				

#	명	기둥										코어			종합 판정	필로티층 잔류변형각	기타(보, 접합부)
		총기둥 개수	손상도						[NC] /전체	[C] /전체	판정	최대균열	손상도	판정			
			비구조재손상	IO (즉시거주)	LS I (인명안전 I)	LS II (인명안전 II)	NC (붕괴직전)	C (붕괴)									
96	SA	9	기둥	4	0	0	1	0	11%	0%	B	0.7mm~0.8mm	LSII	B	C		-확인불가
			-미장, 마감재균열 및 탈락, -조적벽과 기둥 조인트 균열	-주두 휨, 전단균열(<0.2mm)			-전단균열(1.3mm)		B	A		-코어 내/외부 미장, 마감재균열 및 탈락	B				
97	SV	11	4	4	0	0	0	0	0%	0%	A	0	OP	A	A		
			-미장, 마감재균열 및 탈락	-주두 휨, 수직균열(<0.2mm)					A	A		-비구조재 무손상	A				
98	SS	10	6	1	5	0	0	0	0%	0%	A	0.6mm~1.0mm	NC	C	C		-대부분의 보 휨균열(<0.2mm)
			-미장, 마감재균열 및 탈락, -조적벽과 기둥 조인트 균열	-주각 및 주두 수직균열(<0.2mm)	-주각 및 주두 휨, 전단균열 (0.15mm~0.4mm)				A	A		-코어 내/외부 미장, 마감재균열 및 탈락	C				
99	WV	10	6	6	0	0	0	0	0%	0%	A	0.6mm~1.0mm	NC	C	C		-대부분의 보 휨균열(<0.2mm)
			-미장, 마감재균열 및 탈락, -조적벽과 기둥 조인트 균열	-주각 및 주두 수직, 휨, 전단균열(<0.2mm)					A	A		-코어 내/외부 미장, 마감재균열 및 탈락	C				
100	SSV	6	2	2	0	0	0	0	0%	0%	A	0.04mm	IO	A	A		
			-미장, 마감재균열 및 탈락, -조적벽과 기둥 조인트 균열	-주각 압축, 수직균열(<0.2mm)					A	A		-코어 내/외부 미장, 마감재균열 및 탈락	A				
101	SSF	11	4	0	0	0	0	2	0%	18%	C	1.0mm~7.0mm	C	C	C		-대부분의 보 휨균열(<0.2mm)
			-미장, 마감재균열 및 탈락					-전단균열(2.0mm~30mm)	A	C		-코어 내/외부 미장, 마감재균열 및 탈락	C				
102	AHS	8	대부분의 기둥	6	0	0	0	2	0%	25%	C	1.0mm~5.0mm	C	C	C		-대부분의 보 휨균열(<0.2mm), 필로티층 천장재균열 및 탈락
			-미장, 마감재균열 및 탈락	-주각 휨, 전단균열 (0.08mm~0.1mm)				-전단균열(>2.0mm)	A	C		-코어 내/외부 미장, 마감재균열 및 탈락	C				
103	BTF	11	대부분의 기둥	4	3	0	0	0	0%	0%	A	0.2mm~1.2mm	NC	C	C		-확인불가
			-미장, 마감재균열 및 탈락	-주각 및 주두 휨, 수직, 전단균열(<0.2mm)	-주두 휨, 전단균열(0.2mm)				A	A		-코어 내/외부 미장, 마감재균열 및 탈락	C				
104	OS	10	0	0	0	0	0	0	0%	0%	A	0	OP	A	A		-대부분의 보 휨균열(<0.2mm)
			-무손상						A	A		-코어 내/외부 미장, 마감재균열 및 탈락	A				
105	WQ	10	대부분의 기둥	7	0	1	0	0	0%	0%	A	1.3mm	NC	C	C		-확인불가
			-미장, 마감재균열 및 탈락	-주각 및 주두 휨, 수직균열 (<0.2mm)		-전단균열(0.6mm)			A	A		-코어 내/외부 미장, 마감재균열 및 탈락	C				
106	QA	10	대부분의 기둥	7	0	0	0	0	0%	0%	A	1.0mm~3.0mm	C	C	C		-확인불가
			-미장, 마감재균열 및 탈락	-주각 휨, 수직균열(<0.2mm)					A	A		-코어 내/외부 미장, 마감재균열 및 탈락	C				
107	JRA	12	2	1	0	0	0	0	0%	0%	A	0.04mm~0.4mm	LSI	B	B		
			-미장, 마감재균열 및 탈락	-주각 수직균열(<0.2mm)					A	A		-코어 내/외부 미장, 마감재균열 및 탈락	B				
108	JYV	10	4	4	0	0	0	0	0%	0%	A	1.0mm~2.0mm	C	C	C		-대부분의 보 휨균열(<0.5mm),

#	명	기둥										코어			종합 판정	필로티층 잔류변형각	기타(보, 접합부)
		총기둥 개수	손상도						[NC] /전체	[C] /전체	판정	최대균열	손상도	판정			
			비구조재손상	IO (즉시거주)	LS I (인명안전 I)	LS II (인명안전 II)	NC (붕괴직전)	C (붕괴)									
																	보기둥 접합부 및 계면균열 (0.5mm~1.0mm)
			-미장, 마감재균열 및 탈락	-주두 휨균열(<0.2mm)					A	A		-코어 내/외부 미장, 마감재균열 및 탈락	C				
109	JHZ	11	대부분의 기둥	3	0	0	0	0	0%	0%	A	0.2mm~1.2mm	NC	C	C		-확인불가
			-미장, 마감재균열 및 탈락	-주각 압축균열(<0.2mm)					A	A		-코어 내/외부 미장, 마감재균열 및 탈락	C				
110	JAH	10	4	3	0	0	0	0	0%	0%	A	0.2mm~0.3mm	LSI	B	B		-대부분의 테두리보 휨균열(<1.5mm)
			-미장, 마감재균열 및 탈락	-주각 및 주두 휨, 수직균열 (<0.2mm)					A	A		-코어 내/외부 미장, 마감재균열 및 탈락	B				
111	JUZ	10	2	1	0	0	0	0	0%	0%	A	0.1mm	IO	A	A		
			-미장, 마감재균열 및 탈락	-주각 압축, 수직균열(<0.2mm)					A	A		-코어 내/외부 미장, 마감재균열 및 탈락	A				
112	JGD	8	5	6	0	0	0	0	0%	0%	A	0.8mm	LSII	B	B		
			-미장, 마감재균열 및 탈락	-주각 전단, 휨균열(<0.2mm)					A	A		-코어 내/외부 미장, 마감재균열 및 탈락	B				
113	CHA	10	8	5	0	1	1	0	10%	0%	A	0.5mm~2.0mm	C	C	C		-대부분의 보 휨균열(<0.5mm), 대부분의 보기둥 접합부 및 계면균열 (0.5mm~1.0mm)
			-미장, 마감재균열 및 탈락, -기둥과 전단벽 조인트 균열	-주각 수직, 휨전단, 휨균열(<0.2mm)		-수직균열(0.8mm)	-전단균열(1.0mm)		A	A		-코어 내/외부 미장, 마감재균열 및 탈락	C				
114	CHU	8	대부분의 기둥	5	3	0	0	0	0%	0%	A	2.0mm	C	C	C		-확인불가
			-미장, 마감재균열 및 탈락	-주각 및 주두 수직, 휨, 휨전단, 전단균열(<0.2mm)	-주두 수직, 전단, 휨균열(0.3mm)				A	A		-코어 내/외부 미장, 마감재균열 및 탈락	C				
115	CSA	8	대부분의 기둥	3	0	4	0	0	0%	0%	A	5.0mm~30mm	C	C	C		-대부분의 보기둥 접합부 및 계면균열(1.5mm)
			-미장, 마감재균열 및 탈락, -조적벽과 기둥 조인트 균열	-주각 및 주두 휨, 압축균열(<0.2mm)		-주각 및 주두 압축, 휨, 휨전단, 전단균열(0.5mm)			A	A		-코어 내/외부 미장, 마감재균열 및 탈락	C				
116	TAE	8	대부분의 기둥	3	0	0	0	0	0%	0%	A	0.9mm~1.5mm	C	C	C		-확인불가
			-미장, 마감재균열 및 탈락	-주각 휨균열(<0.2mm)					A	A		-코어 내/외부 미장, 마감재균열 및 탈락	C				
117	PU	8	6	4	0	0	0	1	0%	13%	C	0.1mm	IO	A	C		-확인불가
			-미장, 마감재균열 및 탈락, -조적벽과 기둥 조인트 균열, -조적벽 균열	-주각 휨, 전단균열(<0.2mm)				-전단균열(1.0mm~2.0mm)	A	C		-코어 내/외부 미장, 마감재균열 및 탈락	A				
118	POS	8	1	0	0	0	0	0	0%	0%	B	0.1mm~0.8mm	LSII	B	C		-대부분의 보기둥 접합부 및 계면균열
			-미장, 마감재균열 및 탈락						A	A		-코어 내/외부 미장, 마감재균열 및 탈락	B				
119	HQ	10	대부분의 기둥	2	1	0	0	4	0%	40%	C	1.2mm	NC	C	C		-확인불가
			-미장, 마감재균열 및 탈락	-주각 휨, 전단, 수	-전단균열(0.4mm)			-전단균열(5.0mm)	A	C		-코어 내/외부 미장,	C				

#	명	기둥										코어			종합 판정	필로티층 잔류변형각	기타(보, 접합부)
		총기둥 개수	손상도						[NC] /전체	[C] /전체	판정	최대균열	손상도	판정			
			비구조재손상	IO (즉시거주)	LS I (인명안전 I)	LS II (인명안전 II)	NC (붕괴직전)	C (붕괴)									
				(<0.2mm)								마감재균열 및 탈락					
120	AX	11	대부분의 기둥	5	0	0	0	0	0%	0%	A	1.5mm	C	C	C		-확인불가
			-미장, 마감재균열 및 탈락	-주각 압축, 휨균열(<0.2mm)					A	A		-코어 내/외부 미장, 마감재균열 및 탈락	C				
121	XH	8	대부분의 기둥	3	3	0	0	2	0%	25%	C	1.0mm	NC	C	C		-대부분의 보 휨균열(<0.2mm)
			-미장, 마감재균열 및 탈락	-주두 및 주각 압축, 휨균열(0.1mm)	-주두 휨균열(0.4mm)			-주각 및 주두 전단, 휨, 압축균열(2.0mm~15mm)	A	C		-코어 내/외부 미장, 마감재균열 및 탈락	C				
122	XB	8	대부분의 기둥	3	3	0	0	2	0%	25%	C	1.0mm	NC	C	C		-대부분의 보 휨균열(<0.2mm)
			-미장, 마감재균열 및 탈락	-주두 및 주각 압축, 휨균열(0.1mm)	-주두 휨균열(0.4mm)			-주각 및 주두 전단, 휨, 압축균열(2.0mm~15mm)	A	C		-코어 내/외부 미장, 마감재균열 및 탈락	C				
123	XSM	8	대부분의 기둥	3	3	0	0	2	0%	25%	C	1.0mm	NC	C	C		-대부분의 보 휨균열(<0.2mm)
			-미장, 마감재균열 및 탈락	-주두 및 주각 압축, 휨균열(0.1mm)	-주두 휨균열(0.4mm)			-주각 및 주두 전단, 휨, 압축균열(2.0mm~15mm)	A	C		-코어 내/외부 미장, 마감재균열 및 탈락	C				
124	XQ	12	5	4	0	1	0	0	0%	0%	A	0	OP	A	A		-대부분의 보 휨균열(<0.2mm), 대부분의 보기둥 접합부 및 계면균열
			-미장, 마감재균열 및 탈락	-주각 및 주두 휨균열(<0.2mm)		-주각 및 주두 휨, 수직균열 (0.6mm)			A	A		-코어 내/외부 미장, 마감재균열 및 탈락	A				
125	XN	12	대부분의 기둥	7	0	0	2	0	17%	0%	B	0.18mm	IO	A	B		
			-미장, 마감재균열 및 탈락	-주두 휨전단, 휨균열(<0.2mm)			-주두 휨균열(1.0mm)		B	A		-코어 내/외부 미장, 마감재균열 및 탈락	A				
126	XM	13	5	4	0	0	0	0	0%	0%	A	1.0mm~1.3mm	NC	C	C		-보기둥 접합부 및 계면균열 2개소(<0.2mm)
			-미장, 마감재균열 및 탈락	-주두 및 주각 휨, 압축균열(<0.2mm)					A	A		-코어 내/외부 미장, 마감재균열 및 탈락	C				
127	XT	7	대부분의 기둥	6	0	1	0	0	0%	0%	A	0.2mm	LSI	B	B		-대부분의 보 휨균열(<0.2mm), 보기둥 접합부 및 계면균열 2개소(<0.2mm)
			-미장, 마감재균열 및 탈락	-주두 휨, 전단, 휨전단균열(<0.2mm)		-주두 휨균열(0.3mm~0.5mm)			A	A		-코어 내/외부 미장, 마감재균열 및 탈락	B				
128	MG1	24	대부분의 기둥	10	0	0	0	3	0%	13%	C	0.2mm~0.5mm	LSII	B	C	EW:0.15%rad, NS:0.35%rad	-대부분의 보 휨균열 (0.2mm~0.8mm)
			-미장, 마감재균열 및 탈락	-주두 및 중간 휨, 전단균열(<0.2mm)				-휨, 전단균열(>2.0mm)	A	C		-코어 내/외부 미장, 마감재균열 및 탈락	B				
129	MG2	12	3	0	0	0	0	0	0%	0%	A	0.3mm~0.45mm	LSI	B	B	EW:0.18%rad, NS:0.21%rad	-보 및 접합부 무손상
			-미장, 마감재균열 및 탈락						A	A		-코어 내/외부 미장, 마감재균열 및 탈락	B				

#	명	기둥										코어			종합 판정	필로티층 잔류변형각	기타(보, 접합부)
		총기둥 개수	손상도						[NC]/전체	[C]/전체	판정	최대균열	손상도	판정			
			비구조재손상	IO (즉시거주)	LS I (인명안전 I)	LS II (인명안전 II)	NC (붕괴직전)	C (붕괴)									
130	ETC	11	기둥	3	1	2	0	3	0%	27%	C	1.0mm~3.0mm	C	C	C		-확인불가
			-미장, 마감재균열 및 탈락	-주두 및 중간 휨, 전단균열(<0.2mm)	-주각 및 주두 휨, 전단균열(0.3mm~0.4mm)	-주두 휨균열(0.7mm)		-휨, 전단균열(>2.0mm)	A	C		-코어 내/외부 미장, 마감재균열 및 탈락	C				
131	AUT	8	대부분의 기둥	0	0	4	0	3	0%	38%	C	1.5mm~2.5mm	C	C	C		-대부분의 보 휨균열(<0.2mm)
			-미장, 마감재균열 및 탈락			-주각 및 주두 휨, 전단균열 (0.5mm~0.75mm)		-휨, 전단균열(>2.0mm)	A	C		-코어 내/외부 미장, 마감재균열 및 탈락	C				

표 6.3.4 필로티건축물 손상도 평가결과 (일본 내진성능평가지침, 2004)

#	명	기둥										코어			종합 판정	필로티층 잔류변형각	기타 (보, 접합부)
		총기둥 개수	손상도						[NC]/전체	[C]/전체	판정	최대균열(mm)	손상도	판정			
			비구조재 손상	Ⅰ	Ⅱ	Ⅲ	Ⅳ	Ⅴ									
1	JH	16	2	0	0	0	0	0	0%	0%	A	0	OP	A	A		
			- 미장, 마감재균열 및 탈락						A	A		-코어 내/외부 미장, 마감재균열 및 탈락	A				
2	HR	5	대부분의 기둥	0	1	1	0	0	0%	0%	A	0.45mm~2.0mm	Ⅳ	C	C		-확인불가
			- 미장, 마감재균열 및 탈락		-전단균열 (0.3mm~0.4mm)	-전단균열(1.2mm)			A	A		-코어 내/외부 미장, 마감재균열 및 탈락	C				
3	CI	9	3	0	0	0	0	0	0%	0%	A	0	OP	A	A		
			- 미장, 마감재균열 및 탈락						A	A		-비구조재 무손상	A				
4	CII	9	2	0	0	0	0	0	0%	0%	A	0	OP	A	A		
			-미장, 마감재균열 및 탈락						A	A		-비구조재 무손상	A				
5	CIII	9	2	0	0	0	0	0	0%	0%	A	0	OP	A	A		
			-미장, 마감재균열 및 탈락						A	A		-비구조재 무손상	A				
6	CH	10	0	0	0	0	0	0	0%	0%	A	0.10mm	Ⅰ	A	A		
			-조적 허리벽 시공줄눈 균열, -조적 날개벽 균열(10mm)						A	A		-코어 내/외부 미장, 마감재균열 및 탈락	A				
7	SP	12	0	0	0	0	0	0	0%	0%	A	0	OP	A	A		
			-무손상						A	A		-비구조재 무손상	A				
8	A11	7	대부분의 기둥	0	7	0	0	0	0%	0%	A	0	OP	A	A		
			-미장, 마감재균열 및 탈락		-휨, 휨압축균열 (0.06~0.4mm)				A	A		-비구조재 무손상	A				
9	A12	7	대부분의 기둥	0	7	0	0	0	0%	0%	A	0	OP	A	A		
			-미장, 마감재균열 및 탈락		-휨, 휨압축균열 (0.06~0.4mm)				A	A		-비구조재 무손상	A				
10	A13	7	대부분의 기둥	0	7	0	0	0	0%	0%	A	0	OP	A	A		
			-미장, 마감재균열 및 탈락		-휨, 휨압축균열 (0.06~0.4mm)				A	A		-비구조재 무손상	A				
11	A21	7	대부분의 기둥	0	7	0	0	0	0%	0%	A	0	OP	A	A		
			-미장, 마감재균열 및 탈락		-휨, 휨압축균열 (0.06~0.4mm)				A	A		-비구조재 무손상	A				
12	A22	7	대부분의 기둥	0	7	0	0	0	0%	0%	A	0	OP	A	A		
			-미장, 마감재균열 및 탈락		-휨, 휨압축균열				A	A		-비구조재 무손상	A				

#	명	기둥										코어			종합 판정	필로티층 잔류변형각	기타 (보,접합부)
		총기둥 개수	손상도						[NC] /전체	[C] /전체	판정	최대균열(mm)	손상도	판정			
			비구조재 손상	Ⅰ	Ⅱ	Ⅲ	Ⅳ	Ⅴ									
					(0.06~0.4mm)												
13	A23	7	기둥	0	7	0	0	0	0%	0%	A	0	OP	A	A		
			-미장, 마감재균열 및 탈락		-휨, 휨압축균열 (0.06~0.4mm)				A	A		-비구조재 무손상	A				
14	A31	7	대부분의 기둥	0	7	0	0	0	0%	0%	A	0	OP	A	A		
			-미장, 마감재균열 및 탈락		-휨, 휨압축균열 (0.06~0.4mm)				A	A		-비구조재 무손상	A				
15	A32	7	대부분의 기둥	0	7	0	0	0	0%	0%	A	0	OP	A	A		
			-미장, 마감재균열 및 탈락		-휨, 휨압축균열 (0.06~0.4mm)				A	A		-비구조재 무손상	A				
16	A33	7	대부분의 기둥	0	7	0	0	0	0%	0%	A	0	OP	A	A		
			-미장, 마감재균열 및 탈락		-휨, 휨압축균열 (0.06~0.4mm)				A	A		-비구조재 무손상	A				
17	PV	13	2	0	0	0	0	0	0%	0%	A	0	OP	A	A		
			-미장, 마감재균열 및 탈락						A	A		-비구조재 무손상	A				
18	BV	8	대부분의 기둥	0	8	0	0	0	0%	0%	A	0.06mm	Ⅰ	A	A		
			-미장, 마감재균열 및 탈락		-전단, 휨, 휨압축균열 (0.3~0.6mm)				A	A		-코어 내/외부 미장, 마감재균열 및 탈락	A				
19	JV	10	대부분의 기둥	9	0	0	1	0	10%	0%	A	0.6mm	Ⅱ	B	B		-확인불가
			-미장, 마감재균열 및 탈락	-휨압축, 전단균열(0.13~0.15mm)			-전단균열(>2.0mm)		A	A		-코어 내/외부 미장, 마감재균열 및 탈락	B				
20	KCI	11	2	0	0	0	2	0	18%	0%	B	1.0mm	Ⅲ	B	C		-확인불가
			-미장, 마감재균열 및 탈락				-주두 전단균열(>2.0mm)		B	A		-코어 내/외부 미장, 마감재균열 및 탈락	B				
21	KCS	11	3	0	0	0	2	0	18%	0%	B	1.0mm	Ⅲ	B	C	0.04%rad	-확인불가
			-미장, 마감재균열 및 탈락				-주두 전단균열(>2.0mm)		B	A		-코어 내/외부 미장, 마감재균열 및 탈락	B				
22	MD	12	대부분의 기둥	9	0	0	0	3	0%	25%	C	0.6mm	Ⅱ	B	C		-확인불가
			-미장, 마감재균열 및 탈락	-휨, 전단균열(<0.2mm)				-휨, 전단균열(>2.0mm)	A	C		-코어 내/외부 미장, 마감재균열 및 탈락	B				
23	BK	12	대부분의 기둥	9	0	0	0	3	0%	25%	C	0.6mm	Ⅱ	B	C		-확인불가
			-미장, 마감재균열 및 탈락	-휨, 전단균열(<0.2mm)				-휨, 전단균열(>2.0mm), -기둥 사이 전단벽 전단균열(15mm)	A	C		-코어 내/외부 미장, 마감재균열 및 탈락	B				
24	UNK1	3	3	3	0	0	0	0	0%	0%	A	0	OP	A	A		

#	명	기둥: 총기둥 개수	기둥 손상도: 비구조재 손상	I	Ⅱ	Ⅲ	Ⅳ	Ⅴ	[NC]/전체	[C]/전체	판정	코어: 최대균열(mm)	손상도	판정	종합 판정	필로티층 잔류변형각	기타 (보,접합부)
			-미장, 마감재균열 및 탈락	-주두 휨균열(0.04mm)					A	A		-비구조재 무손상	A				
25	UNK2	3	3	3	0	0	0	0	0%	0%	A	0	OP	A	A		
			-미장, 마감재균열 및 탈락	-주두 휨균열(0.04mm)					A	A		-비구조재 무손상	A				
26	UNK3	3	3	3	0	0	0	0	0%	0%	A	0	OP	A	A		
			-미장, 마감재균열 및 탈락	-주두 휨균열(0.04mm)					A	A		-비구조재 무손상	A				
27	UNK4	3	3	3	0	0	0	0	0%	0%	A	0	OP	A	A		
			-미장, 마감재균열 및 탈락	-주두 휨균열(0.04mm)					A	A		-비구조재 무손상	A				
28	PLS	13	대부분의 기둥	13	0	0	0	0	0%	0%	A	0.45~14mm	Ⅴ	C	C		-확인불가
			-미장, 마감재균열 및 탈락	-휨균열(0.04~0.06mm)					A	A		-코어 내/외부 미장, 마감재균열 및 탈락	C				
29	GL	8	대부분의 기둥	8	0	0	0	0	0%	0%	A	0	OP	A	A		
			-미장, 마감재균열 및 탈락	-주두 전단, 휨균열(<0.2mm)					A	A		-비구조재 무손상	A				
30	AR	12	대부분의 기둥	2	0	0	0	0	0%	0%	A	2.5mm	Ⅳ	C	C		-확인불가
			-미장, 마감재균열 및 탈락, - 날개벽과 기둥 조인트 균열(7mm)	-전단, 휨균열(<0.2mm)					A	A		-코어 내/외부 미장, 마감재균열 및 탈락	C				
31	LO	12	대부분의 기둥	8	0	0	0	0	0%	0%	A	1.3mm	Ⅲ	B	B		-확인불가
			-미장, 마감재균열 및 탈락	-중간 및 주두 휨, 전단, 휨압축, 수직균열(<0.2mm)					A	A		-코어 내/외부 미장, 마감재균열 및 탈락	B				
32	KRO	8	대부분의 기둥	4	0	0	0	3	0%	38%	C	확인불가	Ⅴ	C	C	EW:1.01%rad, NS:0.70%rad	-필로티층 천장재균열 및 탈락, 보 및 접합부 손상 확인불가
			-미장, 마감재균열 및 탈락	-중간 및 주두 휨, 전단균열(<0.2mm)				-휨, 전단균열(>2.0mm)	A	C		-코어 내/외부 미장, 마감재균열 및 탈락	C				
33	DD	10	대부분의 기둥	10	0	0	0	0	0%	0%	A	0.1mm~1.1mm	Ⅲ	B	B		-확인불가
			-미장, 마감재균열 및 탈락	-주각 휨균열(<0.2mm)					A	A		-코어 내/외부 미장, 마감재균열 및 탈락	B				
34	EL	10	대부분의 기둥	10	0	0	0	0	0%	0%	A	0	OP	A	A		
			-미장, 마감재균열 및 탈락, -조적벽과 기둥 조인트 균열 (3~5mm)	-주각 휨, 전단, 휨압축, 수직균열(<0.2mm)					A	A		-비구조재 무손상	A				
35	CD	14	0	0	0	0	0	0	0%	0%	A	<0.2mm	Ⅰ	A	A		
			-무손상						A	A		-비구조재 무손상	A				
36	SJC	13	대부분의 기둥	3	0	0	0	0	0%	0%	A	10mm	Ⅴ	C	C		-필로티층 천장재균열 및 탈락, 보 및 접합부 손상 확인불가
			-미장, 마감재균열 및 탈락	-주각 휨, 전단, 휨압축, 수직균열(<0.2mm)					A	A		-코어 내/외부 미장, 마감재균열 및 탈락	C				

#	명	기둥										코어			종합 판정	필로티층 잔류변형각	기타 (보,접합부)
		총기둥 개수	손상도						[NC] /전체	[C] /전체	판정	최대균열(mm)	손상도	판정			
			비구조재 손상	Ⅰ	Ⅱ	Ⅲ	Ⅳ	Ⅴ									
37	HV	6	0	0	0	0	0	0	0%	0%	A	0	OP	A	A		
			-무손상						A	A		-비구조재 무손상	A				
38	YH	8	3	1	0	0	0	0	0%	0%	A	0.12mm	Ⅰ	A	A		
			-미장, 마감재균열 및 탈락	-주각 휨균열(<0.2mm)					A	A		-코어 내/외부 미장, 마감재균열 및 탈락	A				
39	CC	13	3	2	0	0	0	0	0%	0%	A	0.2mm	Ⅱ	B	B		
			-미장, 마감재균열 및 탈락	-수직, 압축균열(<0.2mm)					A	A		-코어 내/외부 미장, 마감재균열 및 탈락	B				
40	WH	12	대부분의 기둥	0	0	0	0	0	0%	0%	A	0.5mm	Ⅱ	B	B		
			-미장, 마감재균열 및 탈락						A	A		-코어 내/외부 미장, 마감재균열 및 탈락	B				
41	NB	10	6	6	0	0	0	0	0%	0%	A	0.06mm~1.0mm	Ⅲ	B	B		-확인불가
			-미장, 마감재균열 및 탈락, - 조형물 조인트 균열(5mm)	-주각 휨균열(<0.2mm)					A	A		-코어 내/외부 미장, 마감재균열 및 탈락	B				
42	HCS	8	대부분의 기둥	2	1	0	0	0	0%	0%	A	0.2mm~0.25mm	Ⅱ	B	B		
			-미장, 마감재균열 및 탈락	-주두 휨균열(<0.2mm)	-기둥 사이 전단벽 균열 (0.4mm)				A	A		-코어 내/외부 미장, 마감재균열 및 탈락	B				
43	HPT	8	1	1	0	0	0	0	0%	0%	A	0.08mm	Ⅰ	A	A		-필로티층 천장재균열 및 탈락
			-미장, 마감재균열 및 탈락	-휨균열(<0.2mm)					A	A		-코어 내/외부 미장, 마감재균열 및 탈락	A				
44	BMA	10	0	0	0	0	0	0	0%	0%	A	0	OP	A	A		
			-무손상						A	A		-비구조재 무손상	A				
45	BMB	10	2	0	0	0	0	0	0%	0%	A	<0.2mm	Ⅰ	A	A		
			-미장, 마감재균열 및 탈락						A	A		-코어 내/외부 미장, 마감재균열 및 탈락	A				
46	HC	12	4	4	0	0	0	0	0%	0%	A	0.4mm	Ⅱ	B	B		
			-미장, 마감재균열 및 탈락	-주두 휨균열(<0.2mm)					A	A		-코어 내/외부 미장, 마감재균열 및 탈락	B				
47	GJ	16	0	0	0	0	0	0	0%	0%	A	0.3mm	Ⅱ	B	B		
			-기둥 사이 모든 조적벽 균열						A	A		-코어 내/외부 미장, 마감재균열 및 탈락	B				
48	PAL	9	2	1	0	0	0	0	0%	0%	A	확인불가	Ⅴ	C	C		
			-미장, 마감재균열 및 탈락	-주각 휨균열(<0.2mm)					A	A		-코어 내/외부 미장, 마감재균열 및 탈락	C				
49	YJ	11	2	2	0	0	0	0	0%	0%	A	0.08mm~0.1mm	Ⅰ	A	A		-필로티층 천장재균열

#	명	기둥										코어			종합 판정	필로티층 잔류변형각	기타 (보,접합부)
		총기둥 개수	손상도						[NC] /전체	[C] /전체	판정	최대균열(mm)	손상도	판정			
			비구조재 손상	Ⅰ	Ⅱ	Ⅲ	Ⅳ	Ⅴ									
			-미장, 마감재균열 및 탈락, - 옆 조형물 벽 균열(<1.0mm)	-휨, 전단균열(<0.2mm)					A	A		-코어 내/외부 미장, 마감재균열 및 탈락	A				탈락
50	LF	12	대부분의 기둥	4	0	0	0	0	0%	0%	A	<0.2mm	Ⅰ	A	A		
			-미장, 마감재균열 및 탈락	-휨균열(<0.2mm)					A	A		-코어 내/외부 미장, 마감재균열 및 탈락	A				
51	TS	10	0	0	0	0	0	0	0%	0%	A	0.2mm	Ⅱ	B	B		-대부분의 테두리보 휨균열 (<0.2mm)
			-기둥과 조형물 조인트 균열 (8mm)						A	A		-코어 내/외부 미장, 마감재균열 및 탈락	B				
52	SJV	10	0	0	0	0	0	0	0%	0%	A	0.4mm	Ⅱ	B	B		-대부분의 테두리보 휨균열(<0.2mm)
			-무손상						A	A		-코어 내/외부 미장, 마감재균열 및 탈락	B				
53	GJH	12	대부분의 기둥	8	4	0	0	0	0%	0%	A	0.6mm	Ⅱ	B	B		-대부분의 보 휨균열(<0.2mm), 대부분의 보기둥 접합부 및 계면균열
			-미장, 마감재균열 및 탈락	-주두 휨, 휨압축균열(<0.2mm)	-주각 전단균열(0.2mm)				A	A		-코어 내/외부 미장, 마감재균열 및 탈락	B				
54	JKH	12	대부분의 기둥	6	0	0	0	0	0%	0%	A	0.55mm	Ⅱ	B	B		
			- , 마감재균열 및 탈락, -조적벽과 기둥 조인트 균열(5mm)	-주각 수직, 전단균열(<0.2mm)					A	A		-코어 내/외부 미장, 마감재균열 및 탈락	B				
55	TDH	12	0	0	0	0	0	0	0%	0%	A	0.5mm~3.0mm	Ⅳ	C	C		-대부분의 테두리보 휨균열(<0.2mm), 보 및 접합부 손상 확인불가
			-조적벽과 기둥 조인트 균열 (1~2mm)						A	A		-코어 내/외부 미장, 마감재균열 및 탈락	C				
56	JAN	8	6	0	0	0	0	0	0%	0%	A	0.1mm	Ⅰ	A	A		-대부분의 테두리보 휨균열 (<0.2mm)
			-미장, 마감재균열 및 탈락, -조적벽 균열(8mm)						A	A		-코어 내/외부 미장, 마감재균열 및 탈락	A				
57	SMT	11	5	0	0	2	0	1	0%	9%	B	0.5mm	Ⅱ	B	C		-기둥 1열에서 기둥간 단차 존재(20mm), 보 및 접합부 손상 확인불가
			-미장, 마감재균열 및 탈락			-주각 휨균열(1.0mm)		-전단균열(5.0mm)	A	B		-코어 내/외부 미장, 마감재균열 및 탈락	B				
58	TH	6	0	0	0	0	0	0	0%	0%	A	0.1mm	Ⅰ	A	A		
			-무손상						A	A		-코어 내/외부 미장, 마감재균열 및 탈락	A				
59	HG	6	0	0	0	0	0	0	0%	0%	A	0.1mm	Ⅰ	A	A		
			-무손상						A	A		-코어 내/외부 미장, 마감재균열 및 탈락	A				
60	CA	8	2	0	0	0	0	0	0%	0%	A	0	OP	A	A		-대부분의 테두리보 휨균열(<0.2mm)
			-미장, 마감재균열 및 탈락						A	A		-비구조재 무손상	A				

#	명	기둥										코어			종합 판정	필로티층 잔류변형각	기타 (보,접합부)
		총기둥 개수	손상도						[NC]/전체	[C]/전체	판정	최대균열(mm)	손상도	판정			
			비구조재 손상	I	II	III	IV	V									
61	AN	8	3	2	1	0	0	0	0%	0%	A	0.6mm	II	B	B		
			-미장, 마감재균열 및 탈락	-주각 수직균열(<0.2mm)	-전단균열(0.3mm)				A	A		-코어 내/외부 미장, 마감재균열 및 탈락	B				
62	A61	11	대부분의 기둥	6	0	0	0	0	0%	0%	A	<0.2mm	I	A	A		
			-미장, 마감재균열 및 탈락	-주각 휨, 전단, 압축균열(<0.2mm)					A	A		-코어 내/외부 미장, 마감재균열 및 탈락	A				
63	A51	11	대부분의 기둥	5	0	0	0	0	0%	0%	A	<0.2mm	I	A	A		
			-미장, 마감재균열 및 탈락	-주각 휨, 전단, 압축균열(<0.2mm)					A	A		-코어 내/외부 미장, 마감재균열 및 탈락	A				
64	IJS	10	대부분의 기둥	8	0	0	0	0	0%	0%	A	0.4mm	II	B	B		
			-미장, 마감재균열 및 탈락	-주각 휨압축, 수직균열(<0.2mm)					A	A		-코어 내/외부 미장, 마감재균열 및 탈락	B				
65	IJO	12	6	4	0	0	0	0	0%	0%	A	0.2mm	II	B	B		
			- , 마감재균열 및 탈락, -조적벽과 기둥 조인트 균열(20mm), -조적벽 균열(<0.2mm)	-주각 휨압축, 휨, 수직균열(<0.2mm)					A	A		-코어 내/외부 미장, 마감재균열 및 탈락	B				
66	HAE	8	0	0	0	0	0	0	0%	0%	A	<0.2mm	I	A	A		-필로티층 천장재균열 및 탈락
			-무손상						A	A		-코어 내/외부 미장, 마감재균열 및 탈락	A				
67	HSVB	8	대부분의 기둥	0	5	0	0	0	0%	0%	A	0.1mm	I	A	A		-대부분의 테두리보 휨균열(<0.2mm)
			-미장, 마감재균열 및 탈락, -조적벽과 기둥 조인트 균열, -조적벽 균열		-주각 및 주두 휨, 전단균열(0.2mm)				A	A		-코어 내/외부 미장, 마감재균열 및 탈락	A				
68	HSVA	8	2	2	1	0	0	0	0%	0%	A	0	OP	A	A		
			-미장, 마감재균열 및 탈락	-주각 휨압축균열(<0.2mm)	-전단균열(0.3mm)				A	A		-비구조재 무손상	A				
69	BLV	5	0	0	0	0	0	0	0%	0%	A	0	OP	A	A		
			-조형물 균열(10mm)						A	A		-비구조재 무손상	A				
70	ADH	12	3	3	0	0	0	0	0%	0%	A	0.3mm~0.6mm	II	B	B		
			-미장, 마감재균열 및 탈락	-주각 및 중앙 휨균열(<0.2mm)					A	A		-코어 내/외부 미장, 마감재균열 및 탈락	B				
71	YU	12	2	2	0	0	0	0	0%	0%	A	0.3mm~0.6mm	II	B	B		
			-미장, 마감재균열 및 탈락	-주각 및 중앙 휨균열(<0.2mm)					A	A		-코어 내/외부 미장, 마감재균열 및 탈락	B				
72	KD	12	2	2	0	0	0	0	0%	0%	A	0.3mm~0.6mm	II	B	B		

#	명	기둥: 총기둥 개수	기둥 손상도: 비구조재 손상	기둥 손상도: Ⅰ	기둥 손상도: Ⅱ	기둥 손상도: Ⅲ	기둥 손상도: Ⅳ	기둥 손상도: Ⅴ	[NC]/전체	[C]/전체	판정	코어: 최대균열(mm)	코어: 손상도	코어: 판정	종합 판정	필로티층 잔류변형각	기타 (보,접합부)
			-미장, 마감재균열 및 탈락	-주각 및 중앙 휨균열(<0.2mm)					A	A		-코어 내/외부 미장, 마감재균열 및 탈락	B				
73	HW	5	3	2	1	0	0	0	0%	0%	A	0.1mm	Ⅰ	A	A		
			-미장, 마감재균열 및 탈락	-주각 압축균열(<0.2mm)	-전단균열(0.2mm)				A	A		-코어 내/외부 미장, 마감재균열 및 탈락	A				
74	MV	7	5	3	2	0	0	0	0%	0%	A	0.6mm~0.8mm	Ⅱ	B	B		
			-미장, 마감재균열 및 탈락, -조적벽과 기둥 조인트 균열	-주각 휨균열(<0.2mm)	-전단균열 (0.3mm~0.4mm)				A	A		-코어 내/외부 미장, 마감재균열 및 탈락	B				
75	HM	7	5	3	0	0	0	1	0%	14%	C	5.0mm	Ⅴ	C	C		-확인불가
			-미장, 마감재균열 및 탈락	-주각 및 주두 휨균열(<0.2mm)				-주두 휨, 전단균열(20mm)	A	C		-코어 내/외부 미장, 마감재균열 및 탈락	C				
76	JR	11	5	0	2	0	0	0	0%	0%	A	0.25mm~0.6mm	Ⅱ	B	B		-대부분의 보 미장균열(<0.2mm)
			-미장, 마감재균열 및 탈락, -조적벽과 기둥 조인트 균열, -조적벽 균열		-주각 휨균열(0.8mm)				A	A		-코어 내/외부 미장, 마감재균열 및 탈락	B				
77	SD	12	대부분의 기둥	6	0	0	0	0	0%	0%	A	0.2mm~0.75mm	Ⅱ	B	B		
			-미장, 마감재균열 및 탈락	-주각 휨균열(<0.2mm)					A	A		-코어 내/외부 미장, 마감재균열 및 탈락	B				
78	CF	12	대부분의 기둥	10	0	0	0	0	0%	0%	A	0.1mm~0.35mm	Ⅱ	B	B		
			-미장, 마감재균열 및 탈락	-주각 휨, 압축균열(<0.2mm)					A	A		-코어 내/외부 미장, 마감재균열 및 탈락	B				
79	DY	8	5	5	0	0	0	0	0%	0%	A	0.2mm~0.5mm	Ⅱ	B	B		
			-미장, 마감재균열 및 탈락, -조적벽과 기둥 조인트 균열	-주두 및 주각 압축, 휨, 전단균열(<0.1mm)					A	A		-코어 내/외부 미장, 마감재균열 및 탈락	B				
80	JA	9	2	0	0	0	0	0	0%	0%	A	<0.2mm	Ⅰ	A	A		
			-미장, 마감재균열 및 탈락, -조적벽과 기둥 조인트 균열						A	A		-코어 내/외부 미장, 마감재균열 및 탈락	A				
81	SH	13	0	0	0	0	0	0	0%	0%	A	0.25mm	Ⅱ	B	B		
			-조적벽과 기둥 조인트 균열 (3mm)						A	A		-코어 내/외부 미장, 마감재균열 및 탈락	B				
82	KMV	8	1	1	0	0	0	0	0%	0%	A	0.15mm	Ⅰ	A	A		
			-미장, 마감재균열 및 탈락	-주각 압축균열(<0.2mm)					A	A		-코어 내/외부 미장, 마감재균열 및 탈락	A				
83	GL	10	대부분의 기둥	7	0	0	0	1	0%	10%	B	0.6mm	Ⅱ	B	C		-확인불가

#	명	기둥										코어			종합 판정	필로티층 잔류변형각	기타 (보,접합부)
		총기둥 개수	손상도						[NC] /전체	[C] /전체	판정	최대균열(mm)	손상도	판정			
			비구조재 손상	Ⅰ	Ⅱ	Ⅲ	Ⅳ	Ⅴ									
			-미장, 마감재균열 및 탈락	-주각 및 주두 휨, 수직, 전단균열(<0.2mm)				-주두 휨, 전단균열(3mm)	A	B		-코어 내/외부 미장, 마감재균열 및 탈락	B				
84	KSV	10	6	4	1	0	1	0	10%	0%	A	0.06mm~0.2mm	Ⅱ	B	B		-확인불가
			-미장, 마감재균열 및 탈락	-주각 휨, 압축, 수직균열(<0.2mm)	-주두 휨균열(0.2mm)		-주각, 주두 및 중간 (0.9mm~2.0mm)		A	A		-코어 내/외부 미장, 마감재균열 및 탈락	B				
85	GV1	14		9	2	0	0	0	0%	0%	A	0.15mm~3.0mm	Ⅳ	C	C		-확인불가
			-미장, 마감재균열 및 탈락, -조적벽과 기둥 조인트 균열	-주두 및 주각 휨, 수직, 전단균열(<0.2mm)	-전단균열(0.3mm)				A	A		-코어 내/외부 미장, 마감재균열 및 탈락	C				
86	GV2	10	2	0	0	0	0	0	0%	0%	A	0.6mm	Ⅱ	B	B		
			-미장, 마감재균열 및 탈락						A	A		-코어 내/외부 미장, 마감재균열 및 탈락	B				
87	DWN	11	대부분의 기둥	8	0	1	0	0	0%	0%	A	0.5mm~0.6mm	Ⅱ	B	B		
			-미장, 마감재균열 및 탈락	-주각 및 주두 휨, 압축, 전단균열(<0.2mm)		-주각 휨균열(1.0mm)			A	A		-코어 내/외부 미장, 마감재균열 및 탈락	B				
88	LX	7	3	3	0	0	0	0	0%	0%	A	0.5mm~2.0mm	Ⅳ	C	C		-확인불가
			-미장, 마감재균열 및 탈락	-주각 휨전단균열(<0.2mm)					A	A		-코어 내/외부 미장, 마감재균열 및 탈락	C				
89	MSV	11	7	7	0	0	0	0	0%	0%	A	0.1mm	Ⅰ	A	A		
			-미장, 마감재균열 및 탈락	-주각 수직, 휨, 전단균열(<0.2mm)					A	A		-코어 내/외부 미장, 마감재균열 및 탈락	A				
90	WHV	9	1	1	0	0	0	0	0%	0%	A	0.5mm	Ⅱ	B	B		
			-미장, 마감재균열 및 탈락	-주각 압축균열(<0.2mm)					A	A		-코어 내/외부 미장, 마감재균열 및 탈락	B				
91	BJ	14	8	2	1	1	1	0	7%	0%	A	0.6mm~9.0mm	Ⅴ	C	C		- 천장재균열 및 탈락, 보 및 접합부 손상 확인불가
			-미장, 마감재균열 및 탈락	-주두 및 주각 휨, 압축균열(<0.2mm)	-전단균열(0.3mm)	-전단균열(1.0mm)	-주두 휨균열(2.0mm)		A	A		-코어 내/외부 미장, 마감재균열 및 탈락	C				
92	BKO	12	대부분의 기둥	0	1	0	2	7	17%	58%	C	0.5mm~2.0mm	Ⅳ	C	C		-대부분의 보 휨균열(<0.2mm), 보 단부 전단균열(4.0mm), 대부분의 보기둥 접합부 및 계면균열
			-미장, 마감재균열 및 탈락		-주두 휨균열(0.2mm)		-주각 및 주두 휨, 전단 (1.0mm~2.0mm)	-주각 및 주두 휨, 전단 (4.0mm~5.0mm)	B	C		-코어 내/외부 미장, 마감재균열 및 탈락	C				
93	BJA	11	3	1	2	0	0	0	0%	0%	A	0.05mm~0.1mm	Ⅰ	A	A		-대부분의 보기둥 접합부 및 계면균열
			-미장, 마감재균열 및 탈락	-주두 압축균열(<0.2mm)	-전단균열 (0.2mm~0.3mm)				A	A		-코어 내/외부 미장, 마감재균열 및 탈락	A				
94	BLD	6	3	0	3	0	0	0	0%	0%	A	0.2mm	Ⅱ	B	B		-대부분의 보 휨,

#	명	기둥 총기둥 개수	손상도 비구조재 손상	Ⅰ	Ⅱ	Ⅲ	Ⅳ	Ⅴ	[NC]/전체	[C]/전체	판정	코어 최대균열(mm)	손상도	판정	종합 판정	필로티층 잔류변형각	기타 (보,접합부)
			-미장, 마감재균열 및 탈락		-주각 및 주두 휨균열(0.2mm)				A	A		-코어 내/외부 미장, 마감재균열 및 탈락	B				전단균열(<0.12mm)
95	SY	8	대부분의 기둥	0	0	0	0	0	0%	0%	A	<0.2mm	Ⅰ	A	A		
			-미장, 마감재균열 및 탈락						A	A		-코어 내/외부 미장, 마감재균열 및 탈락	A				
96	SA	9	대부분의 기둥	4	0	1	0	0	0%	0%	A	0.7mm~0.8mm	Ⅱ	B	B		-확인불가
			-미장, 마감재균열 및 탈락, -조적벽과 기둥 조인트 균열	-주두 휨, 전단균열(<0.2mm)		-전단균열(1.3mm)			A	A		-코어 내/외부 미장, 마감재균열 및 탈락	B				
97	SV	11	4	4	0	0	0	0	0%	0%	A	0	OP	A	A		
			-미장, 마감재균열 및 탈락	-주두 휨, 수직균열(<0.2mm)					A	A		-비구조재 무손상	A				
98	SS	10	6	1	5	0	0	0	0%	0%	A	0.6mm~1.0mm	Ⅲ	B	B		-대부분의 보 휨균열(<0.2mm)
			-미장, 마감재균열 및 탈락, -조적벽과 기둥 조인트 균열	-주각 및 주두 수직균열(<0.2mm)	-주각 및 주두 휨, 전단균열(0.15mm~0.4mm)				A	A		-코어 내/외부 미장, 마감재균열 및 탈락	B				
99	WV	10	6	6	0	0	0	0	0%	0%	A	0.6mm~1.0mm	Ⅲ	B	B		-대부분의 보 휨균열(<0.2mm)
			-미장, 마감재균열 및 탈락, -조적벽과 기둥 조인트 균열	-주각 및 주두 수직, 휨, 전단균열(<0.2mm)					A	A		-코어 내/외부 미장, 마감재균열 및 탈락	B				
100	SSV	6	2	2	0	0	0	0	0%	0%	A	0.04mm	Ⅰ	A	A		
			-미장, 마감재균열 및 탈락, -조적벽과 기둥 조인트 균열	-주각 압축, 수직균열(<0.2mm)					A	A		-코어 내/외부 미장, 마감재균열 및 탈락	A				
101	SSF	11	4	0	0	0	0	2	0%	18%	C	1.0mm~7.0mm	Ⅴ	C	C		-대부분의 보 휨균열(<0.2mm)
			-미장, 마감재균열 및 탈락					-전단균열(2.0mm~30mm)	A	C		-코어 내/외부 미장, 마감재균열 및 탈락	C				
102	AHS	8	대부분의 기둥	6	0	0	0	2	0%	25%	C	1.0mm~5.0mm	Ⅴ	C	C		-대부분의 보 휨균열(<0.2mm), 필로티층 천장재균열 및 탈락
			-미장, 마감재균열 및 탈락	-주각 휨, 전단균열(0.08mm~0.1mm)				-전단균열(>2.0mm)	A	C		-코어 내/외부 미장, 마감재균열 및 탈락	C				
103	BTF	11	대부분의 기둥	4	3	0	0	0	0%	0%	A	0.2mm~1.2mm	Ⅲ	B	B		-확인불가
			-미장, 마감재균열 및 탈락	-주각 및 주두 휨, 수직, 전단균열(<0.2mm)	-주두 휨, 전단균열(0.2mm)				A	A		-코어 내/외부 미장, 마감재균열 및 탈락	B				
104	OS	10	0	0	0	0	0	0	0%	0%	A	0	OP	A	A		-대부분의 보 휨균열(<0.2mm)
			-무손상						A	A		-코어 내/외부 미장, 마감재균열 및 탈락	A				
105	WQ	10	대부분의 기둥	7	1	0	0	0	0%	0%	A	1.3mm	Ⅲ	B	B		-확인불가
			-미장, 마감재균열 및 탈락	-주각 및 주두 휨, 수직균열(<0.2mm)	-전단균열(0.6mm)				A	A		-코어 내/외부 미장, 마감재균열 및 탈락	B				

#	명	기둥										코어			종합 판정	필로티층 잔류변형각	기타 (보,접합부)
		총기둥 개수	손상도						[NC] /전체	[C] /전체	판정	최대균열(mm)	손상도	판정			
			비구조재 손상	I	II	III	IV	V									
106	QA	10	기둥	7	0	0	0	0	0%	0%	A	1.0mm~3.0mm	IV	C	C		-확인불가
			-미장, 마감재균열 및 탈락	-주각 휨, 수직균열(<0.2mm)					A	A		-코어 내/외부 미장, 마감재균열 및 탈락	C				
107	JRA	12	2	1	0	0	0	0	0%	0%	A	0.04mm~0.4mm	II	B	B		
			-미장, 마감재균열 및 탈락	-주각 수직균열(<0.2mm)					A	A		-코어 내/외부 미장, 마감재균열 및 탈락	B				
108	JYV	10	4	4	0	0	0	0	0%	0%	A	1.0mm~2.0mm	IV	C	C		-대부분의 보 휨균열(<0.5mm), 대부분의 보기둥 접합부 및 계면균열(0.5mm~1.0mm)
			-미장, 마감재균열 및 탈락	-주두 휨균열(<0.2mm)					A	A		-코어 내/외부 미장, 마감재균열 및 탈락	C				
109	JHZ	11	대부분의 기둥	3	0	0	0	0	0%	0%	A	0.2mm~1.2mm	III	B	B		-확인불가
			-미장, 마감재균열 및 탈락	-주각 압축균열(<0.2mm)					A	A		-코어 내/외부 미장, 마감재균열 및 탈락	B				
110	JAH	10	4	3	0	0	0	0	0%	0%	A	0.2mm~0.3mm	II	B	B		-대부분의 테두리보 휨균열(<1.5mm)
			-미장, 마감재균열 및 탈락	-주각 및 주두 휨, 수직균열(<0.2mm)					A	A		-코어 내/외부 미장, 마감재균열 및 탈락	B				
111	JUZ	10	2	1	0	0	0	0	0%	0%	A	0.1mm	I	A	A		
			-미장, 마감재균열 및 탈락	-주각 압축, 수직균열(<0.2mm)					A	A		-코어 내/외부 미장, 마감재균열 및 탈락	A				
112	JGD	8	5	6	0	0	0	0	0%	0%	A	0.8mm	II	B	B		
			-미장, 마감재균열 및 탈락	-주각 전단, 휨균열(<0.2mm)					A	A		-코어 내/외부 미장, 마감재균열 및 탈락	B				
113	CHA	10	8	5	1	1	0	0	0%	0%	A	0.5mm~2.0mm	IV	C	C		-대부분의 보 휨균열(<0.5mm), 대부분의 보기둥 접합부 및 계면균열(0.5mm~1.0mm)
			-미장, 마감재균열 및 탈락, -기둥과 전단벽 조인트 균열	-주각 수직, 휨전단, 휨균열(<0.2mm)	-수직균열(0.8mm)	-전단균열(1.0mm)			A	A		-코어 내/외부 미장, 마감재균열 및 탈락	C				
114	CHU	8	대부분의 기둥	5	3	0	0	0	0%	0%	A	2.0mm	IV	C	C		-확인불가
			-미장, 마감재균열 및 탈락	-주각 및 주두 수직, 휨, 휨전단, 전단균열(<0.2mm)	-주두 수직, 전단, 휨균열 (0.3mm)				A	A		-코어 내/외부 미장, 마감재균열 및 탈락	C				
115	CSA	8	대부분의 기둥	3	4	0	0	0	0%	0%	A	5.0mm~30mm	V	C	C		-대부분의 보기둥 접합부 및 계면균열(1.5mm)
			-미장, 마감재균열 및 탈락, -조적벽과 기둥 조인트 균열	-주각 및 주두 휨, 압축균열(<0.2mm)	-주각 및 주두 압축, 휨, 휨전단, 전단균열(0.5mm)				A	A		-코어 내/외부 미장, 마감재균열 및 탈락	C				
116	TAE	8	대부분의 기둥	3	0	0	0	0	0%	0%	A	0.9mm~1.5mm	III	B	B		-확인불가
			-미장, 마감재균열 및 탈락	-주각 휨균열(<0.2mm)					A	A		-코어 내/외부 미장, 마감재균열 및 탈락	B				
117	PU	8	6	4	0	0	1	0	13%	0%	B	0.1mm	I	A	B		-확인불가

#	명	총기둥 개수	비구조재 손상	Ⅰ	Ⅱ	Ⅲ	Ⅳ	Ⅴ	[NC] /전체	[C] /전체	판정	최대균열(mm)	손상도	판정	종합 판정	필로티층 잔류변형각	기타 (보,접합부)
			기둥									코어					
				손상도													
			-미장, 마감재균열 및 탈락, -조적벽과 기둥 조인트 균열, -조적벽 균열	-주각 휨, 전단균열(<0.2mm)			-전단균열 (1.0mm~2.0mm)		B	A		-코어 내/외부 미장, 마감재균열 및 탈락	A				
118	POS	8	1	0	0	0	0	0	0%	0%	A	0.1mm~0.8mm	Ⅱ	B	B		-대부분의 보기둥 접합부 및 계면균열
			-미장, 마감재균열 및 탈락						A	A		-코어 내/외부 미장, 마감재균열 및 탈락	B				
119	HQ	10	대부분의 기둥	2	1	0	0	4	0%	40%	C	1.2mm	Ⅲ	B	C		-확인불가
			-미장, 마감재균열 및 탈락	-주각 휨, 전단, 수직균열(<0.2mm)	-전단균열(0.4mm)			-전단균열(5.0mm)	A	C		-코어 내/외부 미장, 마감재균열 및 탈락	B				
120	AX	11	대부분의 기둥	5	0	0	0	0	0%	0%	A	1.5mm	Ⅲ	B	B		-확인불가
			-미장, 마감재균열 및 탈락	-주각 압축, 휨균열(<0.2mm)					A	A		-코어 내/외부 미장, 마감재균열 및 탈락	B				
121	XH	8	대부분의 기둥	3	3	0	0	2	0%	25%	C	1.0mm	Ⅲ	B	C		-대부분의 보 휨균열(<0.2mm)
			-미장, 마감재균열 및 탈락	-주두 및 주각 압축, 휨균열(0.1mm)	-주두 휨균열(0.4mm)			-주각 및 주두 전단, 휨, 압축균열(2.0mm~15mm)	A	C		-코어 내/외부 미장, 마감재균열 및 탈락	B				
122	XB	8	대부분의 기둥	3	3	0	0	2	0%	25%	C	1.0mm	Ⅲ	B	C		-대부분의 보 휨균열(<0.2mm)
			-미장, 마감재균열 및 탈락	-주두 및 주각 압축, 휨균열(0.1mm)	-주두 휨균열(0.4mm)			-주각 및 주두 전단, 휨, 압축균열(2.0mm~15mm)	A	C		-코어 내/외부 미장, 마감재균열 및 탈락	B				
123	XSM	8	대부분의 기둥	3	3	0	0	2	0%	25%	C	1.0mm	Ⅲ	B	C		-대부분의 보 휨균열(<0.2mm)
			-미장, 마감재균열 및 탈락	-주두 및 주각 압축, 휨균열(0.1mm)	-주두 휨균열(0.4mm)			-주각 및 주두 전단, 휨, 압축균열(2.0mm~15mm)	A	C		-코어 내/외부 미장, 마감재균열 및 탈락	B				
124	XQ	12	5	4	1	0	0	0	0%	0%	A	0	OP	A	A		-대부분의 보 휨균열(<0.2mm), 대부분의 보기둥 접합부 및 계면균열
			-미장, 마감재균열 및 탈락	-주각 및 주두 휨균열(<0.2mm)	-주각 및 주두 휨, 수직균열(0.6mm)				A	A		-코어 내/외부 미장, 마감재균열 및 탈락	A				
125	XN	12	대부분의 기둥	7	0	2	0	0	0%	0%	A	0.18mm	Ⅰ	A	A		
			-미장, 마감재균열 및 탈락	-주두 휨전단, 휨균열(<0.2mm)		-주두 휨균열(1.0mm)			A	A		-코어 내/외부 미장, 마감재균열 및 탈락	A				
126	XM	13	5	4	0	0	0	0	0%	0%	A	1.0mm~1.3mm	Ⅲ	B	B		-보기둥 접합부 및 계면균열 2개소 (<0.2mm)
			-미장, 마감재균열 및 탈락	-주두 및 주각 휨, 압축균열(<0.2mm)					A	A		-코어 내/외부 미장, 마감재균열 및 탈락	B				
127	XT	7	대부분의 기둥	6	1	0	0	0	0%	0%	A	0.2mm	Ⅱ	B	B		-대부분의 보 휨균열(<0.2mm), 보기둥 접합부 및 계면균열 2개소(<0.2mm)
			-미장, 마감재균열 및 탈락	-주두 휨, 전단, 휨전단균열(<0.2mm)	-주두 휨균열 (0.3mm~0.5mm)				A	A		-코어 내/외부 미장, 마감재균열 및 탈락	B				
128	MG1	24	대부분의 기둥	10	0	0	0	3	0%	13%	C	0.2mm~0.5mm	Ⅱ	B	C	EW:0.15%rad, NS:0.35%rad	-대부분의 보 휨균열 (0.2mm~0.8mm)
			-미장, 마감재균열 및 탈락	-주두 및 중간 휨, 전단균열(<0.2mm)				-휨, 전단균열(>2.0mm)	A	C		-코어 내/외부 미장, 마감재균열 및 탈락	B				

#	명	기둥										코어			종합 판정	필로티층 잔류변형각	기타 (보,접합부)
		총기둥 개수	손상도						[NC] /전체	[C] /전체	판정	최대균열(mm)	손상도	판정			
			비구조재 손상	I	II	III	IV	V									
129	MG2	12	3	0	0	0	0	0	0%	0%	A	0.3mm~0.45mm	II	B	B	EW:0.18%rad, NS:0.21%rad	- 및 접합부 무손상
			-미장, 마감재균열 및 탈락						A	A		-코어 내/외부 미장, 마감재균열 및 탈락	B				
130	ETC	11	대부분의 기둥	3	3	0	0	3	0%	27%	C	1.0mm~3.0mm	IV	C	C		-확인불가
			-미장, 마감재균열 및 탈락	-주두 및 중간 휨, 전단균열(<0.2mm)	-주각 및 주두 휨, 전단균열 (0.3mm~0.7mm)			-휨, 전단균열(>2.0mm)	A	C		-코어 내/외부 미장, 마감재균열 및 탈락	C				
131	AUT	8	대부분의 기둥	0	4	0	0	3	0%	38%	C	1.5mm~2.5mm	IV	C	C		-대부분의 보 휨균열(<0.2mm)
			-미장, 마감재균열 및 탈락		-주각 및 주두 휨, 전단균열 (0.5mm~0.75mm)			-휨, 전단균열(>2.0mm)	A	C		-코어 내/외부 미장, 마감재균열 및 탈락	C				

소방방재청(2012)에 의한 131개동 필로티건축물의 피해조사결과를 종합하여 그림 6.3.1에 나타내었다. 그림 6.3.1 (a)는 필로티층에 위치한 철근콘크리트기둥 부재의 손상도, 그림 6.3.1 (b)는 전단벽 코어의 손상도, 그림 6.3.1 (c)에는 기둥부재와 전단벽 코어의 손상을 종합하여 얻어진 손상도 결과를 나타내었다.

기둥부재의 경우 전체기둥의 22%가 비구조재의 피해만 발생하고 균열은 발생하지 않은 기능유지의 수준, 36%가 균열폭 0.2mm 미만의 즉시거주, 17%가 균열폭 0.2~0.5mm의 인명안전 I, 4%가 균열폭 0.5~1.0mm의 인명안전 II, 4%가 균열폭 1.0~1.5mm의 붕괴직전, 17%가 균열폭 1.5mm 이상의 붕괴수준으로 나타내었다. 전단벽 코어의 경우 전체의 22%가 비구조재의 피해만 발생하고 균열은 발생하지 않은 기능유지의 수준, 19%가 균열폭 0.2mm 미만의 즉시거주, 12%가 균열폭 0.2~0.5mm의 인명안전 I, 18%가 균열폭 0.5~1.0mm의 인명안전 II, 11%가 균열폭 1.0~1.5mm의 붕괴직전, 18%가 균열폭 1.5mm 이상의 붕괴수준으로 나타내었다. 기둥부재와 전단벽 코어의 손상을 종합하여 얻어진 건축물 전체의 손상도는 A등급(거주가능)이 50동으로 전체의 40%를 차지하며, B등급(위험)이 31동으로 전체의 24%를 차지하며, C등급(위험)이 47동으로 전체의 36%를 나타내었다.

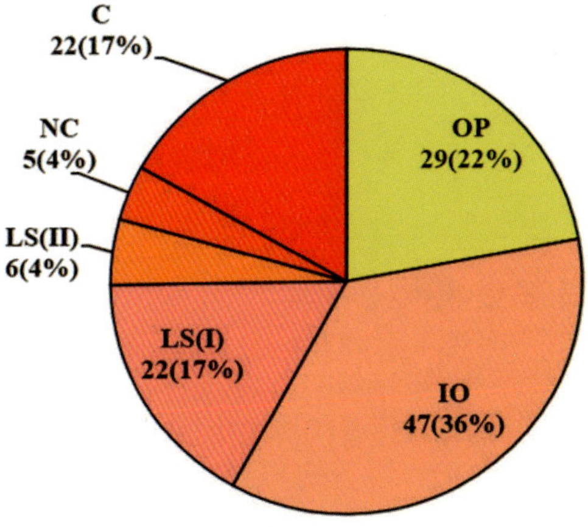

(a) 기둥의 손상도

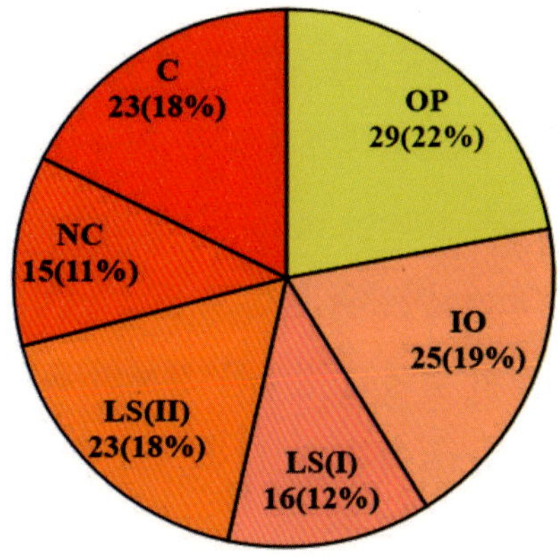

(b) 전단벽 코어의 손상도

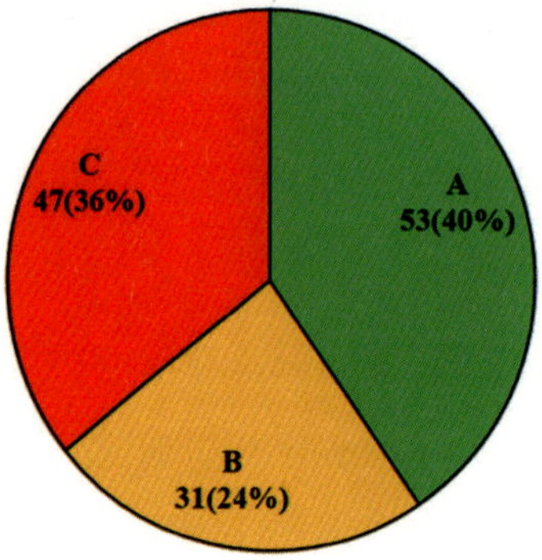

(c) 건축물 전체의 손상도

그림 6.3.1 부재별손상도와 건축물 전체의 손상도 (소방방재청, 2012)

내진성능평가지침(2004)에 의한 131개동 필로티건축물의 피해조사결과를 종합하여 그림 6.3.2에 나타내었다. 그림 6.3.2 (a)는 필로티층에 위치한 철근콘크리트기둥 부재의 손상도, 그림 6.3.2 (b)는 전단벽 코어의 손상도, 그림 6.3.2 (c)에는 기둥부재와 전단벽 코어의 손상을 종합하여 얻어진 손상도 결과를 나타내었다.

기둥부재의 경우 전체 기둥의 21%가 비구조재의 피해만 발생하고 균열은 발생하지 않은 기능유지의 수준, 34%가 균열폭 0.2mm 미만의 손상도 I, 24%가 균열폭 0.2~1.0mm의 손상도 II, 4%가 균열폭 1.0~2.0mm의 손상도 III, 5%가 균열폭 2.0mm 이상의 손상도 IV, 12%가 손상도 V를 나타내었다. 전단벽 코어의 경우 전체의 22%가 비구조재의 피해만 발생하고 균열은 발생하지 않은 기능유지의 수준, 19%가 균열폭 0.2mm 미만의 손상도 I, 30%가 균열폭 0.2~1.0mm의 손상도 II, 14%가 균열폭 1.0~2.0mm의 손상도 III, 8%가 균열폭 2.0mm 이상의 손상도 IV, 7%가 손상도 V를 보였다. 기둥부재와 전단벽 코어의 손상을 종합하여 얻어진 건축물 전체의 손상도는 A등급(거주가능)이 53동으로 전체의 41%를 차지하며, B등급(위험)이 46동으로 전체의 35%를 차지하며, C등급(위험)이 32동으로 전체의 24%를 나타냈다.

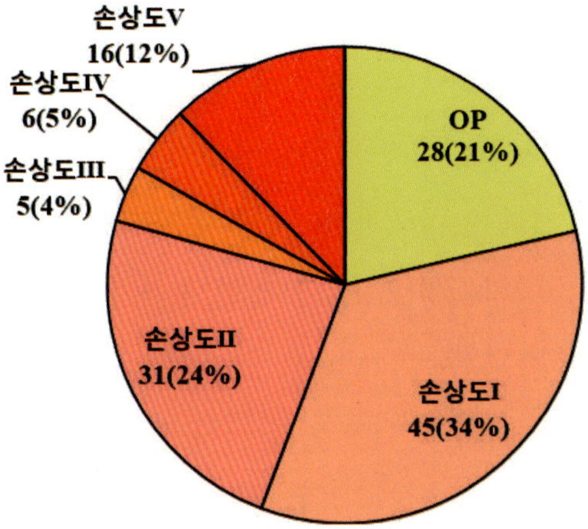

(a) 기둥의 손상도

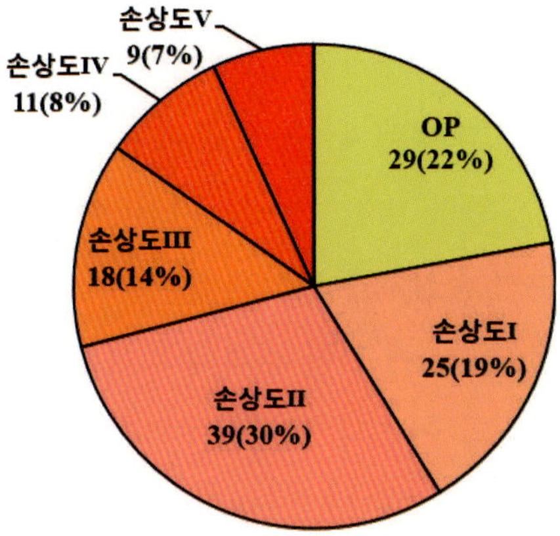

(b) 전단벽 코어의 손상도

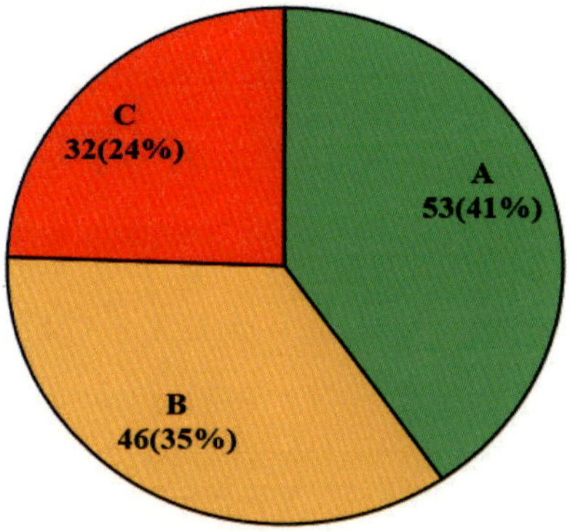

(c) 건축물 전체의 손상도

그림 6.3.2 부재별손상도와 건축물 전체의 손상도 (일본 내진성능평가지침, 2004)

내진성능평가지침(2004)와 소방방재청(2012)에 의한 손상도 평가결과를 비교하여 그림 6.3.3에 나타내었다. 기둥의 손상도를 비교한 그림 6.3.3 (a) 및 코어벽체의 손상도를 비교한 그림 6.3.3 (b)과 같이, 내진성능평가지침(2004)을 적용하여 평가한 경우는 LSI(손상도 II) 이하의 손상도를 나타낸 부재의 수가 소방방재청(2012)에 의한 평가보다 동등 또는 이상으로 나타났다. 반면, 손상도 III 이상의 심각한 손상을 나타낸 부재의 수는 소방방재청(2012)으로 평가한 경우에서 더 많은 빈도로 나타났다. 이는 소방방재청(2012)의 잔류균열폭에 따른 한계상태가 내진성능평가지침(2004)보다 엄격히 제시되어 있어, 동일한 균열폭에서도 내진성능평가지침(2004)의 손상레벨보다 한 단계 또는 두 단계 높은 손상수준으로 판정되었기 때문이다. 특히 붕괴수준의 손상도를 나타낸 기둥의 빈도는 소방방재청(2012)에 의한 평가가 내진성능평가지침(2004)에 의한 결과에 비해 40% 가량 증가되었다. 또한 붕괴수준의 손상도를 나타낸 코어벽체의 빈도는 소방방재청(2012)에 의한 평가가 내진성능평가지침(2004)에 의한 결과에 비해 160% 가량 증가되었다.

필로티층의 기둥과 코어벽체의 손상을 종합하여 결정된 건축물 전체의 손상도를 그림 6.3.3(c)에 비교하여 나타내었다. 각 평가기준에 의하여 손상도 I와 기능유지 수준으로 판정된 부재의 빈도가 유사하므로 A등급으로 판정된 건축물의 빈도는 유사한 것으로 나타내었다. 반면, B등급으로 판정된 건축물의 빈도는 소방방재청(2012)에 의한 평가가 내진성능평가지침(2004)에 의한 결과에 비해 35% 가량 감소했으며 C등급으로 판정된 건축물의 빈도는 내진성능평가지침(2004)에 의한 결과에 비해 50% 가량 증가되었다. 이는 부재별 손상도평가에서와 같이, 소방방재청(2012)의 잔류균열폭에 따른 한계상태가 내진성능평가지침(2004)에 비해 보수적으로 평가하기 때문인 것으로 판단된다.

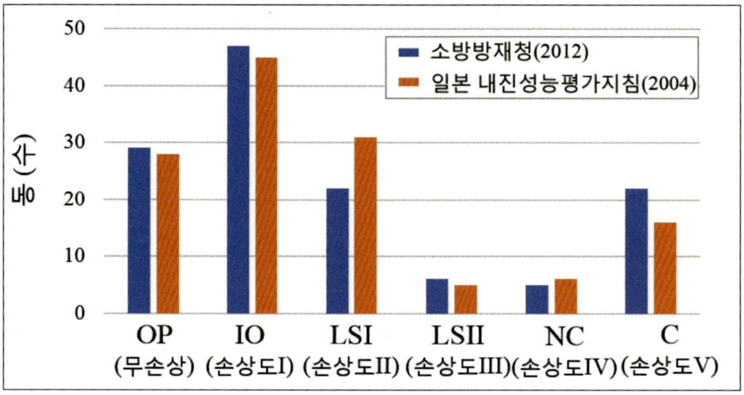

(a) 기둥의 손상도

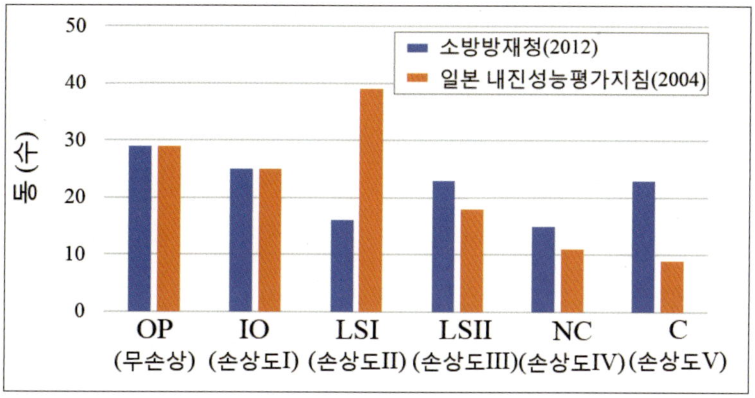

(b) 전단벽 코어의 손상도

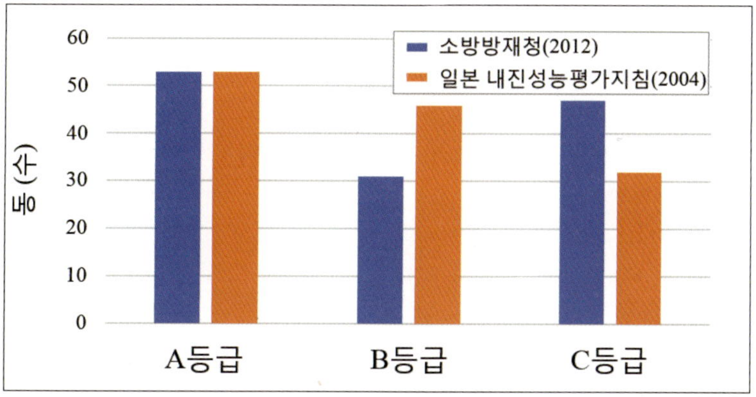

(c) 건축물 전체의 손상도

그림 6.3.3 평가기준에 따른 손상도 판정결과의 비교

6.4 필로티건축물 지진피해사례

포항지진으로 인한 필로티건축물의 지진피해는 크게 다음과 같은 형태로 발생하였다. 첫째, 주요구조부재의 피해는 필로티층에 위치하는 철근콘크리트기둥과 전단벽 코어에 집중적으로 나타났다. 둘째, 코어에 위치한 조적벽체 또는 필로티층에 위치하는 주요구조부재 사이에 배치된 대부분의 조적벽체에서 전단균열 및 파괴가 나타났다. 또한 조적벽체와 철근콘크리트 부재간의 이종재료간 계면부에 균열 및 전단벽 코어의 개구부주변으로 전단균열이 나타났다.

주요구조부재의 손상뿐만 아니라 비구조재의 손상도 다양한 형태로 나타났다. 비구조재의 손상은 크게 건축 비구조요소, 기계 및 전기 비구조요소, 건축 외 비구조요소의 피해로 구분할 수 있다. 건축 비구조요소의 손상은 주로 1. 필로티층의 천장재와 천장재 틀의 균열 및 탈락과 같은 천장재 요소의 손상, 2. 내부타일 마감재 및 미장균열, 탈락과 같은 내장재 요소의 손상, 3. 조적치장벽 및 패러핏 전도, 낙하와 같은 외장재요소의 손상으로 나타났다. 그 외에도 외부에 노출된 가스관에서 변형과 파손이 발생하였으며 조적 또는 블록벽으로 구성된 담장전도와 같은 피해가 조사되었다.

◦ 필로티층 철근콘크리트기둥 부재의 균열 및 파괴
  – 전단 및 비틀림균열, 파괴 (그림 6.4.1)
  – 휨 및 휨압축균열, 파괴 (그림 6.4.2)

◦ 필로티층 철근콘크리트 전단벽 코어의 전단균열, 파괴 (그림 6.4.3)

◦ 조적벽체의 전단파괴 (그림 6.4.4)

◦ 이종재료간 계면, 개구부주변 균열 (그림 6.4.5)

◦ 비구조재의 균열, 탈락, 파열

1) 건축 비구조요소 (그림 6.4.6)

- 천장재
  - 천장재 및 천장재 틀의 균열, 탈락
- 내장재
  - 내부타일 마감재균열, 탈락, 파열
  - 미장균열(내장재, 외장재 공통)
  - 문틀 틀어짐

- 외장재
  - 조적치장벽 탈락 및 낙하
  - 조적 패러핏 전도 (배관 및 전선 추가피해)
  - 유리마감재 파손

2) 기계 및 전기 비구조요소 (그림 6.4.7)

- 배관 및 공기조화설비(HVAC) 시스템
  - 외부 노출 가스관의 변형 및 파손

3) 건축 외 비구조요소 (그림 6.4.8)

- 건물 외 구조물
  - 조적 또는 블록벽으로 구성된 담장전도

그림 6.4.1에는 필로티층에 위치하는 주요구조부재의 피해사례를 나타내었으며 그림 6.4.2에는 비구조요소의 피해를 구분하여 나타내었다.

크리스탈

그림 6.4.1 필로티층 철근콘크리트기둥 부재의 전단 및 비틀림균열, 파괴

그림 6.4.2 필로티층 철근콘크리트기둥 부재의 휨 및 휨압축균열, 파괴

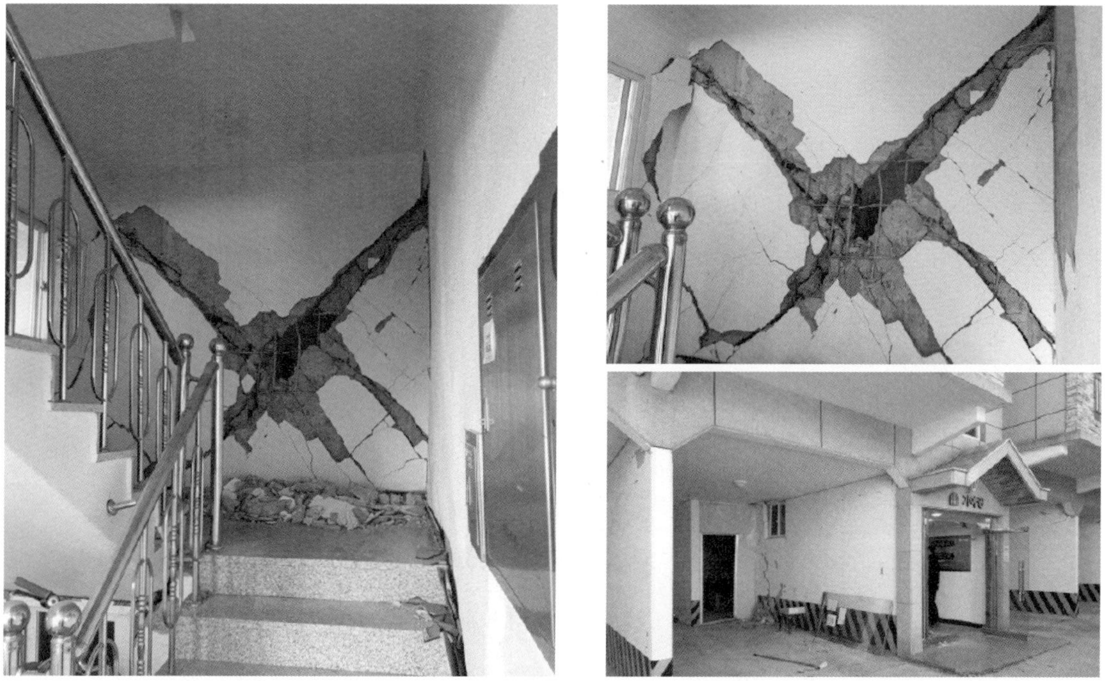

그림 6.4.3 필로티층 철근콘크리트 전단벽 코어의 전단균열, 파괴

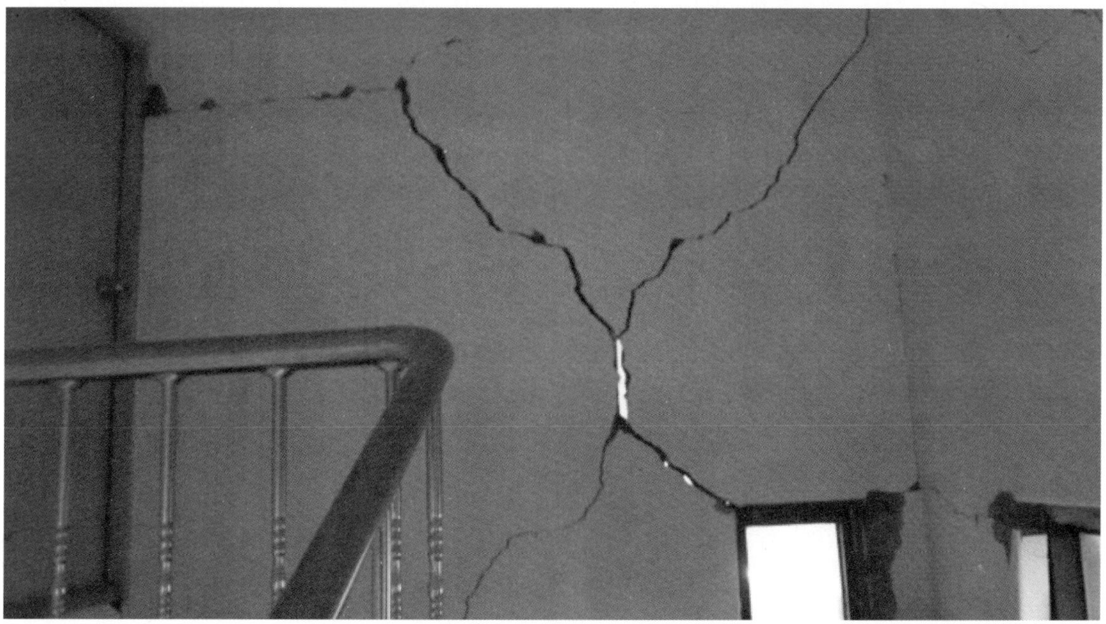

그림 6.4.4 조적벽체의 전단파괴

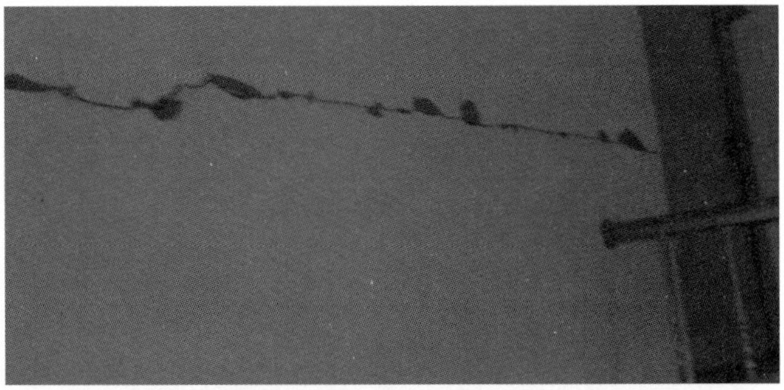

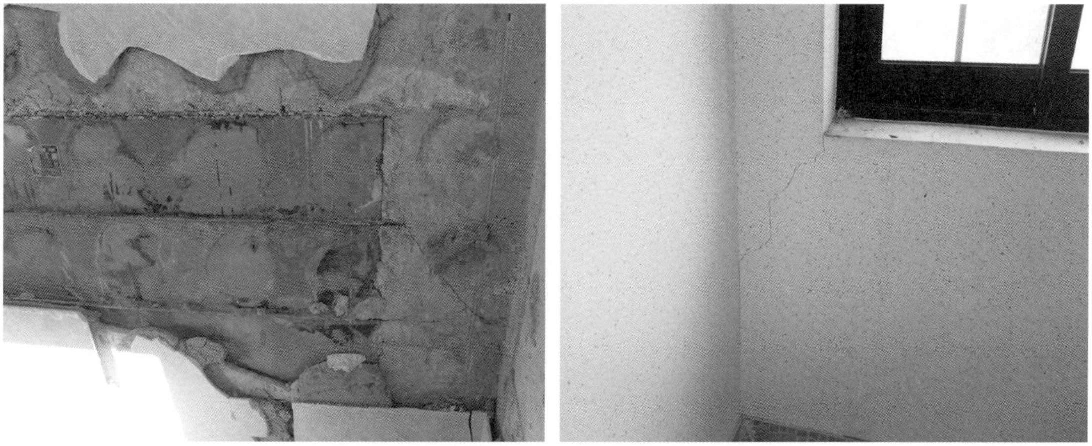

그림 6.4.5 이종재료간 계면, 개구부주변 균열

(a) 천장재 및 천장재 틀의 균열, 탈락

(b) 내부타일 마감재 균열, 탈락, 파열

그림 6.4.6 건축 비구조요소 피해

그림 6.4.7 기계 및 전기 비구조요소 피해

그림 6.4.8 건축 외 비구조요소 피해

6.5 필로티건축물 손상도 상세평가

본 절에서는 조사대상 건축물 중 C등급으로 판정된, 손상이 심각하게 발생한 9동에 대하여 상세평가를 실시한 결과를 나타냈다. 각 건축물에 대하여 필로티층 구조부재 배치도, 총 기둥개수, 기둥부재의 균열폭 및 손상, 비구조재의 피해, 전단벽 코어의 균열폭 및 손상을 표 6.5.1 ~ 표 6.5.9에 정리하였다. 필로티층의 구조부재에 발생한 손상정도에 따라 배치도에 구분하여 표시하였다. 또한 기둥–보 접합부의 손상 및 지반파괴와 부동침하에 의한 잔류변형각을 조사한 결과를 함께 나타내었다.

C등급을 받은 대부분의 건축물은 주로 코어에서 가장 멀리 위치한 기둥부재에서 붕괴직전(NC) 또는 붕괴수준(C)의 손상이 발생하였고 마찬가지로 코어의 손상 또한 최대 잔류균열폭 5.0mm 이상의 심각한 수준을 나타냈다. 이는 필로티층의 기둥과 전단벽 코어와 같은 주요 구조부재의 배치에 따라 결정되는 강심의 위치와 필로티 상부구조의 무게중심간 편심으로 인하여 필로티층의 비틀림거동이 지배적으로 나타났고, 이때 강성이 큰 전단벽 코어

에서 멀리 위치한 기둥부재가 비틀림으로 인하여 변형 또는 파단된 것으로 판단된다.

필로티층의 편심 크기로 인한 피해의 정도는 표 6.5.4와 표 6.5.5에 나타낸 MG1(정리번호 #128), MG2(#129) 두 건축물에서 극명한 차이를 보였다. 두 건축물은 주차공간을 사이에 두고 인접해 있다. 그러나 MG1 건축물의 피해정도는 MG2 건축물에 비하여 매우 심각하게 나타났으며 두 건축물의 피해양상 또한 뚜렷한 차이가 있는 것으로 조사되었다. 필로티층의 구조부재 배치도에 나타낸 바와 같이 MG1 건축물은 MG2에 비하여 더 확장된 필로티 상부구조 평면(흑색파선으로 표시)을 가지고 있다. 그러나 MG1 건축물은 MG2 건축물에 비하여 더 작은 코어 벽량을 가지고 있으며, 코어의 배치 또한 필로티층의 중심에서 크게 벗어나 있다.

두 건축물의 손상도 평가결과에 따르면 MG1 건축물의 경우 필로티층에 위치한 기둥 3개소가 비틀림으로 완파되어 기둥 전체의 13%가 붕괴수준인 것으로 나타나 기둥부재의 손상도를 종합한 결과 C등급으로 판정되었다. 또한 대부분의 기둥은 주두부 및 중간부에서 0.2mm 미만의 휨, 전단균열이 발생하여 즉시거주 수준에 해당하는 기둥은 전체의 약 50%에 해당하는 것으로 조사되었다. 또한 대부분의 보 부재에서 최대 약 1.0mm의 큰 균열폭의 휨균열이 관찰되었다. 코어의 경우 0.2mm~0.5mm의 전단균열이 발생하였고 내/외부 미장, 마감재와 같은 비구조요소의 피해가 발생되어 손상도는 B등급으로 판정되었다. 전체 구조부재의 손상도를 종합한 결과 C등급으로 판정되었다. 반면 MG2 건축물의 경우 12개의 기둥에서 미장, 마감재의 균열 등 비구조재 피해가 나타난 3개소 기둥을 제외하고 구조적 균열은 발견되지 않았다. 보 부재 및 접합부의 균열도 관찰되지 않았다. 코어의 경우 0.3mm~0.45mm의 전단균열이 발생하여 손상도는 B등급으로 판정되었으며 기둥부재를 고려한 종합손상도는 B등급으로 판정되었다. MG1 건축물의 경우 MG2 건축물에 비하여 더 작은 코어 벽량, 필로티층의 중심—강심간 편심거리로 인하여 구조적 손상이 더 크게 발생한 것으로 판단된다.

종합등급 C등급 판정을 받은 ETC(#130), AUT(#131), KRO(#32), MD(#22), BK(#23), AHS(#102), XSM(#123) 건축물 또한 코어의 편심배치로 인하여 외주부에 위치하는 대부분의 기둥이 완파되었으며 코어의 최대 잔류균열폭은 1.0mm~5.0mm의 큰 균열폭을 보였다.

표 6.5.1 필로티건축물 손상도 상세평가 (#130, ETC)

- 조사번호 : 130
- 건축물명 : ETC
- 주소 : 경북 포항시 법원로 51번길 00

〈필로티층 구조배치도〉

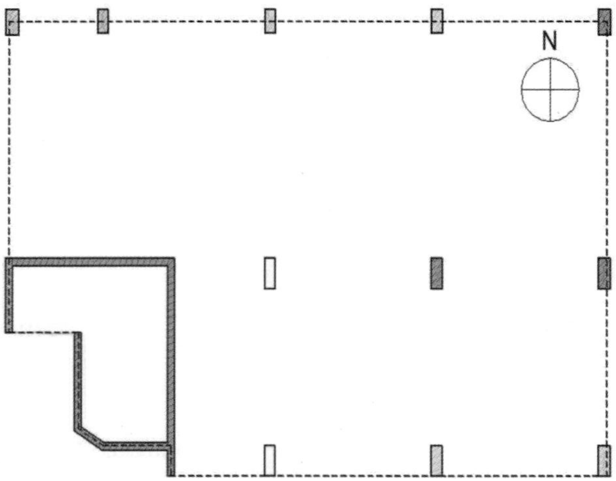

〈주요 구조부재 손상〉

- 기둥 전단 및 비틀림 파괴 (기둥 3개소 완파)
- 전단벽 코어 전단균열

〈손상도 상세평가〉

번호	건축물명	기둥										코어			종합판정	필로티층 잔류변형각	기타(보, 접합부)
		총기둥개수	손상도						NC/전체	C/전체	판정	최대균열	손상도	판정			
			비구조재손상	IO (즉시거주)	LS I (인명안전 I)	LS II (인명안전 II)	NC (붕괴직전)	C (붕괴)									
130	ETC	11	대부분의 기둥	3	1	2	0	3	0%	27%	C	1.0mm~3.0mm	C	C	C		-확인불가
			-미장, 마감재 균열 및 탈락	-주두 및 중간 휨, 전단균열(〈0.2mm)	-주각 및 주두 휨, 전단균열(0.3mm~0.4mm)	-주두 휨균열(0.7mm)		-휨, 전단균열(〉2.0mm)	A	C		-코어 내/외부 미장, 마감재 균열 및 탈락	C				

표 6.5.2 필로티건축물 손상도 상세평가 (#131, AUT)

- 조사번호 : 131
- 건축물명 : AUT
- 주소 : 경북 포항시 장량로 18번길 00

〈필로티층 구조배치도〉

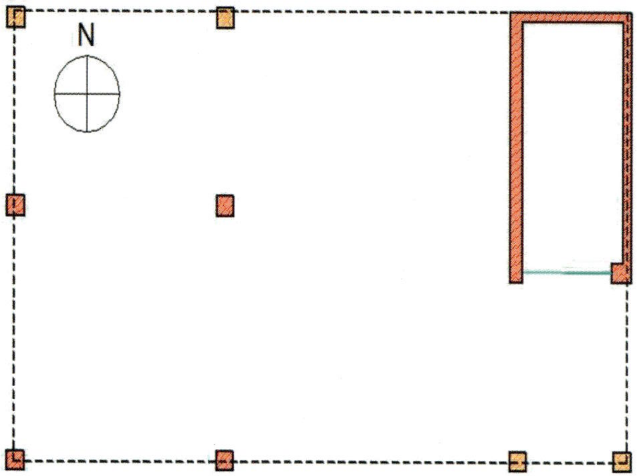

〈주요 구조부재 손상〉

- 기둥 전단 및 비틀림 파괴 (기둥 4개소 완파)
- 전단벽 코어 전단균열

〈손상도 상세평가〉

번	건축물명	기둥										코어			종합판정	필로티층 잔류변형각	기타 (보, 접합부)
		총기둥 개수	손상도						NC/전체	C/전체	판정	최대균열	손상도	판정			
			비구조재손상	IO (즉시거주)	LS I (인명안전 I)	LS II (인명안전 II)	NC (붕괴직전)	C (붕괴)									
131	AUT	8	대부분의 기둥	0	0	4	0	3	0%	38%	C	1.5mm~2.5mm	C	C	C		-대부분의 보 휨균열(<0.2mm)
			-미장, 마감재 균열 및 탈락			-주각 및 주두 휨, 전단균열(0.5mm~0.75mm)		-휨, 전단균열(>2.0mm)	A	C		-코어 내/외부 미장, 마감재 균열 및 탈락	C				

표 6.5.3 필로티건축물 손상도 상세평가 (#30, KRO)

- 조사번호 : 32
- 건축물명 : KRO
- 주소 : 경북 포항시 장량로 31번길 00

〈필로티층 구조배치도〉

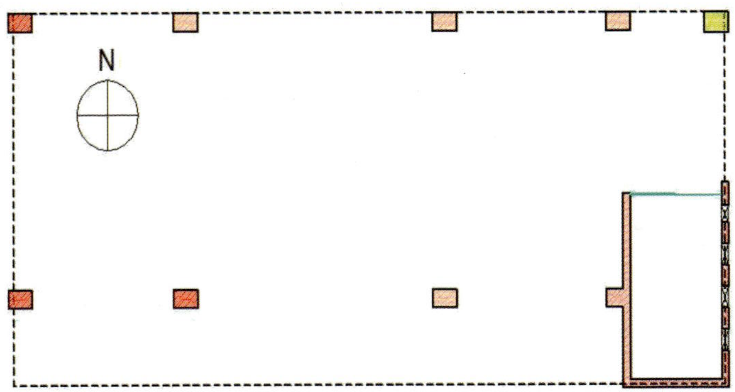

〈주요 구조부재 손상〉

- 기둥 전단 및 비틀림 파괴 (기둥 3개소 완파)
- 전단벽 코어 전단균열

〈손상도 상세평가〉

번	건축물명	기둥										코어			종합판정	필로티층 잔류변형각	기타(보, 접합부)
		총기둥 개수	손상도						NC/전체	C/전체	판정	최대균열	손상도	판정			
			비구조재손상	IO (즉시거주)	LS I (인명안전 I)	LS II (인명안전 II)	NC (붕괴직전)	C (붕괴)									
32	KRO	8	대부분의 기둥	4	0	0	0	3	0%	38%	C	확인불가	C	C	C	EW:1.01%rad, NS:0.70%rad	- 천장재 균열 및 탈락, 보 및 접합부 손상 확인불가
			-미장, 마감재 균열 및 탈락	-중간 및 주두 휨, 전단균열(<0.2mm)				-휨, 전단균열(>2.0mm)	A	C		-코어 내/외부 미장, 마감재 균열 및 탈락	C				

표 6.5.4 필로티건축물 손상도 상세평가 (#128, MG1)

- 조사번호 : 128
- 건축물명 : MG1
- 주소 : 경북 포항시 북구 항도길 00

〈필로티층 구조배치도〉	〈주요 구조부재 손상〉
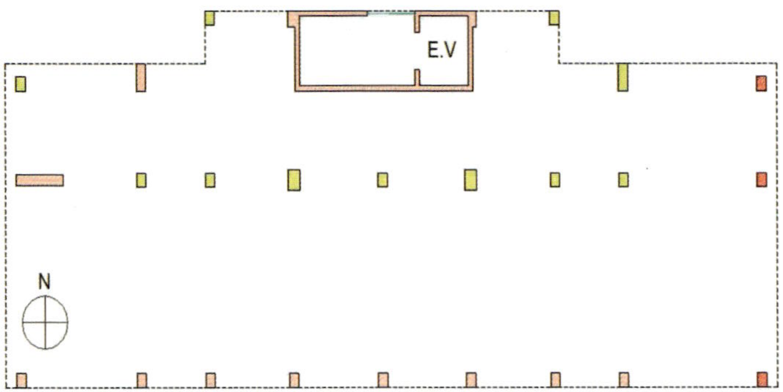	 

좌 : 기둥 주철근 좌굴

우 : 전단벽 코어 전단균열

〈손상도 상세평가〉

번	건축물명	기둥											코어			종합판정	필로티층 잔류변형각	기타 (보, 접합부)
		총기둥 개수	손상도						NC/전체	C/전체	판정		최대균열	손상도	판정			
			비구조재손상	IO (즉시거주)	LS I (인명안전 I)	LS II (인명안전 II)	NC (붕괴직전)	C (붕괴)										
128	MG1	24	대부분의 기둥	10	0	0	0	3	0%	13%	C		0.2mm~0.5mm	LSII	B	C	EW:0.15%rad, NS:0.36%rad	- 보 휨균열 (0.2mm~0.8mm)
			-미장, 마감재 균열 및 탈락	-주두 및 중간 휨, 전단균열(<0.2mm)				-휨, 전단균열(>2.0mm)	A	C			-코어 내/외부 미장, 마감재 균열 및 탈락	B				

표 6.5.5 필로티건축물 손상도 상세평가 (#129, MG2)

- 조사번호 : 129
- 건축물명 : MG2
- 주소 : 경북 포항시 북구 항도길 00

〈필로티층 구조배치도〉

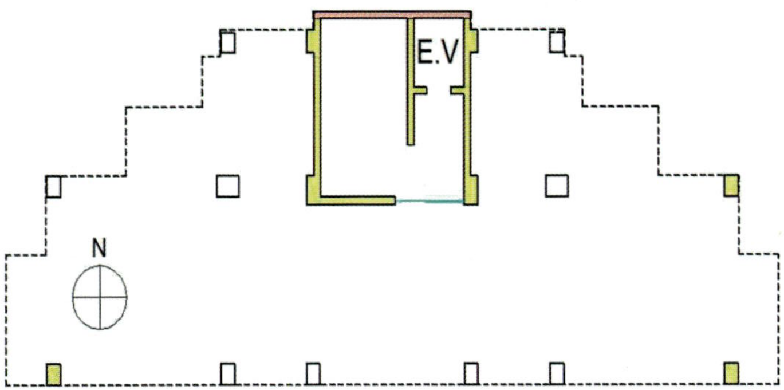

〈주요 구조부재 손상〉

좌 : 전단벽 코어 전단균열
우 : 기둥주각부 휨균열

〈손상도 상세평가〉

번	건축물명	기둥										코어			종합 판정	필로티층 잔류변형각	기타(보, 접합부)
		총기둥 개수	손상도						NC/전체	C/전체	판정	최대균열	손상도	판정			
			비구조재손상	IO (즉시거주)	LS I (인명안전 I)	LS II (인명안전 II)	NC (붕괴직전)	C (붕괴)									
129	MG2	12	3	0	0	0	0	0	0%	0%	A	0.3mm~0.45mm	LSI	B	B	EW:0.18%rad, NS:0.21%rad	-보 및 접합부 무손상
			-미장, 마감재 균열 및 탈락						A	A		-코어 내/외부 미장, 마감재 균열 및 탈락	B				

표 6.5.6필로티건축물 손상도 상세평가 (#22, MD)

- 조사번호 : 22
- 건축물명 : MD
- 주소 : 경북 포항시 북구 장량로 17번길 00

〈필로티층 구조배치도〉

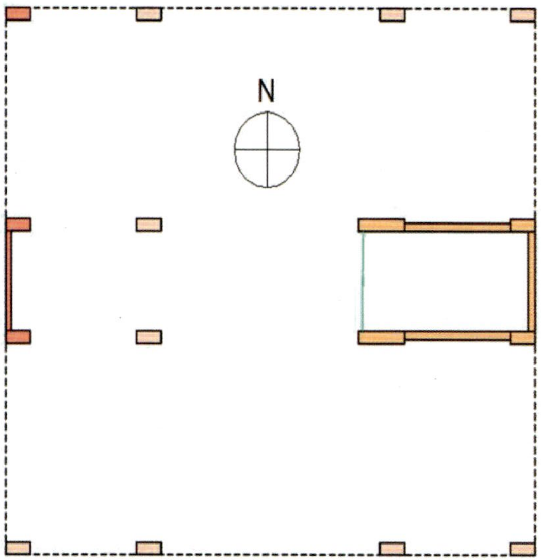

〈주요 구조부재 손상〉

- 기둥 전단 및 비틀림 파괴

〈손상도 상세평가〉

번	건축물명	기둥										코어			종합판정	필로티층 잔류변형각	기타(보, 접합부)
		총기둥	손상도						NC/전체	C/전체	판정	최대균열	손상도	판정			
		개수	비구조재손상	IO (즉시거주)	LS I (인명안전 I)	LS II (인명안전 II)	NC (붕괴직전)	C (붕괴)									
22	MD	12	대부분의 기둥	9	0	0	0	3	0%	25%	C	0.6mm	LSII	B	C		-확인불가
			-미장, 마감재 균열 및 탈락	-휨, 전단균열(<0.2mm)				-휨, 전단균열(>2.0mm)	A	C		-코어 내/외부 미장, 마감재 균열 및 탈락	B				

표 6.5.7 필로티건축물 손상도 상세평가 (#23, BK)

- 조사번호 : 23
- 건축물명 : BK
- 주소 : 경북 포항시 북구 장량로 17번길 00

〈필로티층 구조배치도〉

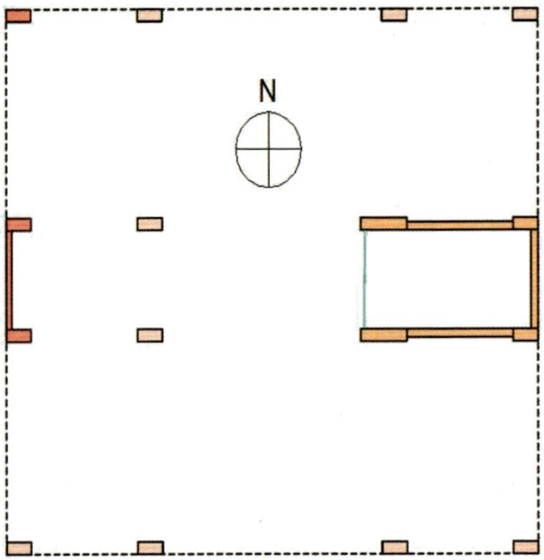

〈주요 구조부재 손상〉

좌(위) : 기둥 전단 및 비틀림 파괴
좌(아래) : 기둥주각부 휨압축 균열, 미장 탈락
우 : 전단벽 전단균열

〈손상도 상세평가〉

번	건축물명	기둥											코어			종합 판정	필로티층 잔류변형각	기타(보, 접합부)
		총기둥 개수	손상도						NC/전체	C/전체	판정	최대균열	손상도	판정				
			비구조재손상	IO (즉시거주)	LS I (인명안전 I)	LS II (인명안전 II)	NC (붕괴직전)	C (붕괴)										
23	BK	12	대부분의 기둥	9	0	0	0	3	0%	25%	C	0.6mm	LSII	B	C		-확인불가
			-미장, 마감재 균열 및 탈락	-휨, 전단균열(〈0.2mm)				-휨, 전단균열(〉2.0mm), -기둥 사이 전단벽 전단균열(15mm)	A	C		-코어 내/외부 미장, 마감재 균열 및 탈락	B				

표 6.5.8 필로티건축물 손상도 상세평가 (#102, AHS)

- 조사번호 : 102
- 건축물명 : AHS
- 주소 : 경북 포항시 북구 장량로 32번길 00-00

〈필로티층 구조배치도〉

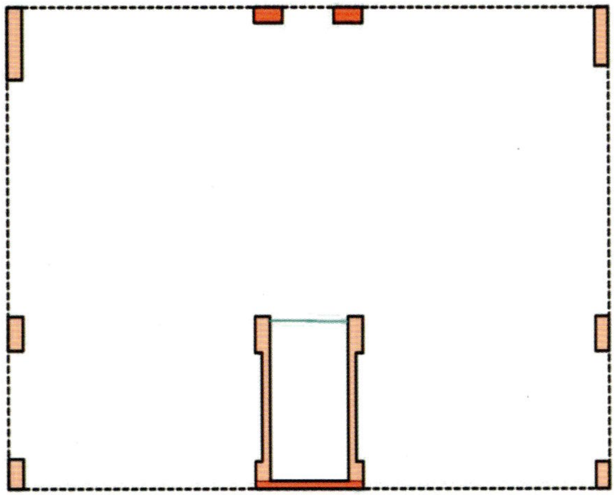

〈주요 구조부재 손상〉

좌 : 기둥 전단 및 비틀림 파괴, 주철근 좌굴
우 : 전단벽 코어 전단균열

〈손상도 상세평가〉

번	건축물명	기둥											코어			종합 판정	필로티층 잔류변형각	기타(보, 접합부)
		총기둥 개수	손상도						NC/전체	C/전체	판정	최대균열	손상도	판정			
			비구조재손상	IO (즉시거주)	LS I (인명안전 I)	LS II (인명안전 II)	NC (붕괴직전)	C (붕괴)									
102	AHS	8	대부분의 기둥	6	0	0	0	2	0%	25%	C	1.0mm~5.0mm	C	C	C		-대부분의 보 휨균열(<0.2mm), 필로티층 천장재 균열 및 탈락
			-미장, 마감재 균열 및 탈락	-주각 휨, 전단균열 (0.08mm~0.1mm)				-전단균열(>2.0mm)	A	C		-코어 내/외부 미장, 마감재 균열 및 탈락	C				

표 6.5.9 필로티건축물 손상도 상세평가 (#123, XSM)

- 조사번호 : 123
- 건축물명 : XSM
- 주소 : 경북 포항시 북구 법원로 51번길 00

〈필로티층 구조배치도〉

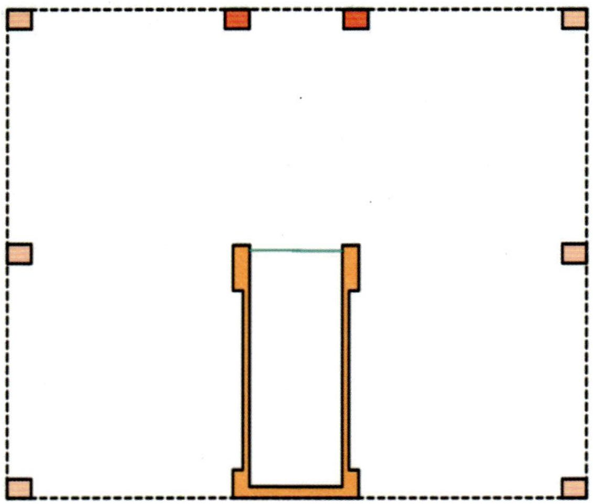

〈주요 구조부재 손상〉

좌 : 기둥 전단 및 비틀림 파괴
우 : 전단벽 코어 전단균열

〈손상도 상세평가〉

번	건축물명	기둥											코어			종합 판정	필로티층 잔류변형각	기타(보, 접합부)
		총기둥 개수	손상도						NC/전체	C/전체	판정		최대균열	손상도	판정			
			비구조재손상	IO (즉시거주)	LS I (인명안전 I)	LS II (인명안전 II)	NC (붕괴직전)	C (붕괴)										
123	XSM	8	대부분의 기둥	3	3	0	0	2	0%	25%	C		1.0mm	NC	C	C		- 보 휨균열(0.2mm)
			-미장, 마감재 균열 및 탈락	-주두 및 주각 압축, 휨균열(0.1mm)	-주두 휨균열(0.4mm)			-주각 및 주두 전단, 휨, 압축균열(2.0mm~15mm)	A	C			-코어 내/외부 미장, 마감재 균열 및 탈락	C				

그림 6.5.1에는 ETC(#130), AUT(#131), KRO(#32), MG1(#128), MG2(#129) 건축물에 대하여 방향별로 필로티층의 밑면전단력—변위관계를 표시했다. X방향은 장변방향을, Y방향은 단변방향을 의미한다. 전체 하중—변위관계는 필로티층에 배치되어 있는 기둥부재와 전단벽 코어 등 각 부재의 하중—변위관계를 누적한 것이다. 재료특성 및 부재의 항복내력, 강성은 한국시설안전공단의 '기존시설물(건축물) 내진성능 평가요령(2011)'예비평가 및 소방방재청의 '건축물 내진성능평가 가이드라인(2012)'2단계 상세평가를 참고하여 산정하였다.

필로티층 항복점(Y점)에서의 내력과 변위를 그림 6.5.1에 표시하였다. 필로티층의 항복변위는 강성이 큰 코어벽체에 의해 결정되며 항복내력은 항복변위에서의 코어벽체와 기둥부재의 저항을 합한 값이다. 코어벽체 항복 후 상대적으로 작은 강성을 가지는 기둥부재에 의하여 2차 강성이 발현된다. 필로티층의 변위가 증가하여 모든 기둥부재가 순차적으로 항복하면 필로티층은 저항능력을 상실한다. 2층 이상의 상층부를 강체로 가정하고 지진력에 의한 이력거동을 필로티층의 기둥과 코어벽체에만 의한 것으로 가정하면 필로티건축물은 일반적으로 삼선형 거동을 나타낸다.

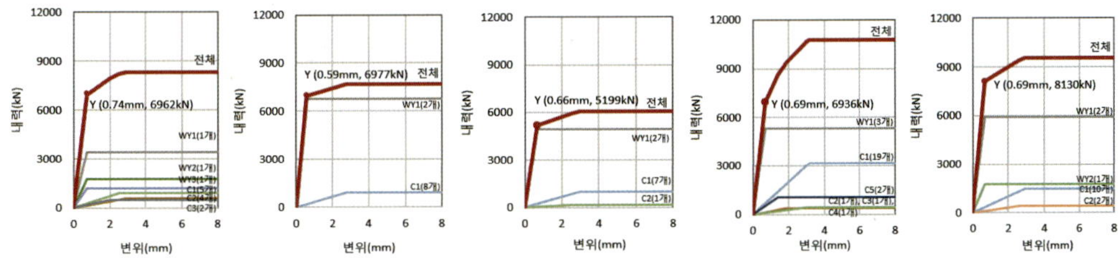

①ETC(#130) ②AUT(#131) ③KRO(#32) ④MG1(#128) ⑤MG2(#129)

(a) 단변방향

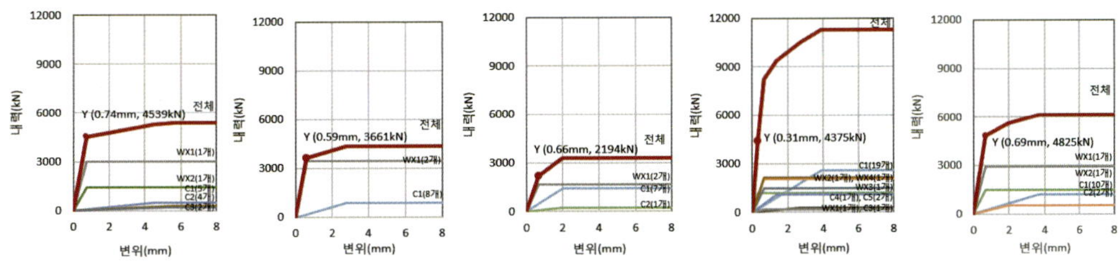

①ETC(#130) ②AUT(#131) ③KRO(#32) ④MG1(#128) ⑤MG2(#129)

(b) 장변방향

그림 6.5.1 필로티층의 밑면전단력—변위관계

그림 6.5.2에는 손상 판정등급에 따른 밑면전단력계수의 분포를 방향별로 나타내었다. 그림 6.5.2 (a)는 구조물의 피해수준에 따라 단변방향으로의 밑면전단력계수를, 그림 6.5.2 (b)는 장변방향으로의 밑면전단력계수를 나타내었다. 밑면전단력계수는 각 필로티건축물의 상층부 무게에 대한 필로티층의 항복내력(Y점)을 비로 나타낸 것으로, 밑면전단력(Base shear force)을 무차원화한 것이다. 따라서 밑면전단력계수는 구조물의 규모에 관계없이 수평력에 대한 필로티층의 저항성능을 의미한다. 상층부 무게는 1.6tf/m^{2}으로 가정하였다.

그림 6.5.2 (a), (b)에서 A등급으로 판정된 건축물의 경우 손상이 상대적으로 많이 발생한 B, C등급 건축물에 비하여 양 방향 모두에서 밑면전단력계수가 더 크게 나타났다. B등급과 C등급은 단변방향으로는 비슷한 분포를 나타냈으나 장변방향의 경우 B등급에 비하여 C등급이 평균 30% 가량 작은 것으로 분석되었다. 또한 C등급 건축물은 A, B등급에 비하여 단변 및 장변방향으로의 밑면전단력계수의 분포범위가 좁게 국한되어 나타났다. 그림 6.5.2 (c) 및 그림 6.5.3은 단변 및 장변방향으로의 밑면전단력계수 중 최소치에 대한 분포를 나타내었다. B, C등급 건축물의 최소 밑면전단력계수의 평균치는 A등급 건축물에 비하여 47% 작게 나타났다. C등급 건축물은 B등급과 평균치는 유사하게 나타나지만 중위값은 C등급이 B등급에 비하여 약 5% 낮게 나타났다. 또한 C등급 건축물의 최소 밑면전단력계수의 분포 범위는 A, B등급에 비하여 좁게 나왔다.

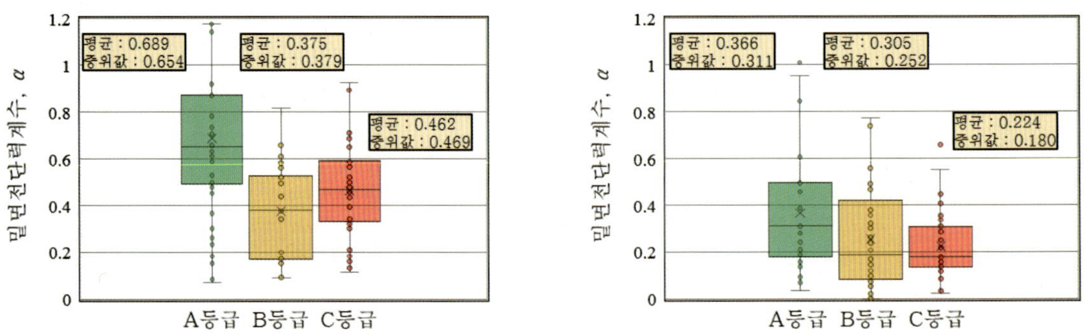

(a) 단변방향 (b) 장변방향

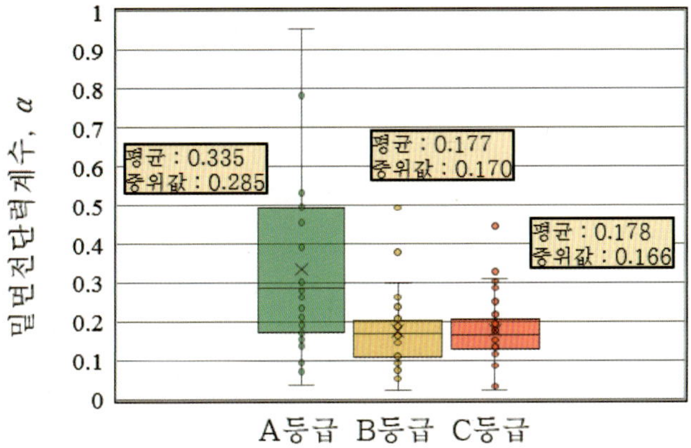

(c) 단변 및 장변방향 중 최소치

그림 6.5.2 손상 판정등급에 따른 밑면전단력계수 분포

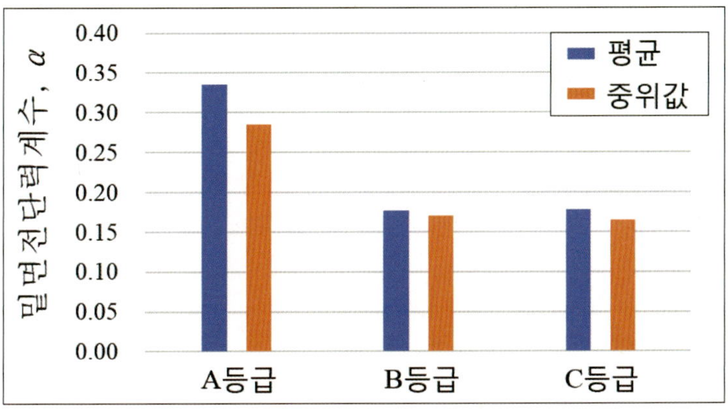

그림 6.5.3 최소 밑면전단력계수의 평균 및 중위값

그림 6.5.4은 단변방향과 장변방향의 밑면전단력계수를 대응시켜 플롯한 것이다. 그래프의 가로축은 단변방향으로의 밑면전단력계수, 세로축은 장변방향의 밑면전단력계수를 의미한다. 131개동 전체를 나타낸 그림 6.5.4 (a)와 같이 A등급 건축물은 B, C등급 건축물에 비하여 양 방향 모두에서 밑면전단력계수의 값이 크게 분포하고 있으며 특히 C등급 건축물의 경우 장변방향으로의 밑면전단력계수 분포가 A, B등급 건축물에 비해 확연히 낮게 나타났다. 등급별 평균치를 나타낸 그림 6.5.4 (b)에서, B등급과 C등급 건축물은 단변방향으로는 비슷한 값을 나타냈으나 장변방향으로는 C등급 건축물이 약 30% 정도 낮은 것으로 분

석되었다. A등급 건축물은 양 방향으로 B, C등급에 비하여 평균 1.5배 이상 크게 나타났다. B등급으로 판정된 건축물은 A등급의 밑면전단력계수에 비하여 단변 및 장변방향으로 각각 43%, 36% 작게 나타내었고 C등급은 A등급에 비하여 단변방향으로 33%, 장변방향으로 60% 작게 측정되었다.

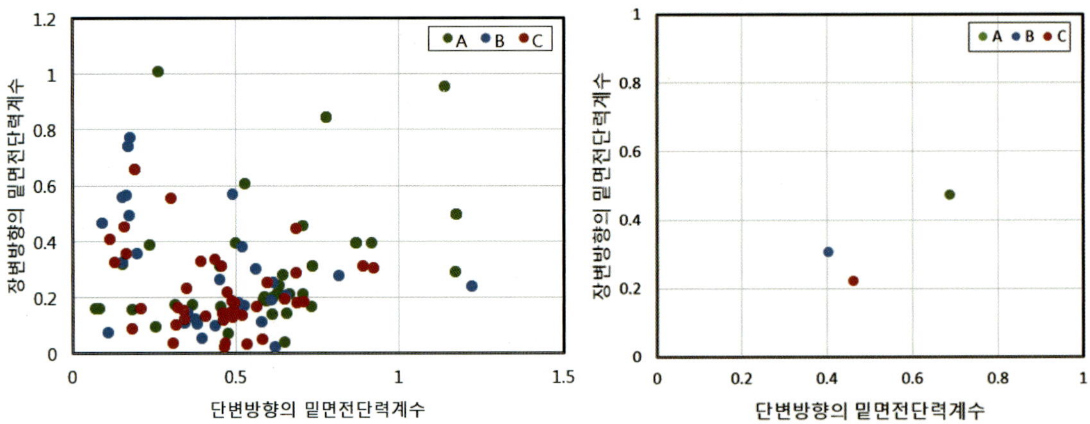

(a) 전체 (b) 평균치

그림 6.5.4 단변 및 장변방향의 밑면전단력계수 대응

6.6 필로티건축물 지진피해원인 분석

포항지진으로 인한 필로티건축물의 지진피해사례로부터 지진피해의 원인을 도출하여 다음과 같이 분류하였다. 각 원인별 세부사항을 6.6.1절 ~ 6.6.6절에 기술하였다.

· 건축평면(필로티층)의 부적절성 (6.6.1절)

· 전단보강근의 135°갈고리 시공불량 (6.6.2절)

· 전단보강근의 간격 불량 (6.6.3절)

· 전단보강근의 위치 불량 (주철근 내부 시공) (6.6.4절)

· 콘크리트 과다 피복두께 (6.6.5절)

· 기타 (6.6.6절)

6.6.1 건축평면(필로티층)의 부적절성

포항시 북구 양덕동에 위치한 블OOO 빌라의 필로티층의 구조부재 배치도를 그림 6.6.1에 나타냈다. 그림 6.6.1의 흑색 파선은 2층부터 지붕층까지의 평면구획을 의미한다. 필로티층의 기둥과 전단벽 코어와 같은 주요 구조부재의 배치는 필로티층의 비틀림을 완화하기 위하여 평면상 대칭으로 배열되거나 필로티 상부구조의 평면 선을 따라 평면 연단에 배치되는 것이 구조계획상 적절하나, 본 건축물의 평면은 전단벽 코어가 필로티 상부구조의 평면 중심에서 다소 벗어나 있으며 철근콘크리트 기둥의 배치도 코어를 중심으로 비대칭적으로 배열되어 있는 것으로 나타났다. 또한 상부구조의 연직하중을 지지하는 기둥부재는 평면에서 벗어나 배치되어 있고 기둥부재와 접합되는 철근콘크리트 보 부재의 단면은 다른 보 부재 단면과 동일한 것으로 조사되었다. 이러한 경우 외곽에 배치되는 기둥부재와 평면 연단 사이에 위치한 보 부재는 스팬이 매우 짧게 되므로 전단 파괴 매커니즘으로 발현할 가능성이 높다.

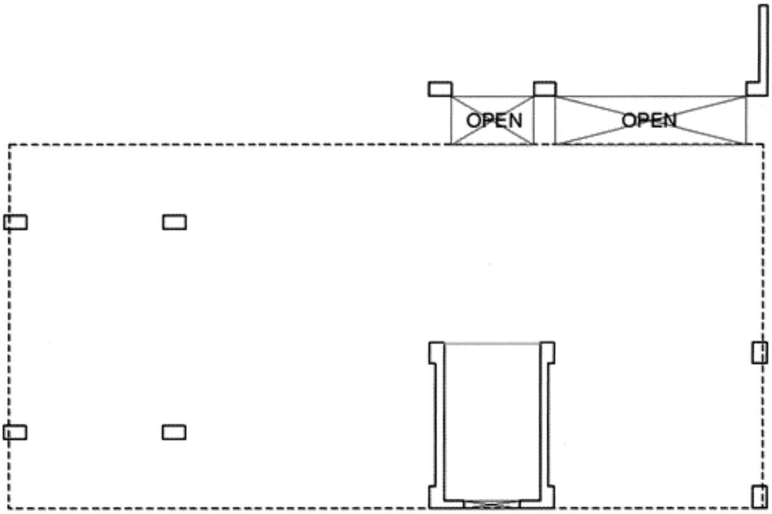

그림 6.6.1 블OOO 빌라 필로티층의 구조부재 배치

그림 6.6.2에 블OOO 빌라의 지진피해를 나타내었다. 필로티 상부구조 평면에서 벗어나 있는 3개의 기둥부재와 평면 연단 사이에 위치한 모든 보 부재에서 심각한 전단파괴가 발

생한 것으로 조사되었으며 부재의 파단으로 인하여 주철근 좌굴 및 전단보강근 변형이 발생하였다. 보 부재의 파단으로 인하여 외곽에 위치한 기둥부재는 연직하중 지지능력을 상실하게 되므로 H형강 및 강재 서포트를 설치하여 임시 보강하였다.

그림 6.6.2 블OOO 빌라 지진피해 현황

다음은 포항시 북구 항도길 00에 위치한 MG1(정리번호 #128), MG2(#129)의 건축물 전경을 그림 6.6.3 (a)에 나타내었다. 두 건축물은 주차공간을 사이에 두고 인접해있다. 그러나 MG1 건축물의 피해가 MG2 건축물에 비하여 매우 심각하게 나타났으며 6.5절에 전술한 바와 같이 두 건축물의 손상정도는 극명하게 차이가 나는 것으로 조사되었다.

MG1 건축물의 필로티층 구조부재 배치(그림 6.6.3(b)) 및 필로티층 평면도(그림 6.6.4)에 보여진 바와 같이 MG1 건축물은 MG2에 비하여 더 확장된 필로티 상부구조 평면을 가지고 있다. 반면 MG1 건축물은 MG2 건축물에 비하여 더 작은 코어 벽량을 가지는 것으로 확인되었다. 또한 MG1 건축물의 장변 및 단변방향으로의 편심거리는 각각 1.3m, 2.4m로 MG2 건축물의 0.2m, 1.9m에 비하여 약 6.5배 이상 크게 조사되었다.

(a) MG1, MG2 건축물 전경

(b) MG1 건축물의 필로티층 구조부재 배치현황

그림 6.6.3 MG1, MG2 건축물 전경

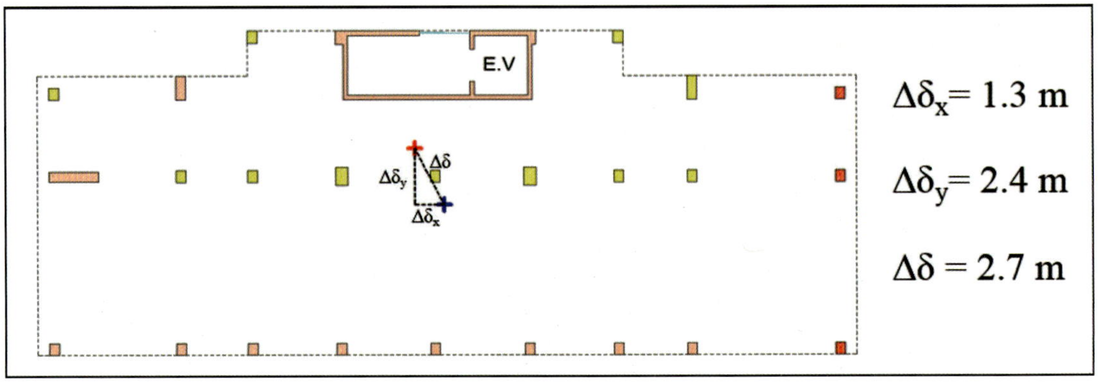

(a) MG1 건축물의 필로티층 편심거리

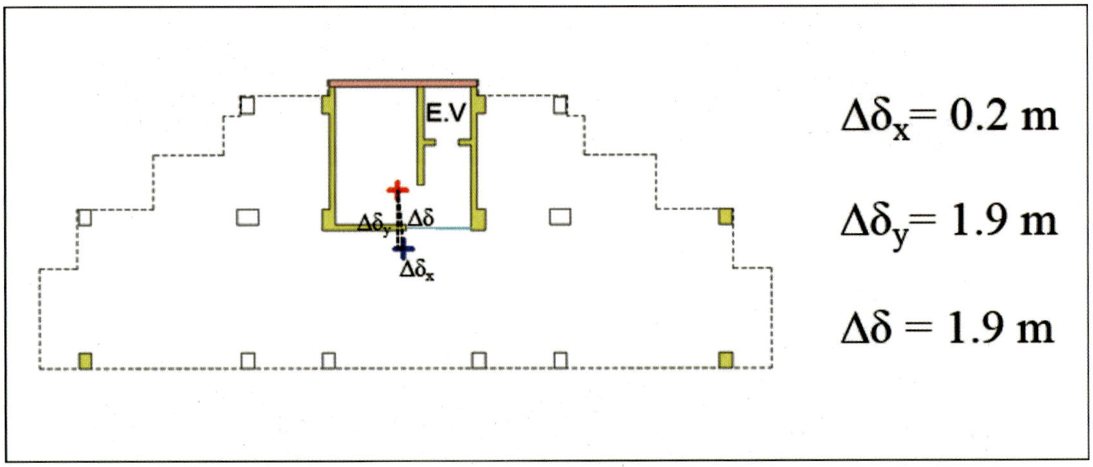

(b) MG2 건축물의 필로티층 편심거리

그림 6.6.4 MG1, MG2 건축물의 필로티층 편심거리 비교

필로티층의 기둥과 전단벽 코어와 같은 주요 구조부재의 배치에 따라 결정되는 강심 위치와 필로티 상부구조의 무게중심간 편심이 크게 될수록 필로티층의 비틀림 변형이 지배적으로 나타난다. 이때 필로티층의 강심에서 멀리 위치한 기둥부재는 비틀림으로 인한 변형 또는 파단이 나타날 가능성이 높다. MG1 건축물의 손상 정도를 표시한 그림 6.6.4 (a)와 같이 코어에서 동쪽으로 가장 멀리 위치한 기둥 3개소(적색)가 완파되었다. 반면 MG2 건축물의 경우 12개의 기둥에서 미장, 마감재의 균열 등 비구조재 피해가 나타난 3개소 기둥을 제외하고 구조적 균열은 나타나지 않았다. 보 부재 및 접합부의 균열도 관찰되지 않았다. 코

어의 경우 0.3mm~0.45mm의 전단균열이 발생하여 손상도는 B등급으로 판정되었으며 기둥부재를 고려한 종합손상도는 B등급으로 판정되었다. MG1 건축물의 경우 MG2 건축물에 비하여 더 작은 코어 벽량, 필로티층의 중심–강심간 편심거리로 인하여 구조적손상이 더 크게 발생한 것으로 판단된다.

그림 6.6.5에는 ETC(#130), AUT(#131), KRO(#32) 건축물의 필로티층의 편심거리를 나타내었다. 6.5절의 상세평가에 기술한 바와 같이 세 개의 건축물은 모두 종합등급 C로 판정된 케이스로, 기둥 3개 이상이 비틀림과 전단파괴로 인하여 완파되었으며 코어의 최대 잔류균열폭은 3.0mm로 나타나 C등급으로 판정되었다. MG1 건축물의 파괴 양상과 유사하게 필로티층의 중심–강심간 편심거리에 따른 비틀림거동으로 인하여 코어에서 가장 멀리 위치한 기둥에서 붕괴수준의 손상도를 보였다.

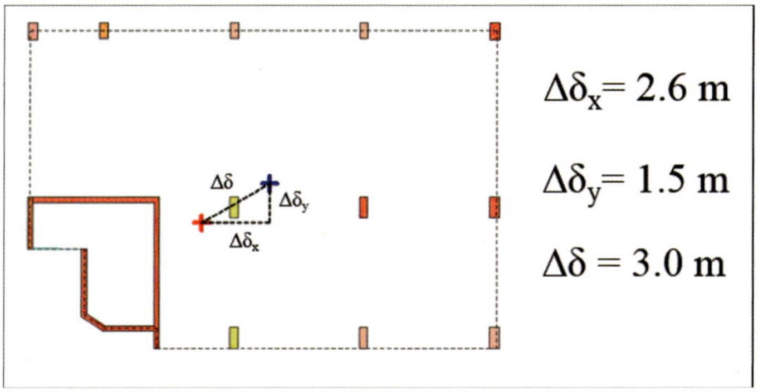

(a) ETC 건축물의 필로티층 편심거리

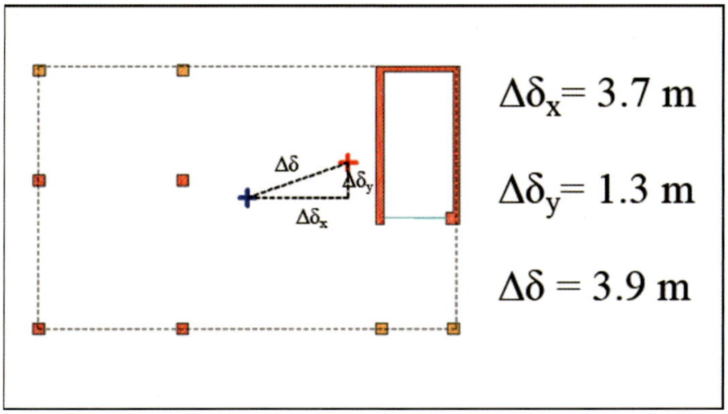

(b) AUT 건축물의 필로티층 편심거리

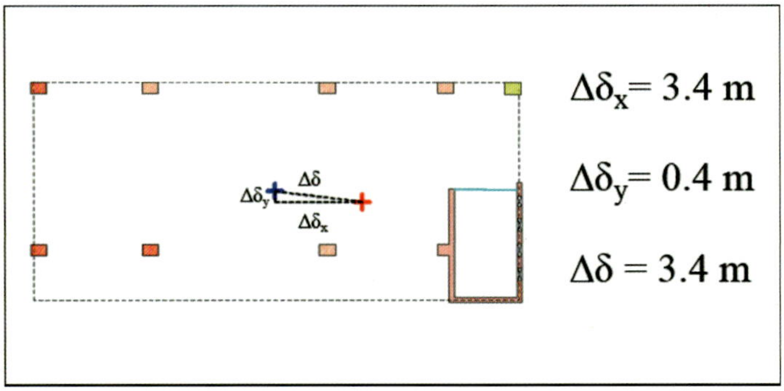

(c) KRO 건축물의 필로티층 편심거리

그림 6.6.5 ETC, AUT, KRO 건축물의 필로티층 편심거리

코어의 편심에 따른 필로티층의 비틀림으로 인한 구조물의 거동을 평가하기 위하여 비선형해석을 수행하였다. 평가대상은 MG1과 MG2 건축물이다. 지진시 구조물의 동적거동을 모사할 수 있는 응답해석 소프트웨어(CANNY)를 이용하였다. 일반건축물대장 및 현장조사 실측값을 이용하여 모델링하였다(그림 6.6.6 (a), (b)). 철근콘크리트기둥과 전단벽 코어와 같은 주요 구조부재의 철근상세는 지진피해로 인해 노출된 철근의 간격, 직경을 적용하였다. 철근콘크리트기둥과 벽체요소의 단면의 비선형특성은 정밀해석을 위한 MS 모델(fiber element)로 설정하였다(그림 6.6.6 (c)).

기둥과 벽체요소는 중앙과 양단에 비선형거동을 모사하기 위한 스프링을 가지는 선형(Lline Type) 부재로 모델링하였다. 보 부재는 부재양단부에 위치하는 휨스프링에 의하여 비선형휨거동을 나타내는 것으로 가정하였으며, 휨스프링에는 그림 6.6.6 (d)와 같이 삼선형거동의 골격곡선을 가지며 이력루프의 최대점을 향하여 가력하는 것을 특징으로 하는 복원력특성 모델을 적용하였다. 기둥과 벽체요소는 부재 양단부에 위치하는 휨 및 축스프링에 의하여 비선형휨거동을, 부재중앙부에 위치하는 전단스프링에 의하여 비선형전단거동을 모사하는 것으로 가정하였으며, MS 모델의 이력특성은 재료와 단면특성에 기반하여 결정된다. 기둥과 벽체요소의 전단스프링은 그림 6.6.6 (e)와 같이 삼선형거동의 골격곡선을 나타내는 원점지향형 모델을 부여하였다. 제하 및 재재하거동은 원점을 통과하며 최대 하중점 도달 후 선형탄성거동을 모사한다. 각 층의 슬래브 레벨에는 Diaphragm 처리를 하였다. 기둥부재의 감쇠타입은 강성매트릭스 비례형으로 감쇠비 3%를 부여했고, P-Delta 효과로 인한 2차 모멘트 영향을 고려하였다. 축력은 1m^2당 10kN으로 가정하였고, 고정하중과 활하중의 연직하중으로 인한 기둥과 벽체의 휨 및 전단특성의 영향을 고려하였다. 재료의 역학적 특성은 한국시설안전공단의 '기존시설물(건축물) 내진성능 평가요령(2011)'을 참고하여 콘크리트의 압축강도(f_{ck})는 2001년 이후의 건설연도별 기본값인 24MPa, 주근의 항복강도(f_y)는 375MPa로 설정하였다. 철근콘크리트 부재의 유효강성은 부재의 균열을 고려하여 표 6.6-1과 같이 적용하였다.

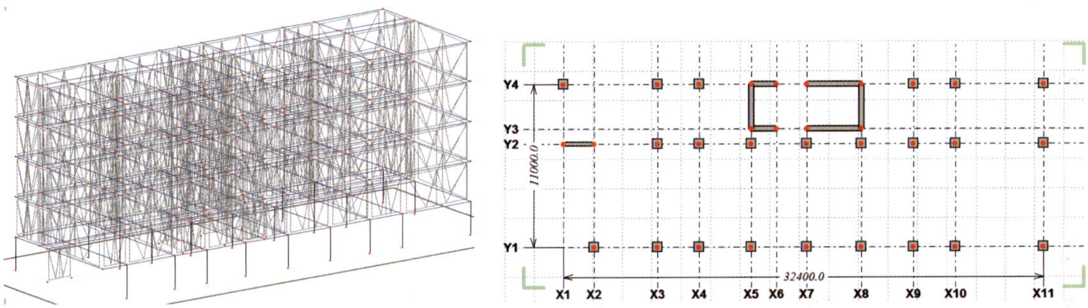

(a) MG1 건축물모델링, 필로티층 평면도

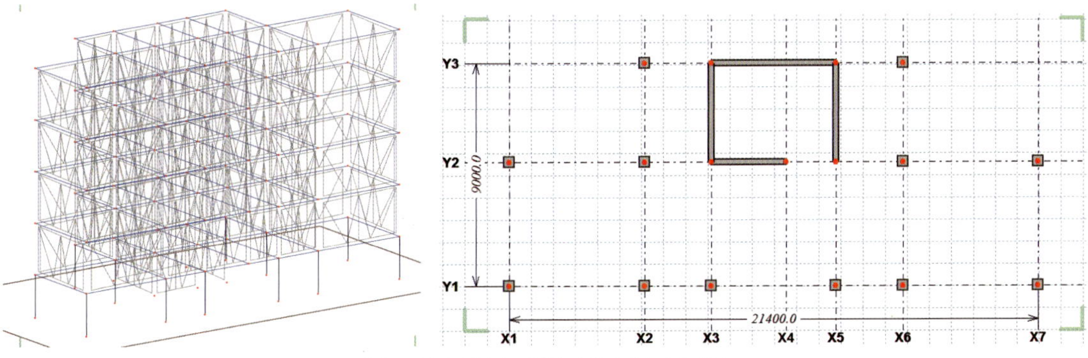

(b) MG2 건축물모델링, 필로티층 평면도

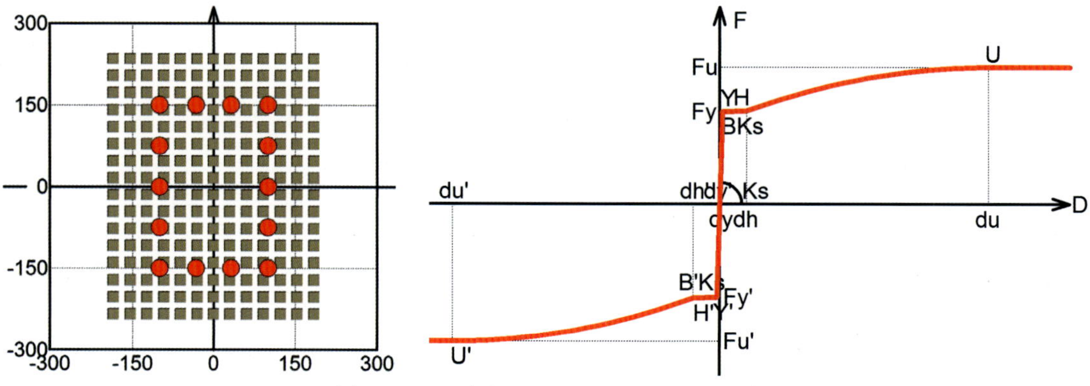

(c) MS model (기둥과 벽 요소의 축 및 휨특성)

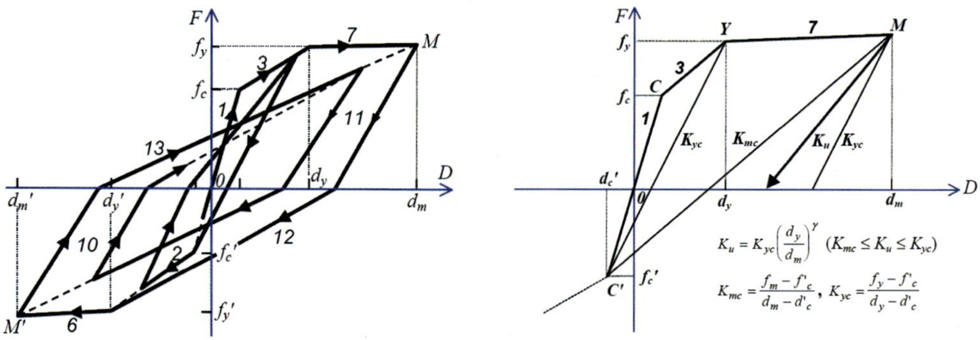

(d) 보 요소의 휨특성

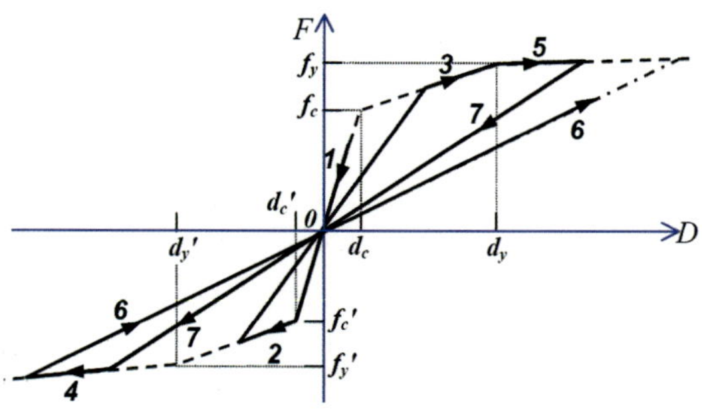

(e) 기둥과 벽 요소의 전단특성

그림 6.6.6 해석모델

표 6.6.1 철근콘크리트 부재의 유효강성 (한국시설안전공단, 2011)

	휨강성	전단강성	축강성
보	$0.5E_cI_g$	$0.4E_cA_W$	–
기둥(축력비 $\geq$ 0.5)	$0.7E_cI_g$	$0.4E_cA_W$	E_cA_g
기둥(축력비 $\leq$ 0.3)	$0.5E_cI_g$	$0.4E_cA_W$	E_cA_g
벽(균열이 없는 경우)	$0.8E_cI_g$	$0.4E_cA_W$	E_cA_g
벽(균열이 있는 경우)	$0.5E_cI_g$	$0.4E_cA_W$	E_cA_g

해석에 이용한 입력파는 포항지진 관측파로 대상건축물의 배치방향을 고려하여 장변방향과 단변방향으로 각각 NS성분과 EW성분을 입력하였다. 지반효과를 고려한 내진성능 평가를 위하여 포항지진 원파의 가속도를 1.56배 스케일링하였다. 포항지진 원파에 1.56배 곱하여 얻어진 지진파형의 가속도시간 이력을 그림 6.6.7(a)에 나타냈다. 본 관측기록은 지진가속도의 일반적인 진동수영역을 고려하여 100sample 관측파를 20Hz low-pass filtering 한 값이다. 스케일링된 지진파의 최대지반가속도(PGA)는 NS성분, EW성분 각각 390.79gal, 398.36gal이고 유효최대가속도(EPA)는 각각 209.21gal, 162.01gal이다. 스케일링된 포항지진의 감쇠비 5% 가속도응답 스펙트럼을 그림 6.6.7(b)에 나타내었다. 응답가속도는 약 0.1초 부근에서 탁월하고 부지고유의 지반증폭효과에 의하여 0.5초 부근에서 높은 응답을 나타낸다. KBC 2016의 설계가속도(EPA=194.16gal, S_D, S =0.22)와 비교하면 스케일링된 포항지진의 NS성분의 EPA는 설계가속도의 약 1.1배에 해당한다.

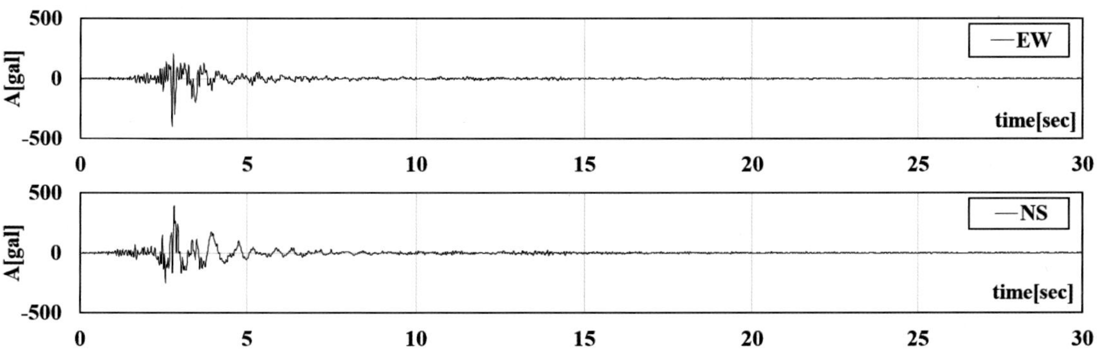

(a) 가속도시간 이력

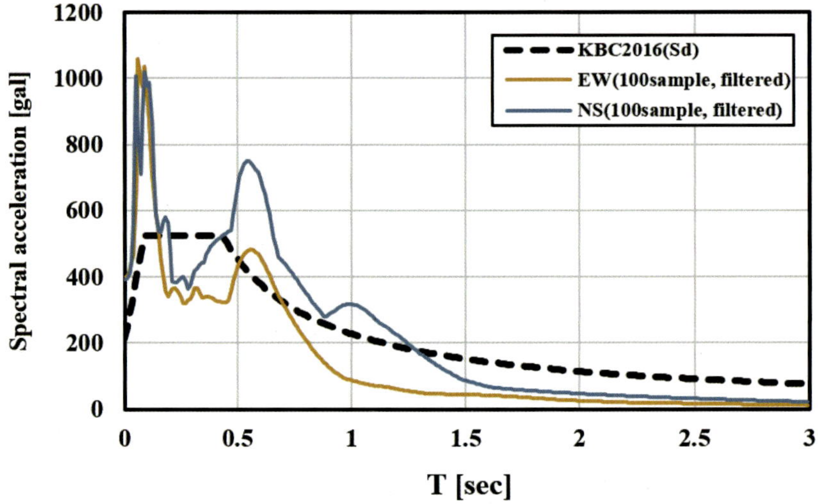

(b) 가속도응답 스펙트럼

그림 6.6.7 포항지진 원파의 1.56배로 스케일링된 가속도시간 이력 및 가속도응답 스펙트럼

MG1과 MG2 건축물의 최대 층간변형각응답을 그림 6.6.8에 나타내었다. 두 건축물은 모두 Y방향(단변방향)으로 최대응답을 나타냈으며 Y방향으로 MG1의 필로티층의 응답(0.184%rad)은 MG2(0.166%rad)에 비하여 약 20% 크게 나왔다. X방향으로 MG1의 필로티층의 응답(0.113%rad)은 MG2(0.950%rad)에 비하여 약 20% 크게 나타났다. 그림 6.6.9에는 최대변위발생 시점에서의 필로티층의 평면 변형 형상을 나타내었다. MG2에 비하여 MG1 건축물에서는 비틀림응답이 확연히 크게 나타나는데, 표 6.6.2의 부재별손상도에 나타낸 바와 같이 주로 코어에서 멀리 위치한 기둥부재에서 손상이 크게 나타났다. 그림 6.6.10에는 각 건축물에 입력된 지진에너지의 시간이력을 에너지 성분별로 나타내었다. MG1의 총입력에너지(28.0kN · m)는 MG2의 총입력에너지(10.5kN · m)에 비하여 약 2.7배 크게 나타났다. MG1 건축물의 감쇠에 의하여 소산된 에너지(12.8kN · m)는 MG2 건축물(4.5kN · m)의 약 2.8배, MG1 건축물의 구조부재의 이력거동에 의하여 소산된 에너지(27.7kN · m)는 MG2 건축물(10.4kN · m)의 약 2.7배로 나왔다.

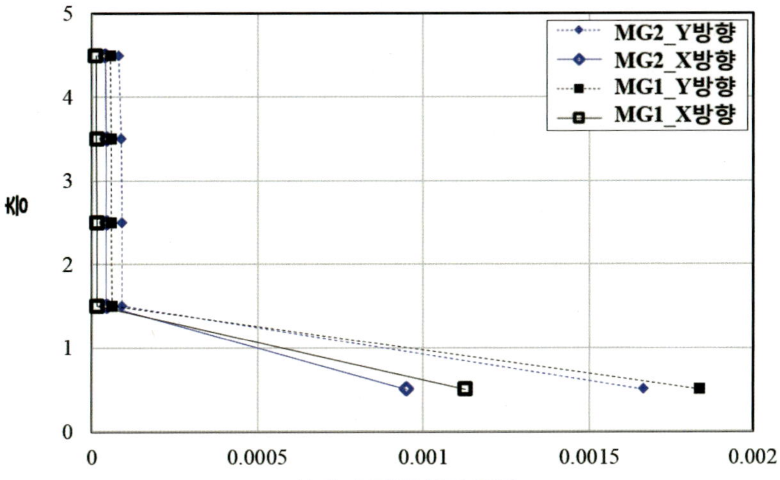

그림 6.6.8 MG1, MG2 건축물의 층별 최대층간변형각응답

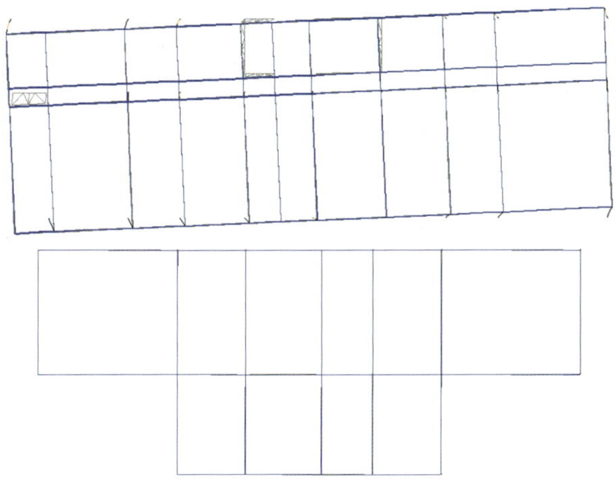

(a) MG1 (b) MG2

그림 6.6.9 MG1, MG2 건축물의 최대변위 발생시 필로티층의 비틀림형상

표 6.6.2 MG1, MG2 건축물의 필로티층 기둥부재의 손상도

MG1			MG2		
기둥위치[3]	X방향 (장변방향)	Y방향 (단변방향)	기둥위치[3]	X방향 (장변방향)	Y방향 (단변방향)
X1 Y4	0.0401C	[1]3.1848Y	X1 Y1	[2]0.3952C	0.9374C
X2 Y1	0.4647C	2.4509Y	X1 Y2	0.0206C	0.3013C
X3 Y1	0.4735C	1.6568Y	X2 Y1	0.0143C	0.8562C
X3 Y2	0.4533C	1.6865Y	X2 Y2	0.6446C	0.6647C
X3 Y4	0.0514C	4.5955Y	X2 Y3	0.0117C	0.6321C
X4 Y1	0.0340C	1.2259Y	X3 Y1	0.4453C	0.8690C
X4 Y2	0.0409C	1.1145Y	X5 Y1	0.0108C	0.7006C
X4 Y4	0.0326C	0.9948C	X6 Y1	0.4184C	0.9711C
X5 Y1	0.0346C	0.9909C	X6 Y2	0.5792C	0.8863C
X5 Y2	0.6072C	2.8629Y	X6 Y3	0.2509C	0.7977C
X7 Y1	0.5128C	0.9412C	X7 Y1	0.4400C	1.5175Y
X7 Y2	0.0425C	0.7323C	X7 Y2	0.2045C	0.9905C
X8 Y1	0.5326C	0.5904C			
X8 Y2	0.6286C	2.1333Y			
X9 Y1	0.0335C	0.0590C			
X9 Y2	0.0452C	0.2397C			
X9 Y4	0.1967C	0.8529C			
X10 Y1	0.5478C	0.7829C			
X10 Y2	0.0448C	0.2906C			
X10 Y4	0.0493C	2.7305Y			
X11 Y1	0.0358C	0.7169C			
X11 Y2	0.0423C	0.7839C			
X11 Y4	0.4784C	0.8157C			

1) 3.1848Y : 부재항복점에 대한 최대연성도. 최대변위는 항복변위의 3.1848배.
2) 0.3952C : 부재항복점에 대한 최대연성도. 최대변위는 항복변위의 0.3952배.
3) 기둥위치 : (MG1 건축물) 그림 6.6-6(a), (MG2 건축물) 그림 6.6-6(b)

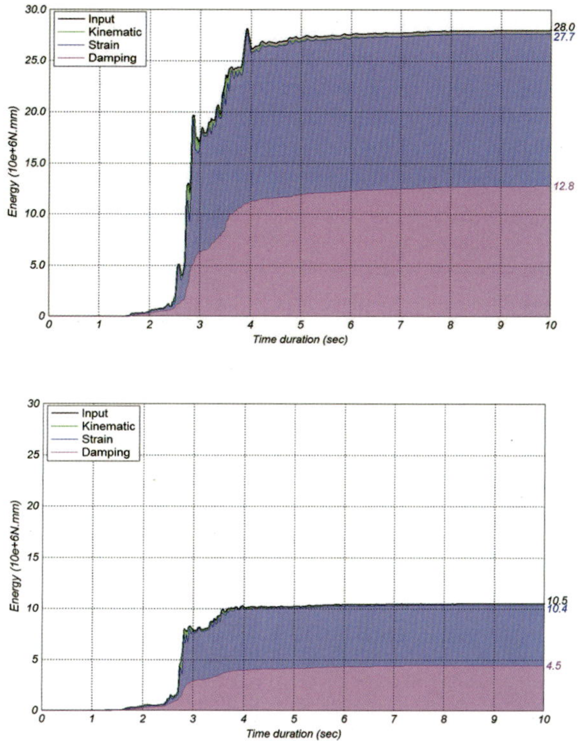

(a) MG1 (b) MG2

그림 6.6.10 MG1, MG2 건축물의 입력에너지시간 이력

6.6.2 전단보강근의 135° 갈고리 시공불량

필로티층에 위치하는 기둥부재의 비틀림 및 전단파괴로 인하여 철근이 노출된 피해사례를 살펴보면 주근을 구속하고 있는 전단보강근의 갈고리시공이 양호하지 못한 것으로 조사되었다. 전단보강근은 일반적으로 기둥부재의 전단파괴를 방지하고 휨파괴를 선행시키기 위해 설치하는 것으로 주근을 보강하며 좌굴방지 및 철근의 간격유지 등을 위하여 주근에 직교하여 수평방향으로 배치된다. 현행 철근콘크리트 구조설계기준에서 규정하는 보통모멘트골조 및 중간모멘트골조의 철근상세를 나타낸 그림 6.6.11과 같이 철근의 갈고리를 135°로 구부려 시공하는 것을 원칙으로 하고 있다. 그러나 필로티층에 위치한 기둥부재의 피해사례(그림 6.6.12)를 살펴보면 부재 파단으로 인하여 노출된 대부분의 철근에서 갈고리가

90°로 시공되어 있는 것으로 조사되었다. 이는 기둥의 전단내력 및 주근 구속을 감소시키므로 주근 좌굴 및 필로티층의 비틀림거동으로 인한 기둥의 전단파괴를 야기한 요인 중 하나로 판단된다.

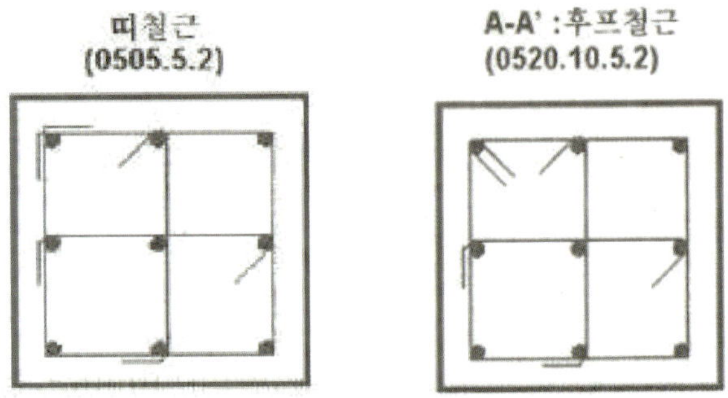

그림 6.6.11 철근콘크리트 구조설계기준의 전단보강근 상세

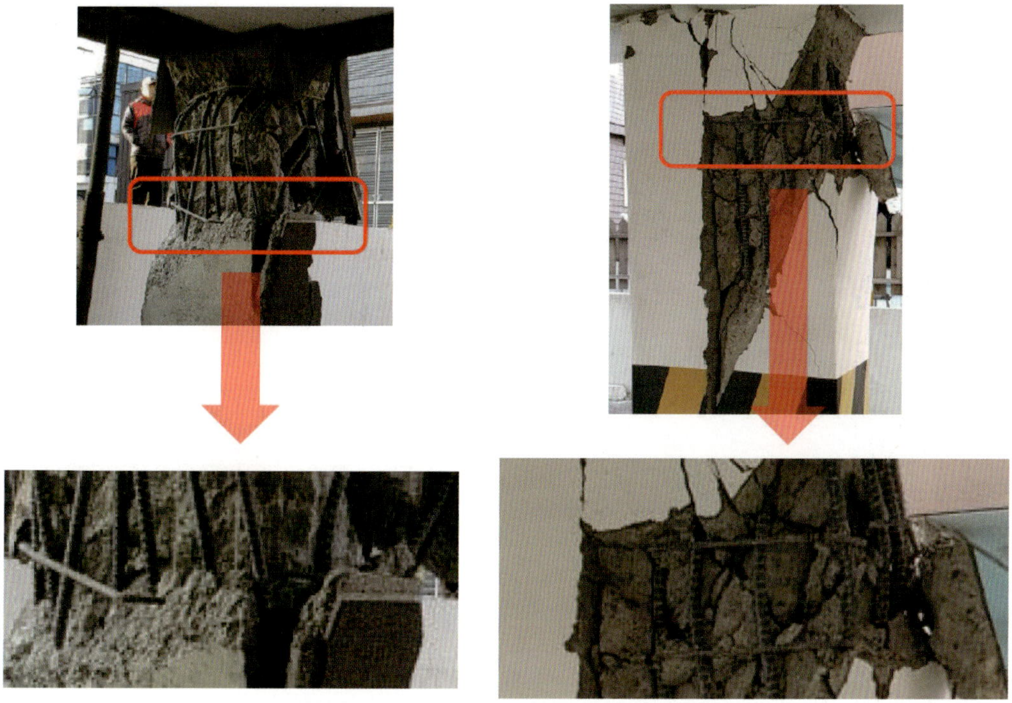

그림 6.6.12 전단보강근의 135° 갈고리 시공불량

6.6.3 전단보강근의 간격불량

기둥부재의 전단보강근은 그림 6.6.14와 같이 기둥 주두부로부터 s/2 이내의 위치에 배근되어야 하는 것이 원칙이나, 그림 6.6.13에 제시한 피해사례에서는 s/2를 확연히 초과하는 범위에서 전단보강근이 배근된 것으로 조사되었다. 따라서 기둥 주두부의 커버 콘크리트가 파괴되어 탈락하고 기둥의 주근에 좌굴이 발생하였다. 또한 전단보강근의 간격은 $8d_b$ 또는 300mm로 배근되는 것이 일반적이나 그림 6.6-15와 같이 노출된 대부분의 철근에서 전단보강근의 간격이 일정하지 않게 시공된 것으로 나타났다.

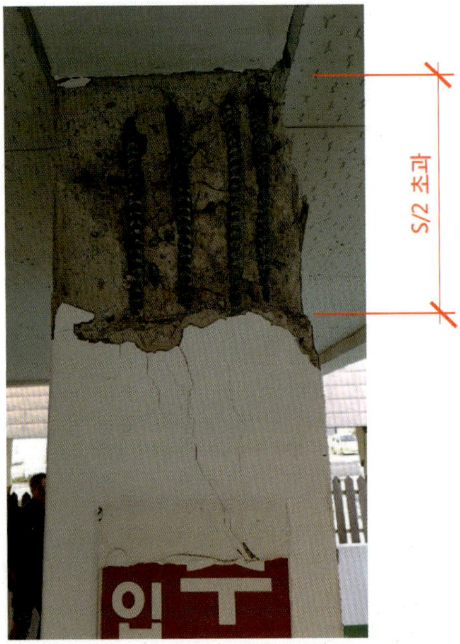

그림 6.6.13 전단보강근의 간격불량

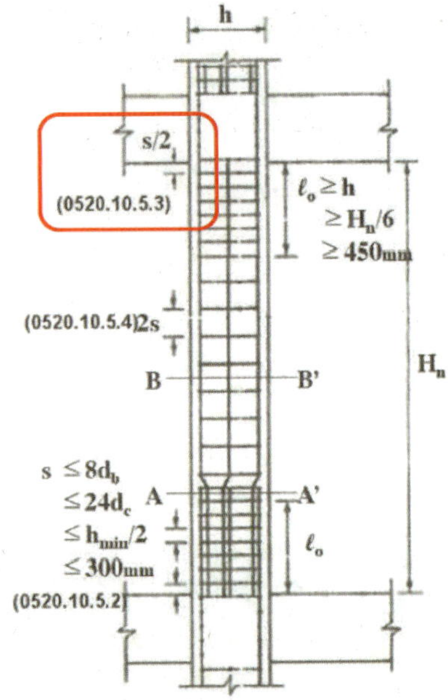

그림 6.6.14 중간모멘트골조 기둥배근 상세

그림 6.6.15 전단보강근의 간격불량

6.6.4 전단보강근의 위치불량 (주철근 내부시공)

전단보강근의 목적 중 하나는 주근을 구속하여 주근의 좌굴을 방지하는 역할을 하기 위한 것으로 현장시공에서는 주근을 배근한 후 주근을 감싸도록 시공되어야 한다. 그러나 그림 6.6.16에 나타낸 피해사례에서와 같이 주근의 내부에 전단보강근이 배치되어 있어, 주근에 수평방향으로의 구속력을 제공하지 못하므로 이는 기둥의 전단파괴 및 주근 좌굴을 야기한 요인 중 하나로 판단된다.

그림 6.6.16 전단보강근의 위치불량

6.6.5 콘크리트 과다 피복두께

콘크리트의 피복두께가 현행 철근콘크리트 설계기준에서 제시하는 규정치를 훨씬 초과하거나 또는 하나의 단면에서 일정하지 않은 콘크리트 피복두께를 가지고 있는 것으로 조사되었다(그림 6.6.17). 이러한 경우 철근이 단면 연단에서 떨어진 위치에 집중하게 되므로 커버 콘크리트의 구속력이 감소되어 박리되거나 부재의 단면특성이 설계에서 의도한 바와 달리 나타날 가능성이 높다.

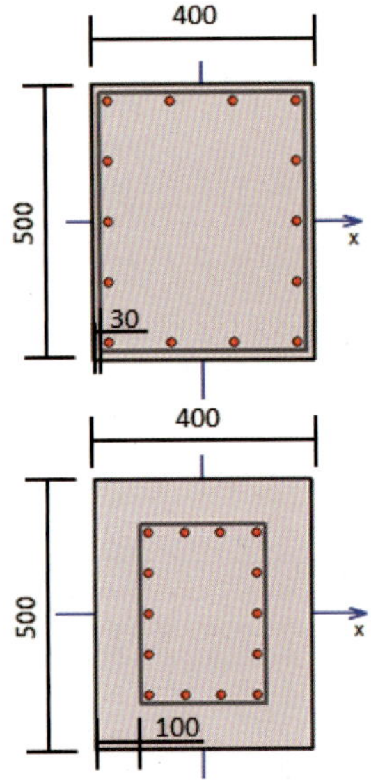

그림 6.6.17 콘크리트 과다 피복두께

6.6.6 기타

전단벽 코어에 배선관이 삽입된 경우, 철근콘크리트 기둥부재 내에 배관이 삽입된 경우, 주요 구조부재의 단면 내부에 홈통이 설치된 경우를 각각 그림 6.6.18, 그림 6.6.19, 그림 6.6.20에 예시했다. 이러한 경우 유효단면이 감소되므로 단면특성이 저하되며, 철근이 설계도면상 위치에 정확히 배근되지 못할 경우 콘크리트의 피복두께가 증가하거나 감소될 우려가 있다.

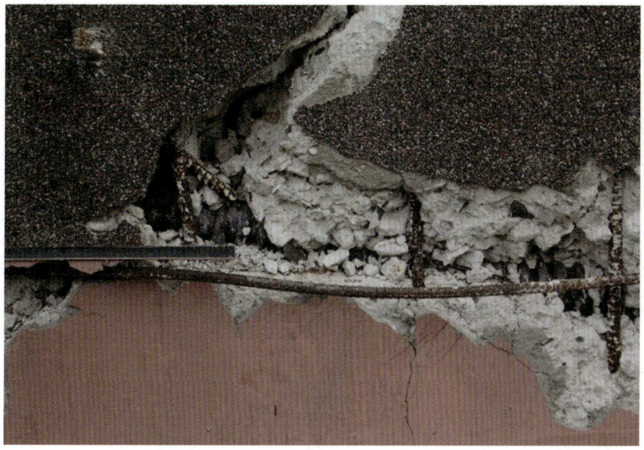

그림 6.6.18 전단벽 코어에 배선관 삽입

그림 6.6.19 RC기둥 내 배관 삽입

그림 6.6.20 구조부재에 홈통 설치

6.7 비선형 동적해석에 의한 필로티건축물 내진성능평가

6.7.1 해석모델링

본 절에서는 필로티건축물의 비선형해석을 실시하고 내진성능을 평가하였다. 대상건축물은 손상도가 C등급으로 판정된 건축물 중에서 상세도면을 보유하고 있는 ETC(#130)이다. 주요 구조부재의 단면치수, 철근상세는 구조도면을 참고하고 콘크리트 압축강도는 현장조사에 의한 실측값을 이용하여 모델링하였다(그림 6.7.1 (a)). 철근콘크리트 기둥과 벽체요소의 비선형특성은 정밀해석을 위한 MS 모델(Fiber Element)로 설정하였다(그림 6.7.1 (b)).

기둥과 벽체요소는 중앙과 양단에 비선형거동을 모사하기 위한 스프링을 가지는 선형(Line Yype)부재로 모델링하였다. 보 부재는 부재 양단부에 위치하는 휨스프링에 의하여 비선형휨거동을 나타내는 것으로 가정하였으며, 휨스프링에는 그림 6.7.1 (c)와 같이 삼선형거동의 골격곡선을 가지며 이력루프의 최대점을 향하여 가력하는 것을 특징으로 하는 복원력특성 모델을 적용하였다. 기둥과 벽체요소는 부재 양단부에 위치하는 휨 및 축스프링에 의하여 비선형 휨거동을, 부재 중앙부에 위치하는 전단스프링에 의하여 비선형 전단거동을 모사하는 것으로 가정하였으며, MS 모델의 이력 특성은 재료와 단면특성에 기반하여 결정된다. 기둥과 벽체요소의 전단스프링은 그림 6.7.1 (d)와 같이 삼선형거동의 골격곡선을 나타내는 원점지향형 모델을 부여하였다. 제하 및 재재하거동은 원점을 통과하며 최대 하중점 도달 후 선형탄성 거동을 모사한다. 각 층의 슬래브 레벨에는 Diaphragm 처리를 하였다. 기둥부재의 감쇠타입은 강성매트릭스 비례형으로 감쇠비 3%를 부여했고, P-Delta 효과로 인한 2차 모멘트 영향을 고려하였다. 하중은 구조도면상에서 슬래브와 벽체를 고려하여 구한 값을 단위면적당 하중으로 입력하였으며, 입력한 단위면적당 수직하중을 표 6.7.1에 나타내었다. 재료의 역학적 특성은 한국시설안전공단의 「기존시설물(건축물) 내진성능 평가요령(2011)」을 참고하여 주근의 항복강도(f_y)는 375MPa로 설정하였고, 콘크리트강도는 현장조사 결과를 고려하여 21MPa로 설정하였다. 철근콘크리트 부재의 유효강성은 부재의 균열을 고려하여 표 6.7.2과 같이 적용하였다.

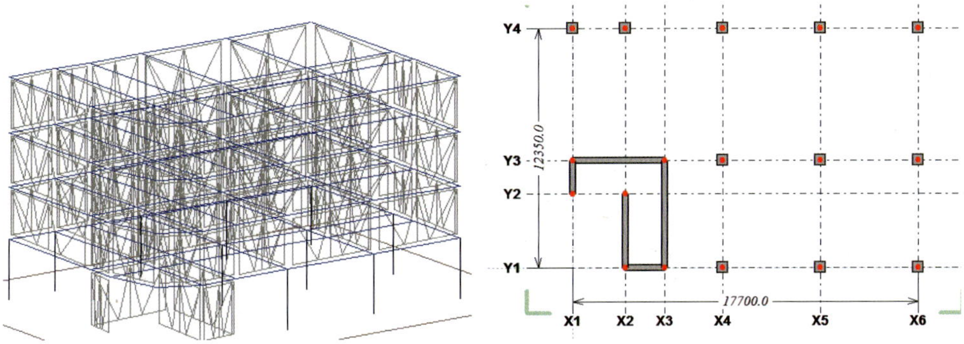

(a) ETC 건축물모델링, 필로티층 평면도

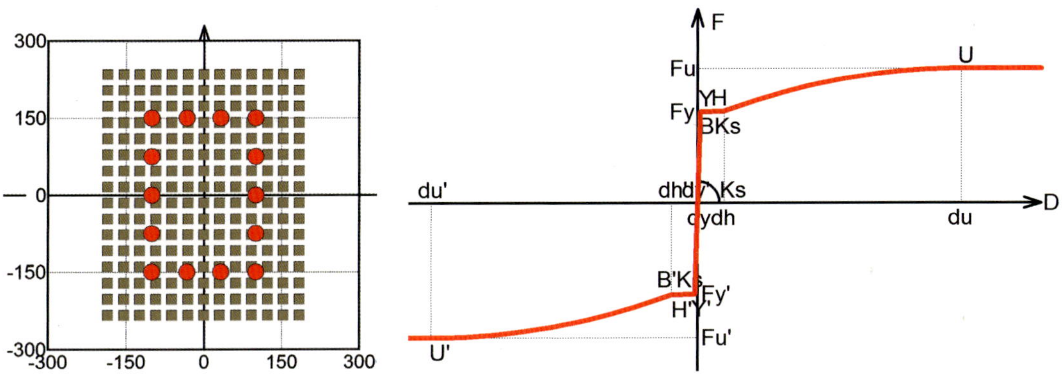

(b) MS model (기둥과 벽 요소의 축 및 휨특성)

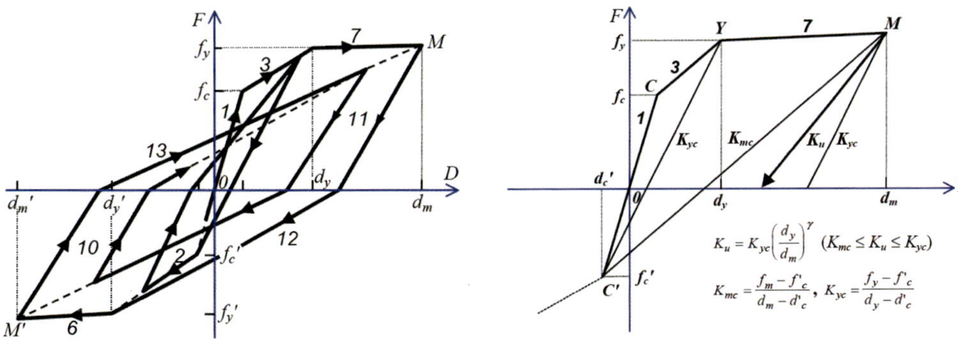

(c) 보 요소의 휨특성

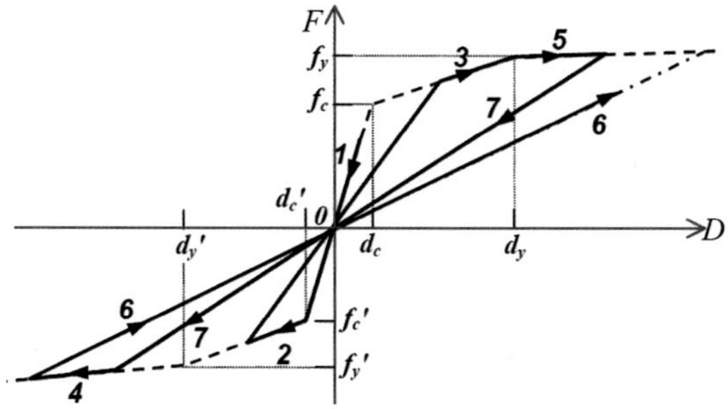

(d) 기둥과 벽 요소의 전단특성

그림 6.7.1 해석모델 (기존건축물)

표 6.7.1 단위면적당 수직하중

	단위면적당 수직하중(kN/m²)
RF	11.5
3F	16.0
2F	15.9
1F	17.1

표 6.7.2 철근콘크리트 부재의 유효강성 (한국시설안전공단, 2011)

	휨강성	전단강성	축강성
보	$0.5E_cI_g$	$0.4E_cA_W$	–
기둥(축력비 $\geq$ 0.5)	$0.7E_cI_g$	$0.4E_cA_W$	E_cA_g
기둥(축력비 $\leq$ 0.3)	$0.5E_cI_g$	$0.4E_cA_W$	E_cA_g
벽(균열이 없는 경우)	$0.8E_cI_g$	$0.4E_cA_W$	E_cA_g
벽(균열이 있는 경우)	$0.5E_cI_g$	$0.4E_cA_W$	E_cA_g

해석에 이용한 입력파는 포항지진 관측파로 대상건축물의 배치방향을 고려하여 장변방향과 단변방향으로 각각 NS성분과 EW성분을 입력하였다. 지반효과를 고려한 내진성능평가를 위하여 포항지진 원파의 가속도를 1.56배 스케일링하였다. 포항지진 원파에 1.56배

곱하여 얻어진 지진파형의 가속도시간 이력을 그림 6.7.2 (a)에 나타내었다. 본 관측기록은 지진가속도의 일반적인 진동수영역을 고려하여 100sample 관측파를 20Hz Low-Pass Filtering한 값이다. 스케일링된 지진파의 최대지반가속도(PGA)는 NS성분, EW성분 각각 390.79gal, 398.36gal이고 유효최대가속도(EPA)는 각각 209.21gal, 162.01gal이다. 스케일링된 포항지진의 감쇠비 5% 가속도응답 스펙트럼을 그림 6.7.2 (b)에 나타내었다. 응답가속도는 약 0.1초 부근에서 탁월하고 부지고유의 지반증폭효과에 의하여 0.5초 부근에서 높은 응답을 나타낸다. KBC 2016의 설계가속도(EPA=194.16gal, S_D, S=0.22)와 비교하면 스케일링된 포항지진의 NS성분의 EPA는 설계가속도의 약 1.1배에 해당한다.

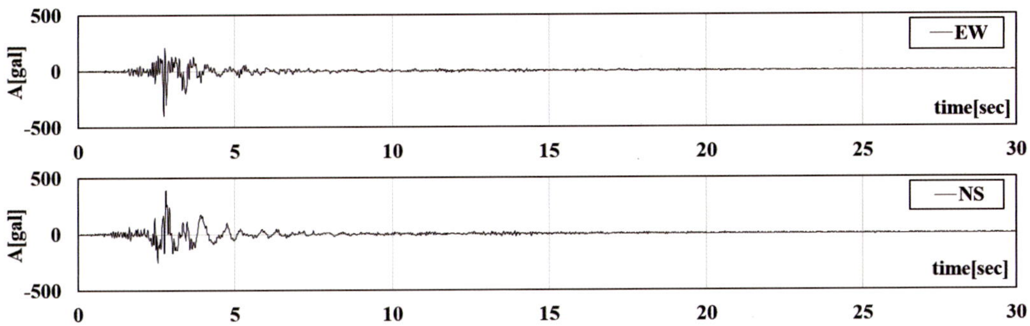

(a) 가속도시간 이력

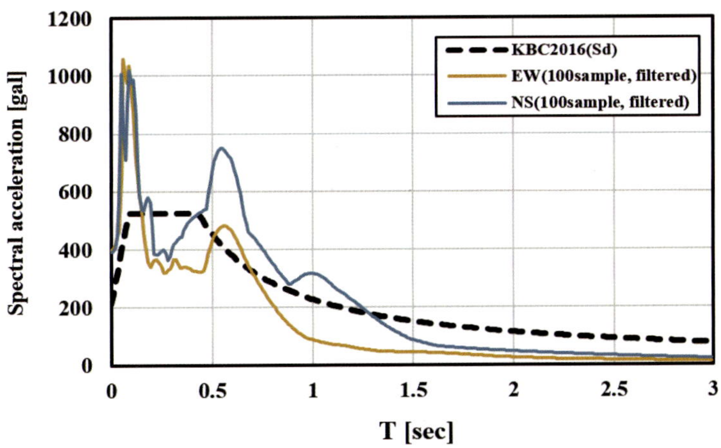

(b) 가속도응답 스펙트럼

그림 6.7.2 포항지진 원파의 1.56배로 스케일링된 가속도시간 이력 및 가속도응답 스펙트럼

6.7.2 비선형해석에 의한 내진성능평가

필로티건축물의 성능수준은 표 6.7.3에 나타낸 바와 같이 한국시설안전공단의 '기존시설물(건축물) 내진성능 평가요령(2013)'의 허용 층간변형각과 해석결과를 비교하여 평가하였다. 표 6.7.3에서 내진설계가 되지 않은 경우와 조적채움벽이 있는 RC 모멘트골조로 고려하여 IO(거주가능) 성능수준의 허용 층간변형각은 0.35%, LS(인명안전)는 0.7%, CP(붕괴방지)는 1.2%이다. 각 방향과 층별로 성능수준을 판정한 후, 가장 낮은 성능수준을 전체구조물의 성능수준으로 판정하였다.

표 6.7.3 구조시스템 및 성능수준별 허용층간변형각 (한국시설안전공단, 2013)

구조시스템	내진설계 된 경우			내진설계 되지 않은 경우		
	IO	LS	CP	IO	LS	CP
RC 모멘트골조	1.0%	2.0%	4.0%	0.5%	1.0%	2.0%
조적채움벽이 있는 RC 모멘트골조	0.7%	1.4%	2.4%	0.35%	0.7%	1.2%
전단지배형 전단벽시스템	0.25%	0.5%	1.0%	0.12%	0.25%	0.5%
휨지배형 전단벽시스템	0.5%	1.0%	2.0%	0.25%	0.5%	1.0%
철골골조	0.7%	2.5%	5.0%	0.55%	2.0%	4.0%
가새가 있는 철골골조	0.5%	1.5%	2.0%	0.4%	1.2%	1.6%
조적조	0.4%	0.67%	1.0%	0.4%	0.67%	1.0%

비선형동적해석에 의한 ETC 건축물의 최대 층간변형각응답을 그림 6.7.3에 나타내었다. 포항지진(PHA2) 원파에 대한 1층의 최대 층간변형각은 0.5%(X방향), 0.36%(Y방향)이므로 성능수준은 인명안전으로 나타내었다. 진앙거리 및 지반에 의한 증폭효과을 고려하여 1.56배 증폭된 포항지진에 대한 1층의 최대 층간변형각은 0.78%(X방향), 0.43%(Y방향)으로 나타내었다. 성능수준은 X방향으로 붕괴방지, Y방향으로 인명안전으로 나타내었다. 따라서 ETC 건축물의 성능수준은 X방향으로 인명안전을 만족하지 못하는 것으로 나타났다.

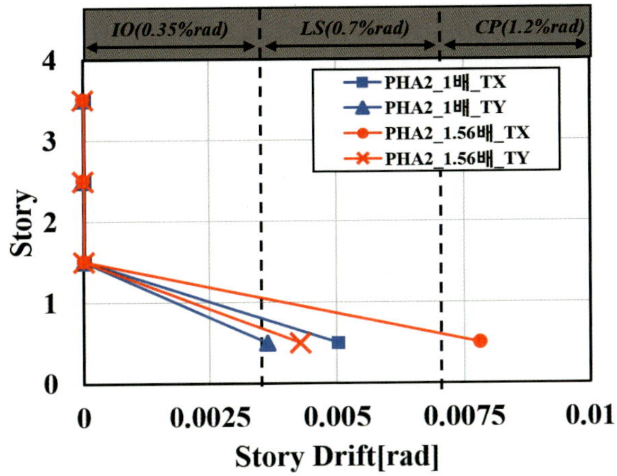

그림 6.7.3 ETC(#130) 기존건축물의 층별 최대층간변형각응답

해석결과에 의한 ETC 건축물의 부재별 손상을 6.5절의 현장조사에 의한 상세평가결과와 비교하여 표 6.7.4에 나타내었다. 구조평면상 편심으로 배치된 코어에 의해 필로티층에서 비틀림거동이 나타나게 되며, 이로 인해 코어 벽체에서 멀리 위치한 외주부기둥에서의 손상이 크게 발생하였다. 이는 현장조사결과와 일치한다.

표 6.7.4 ETC(#130) 기존건축물의 부재별손상

(a) 비선형해석

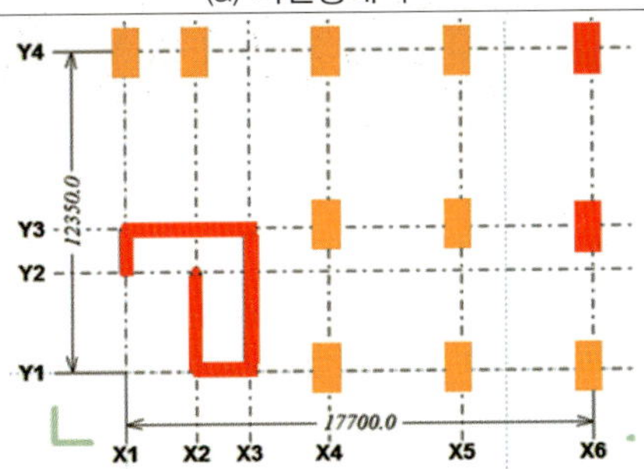

(b) 현장조사

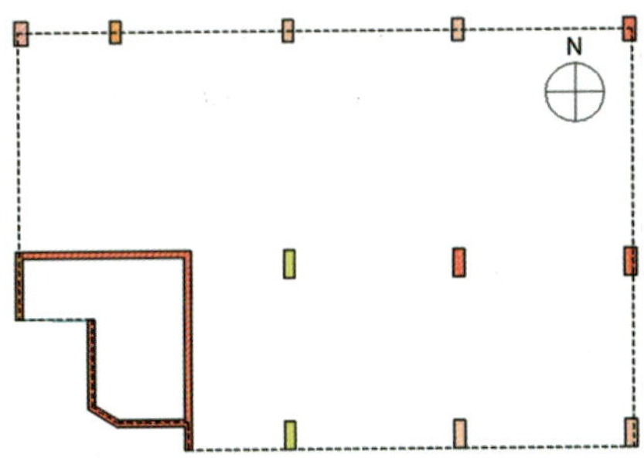

(c) 부재별손상도

번	건축물명	기둥										코어			종합판정
		총기둥개수	손상도						[NC]/전체	[C]/전체	판정	최대균열	손상도	판정	
			비구조재손상	IO (즉시거주)	LS I (인명안전 I)	LS II (인명안전 II)	NC (붕괴직전)	C (붕괴)							
130	ETC	11	대부분의 기둥	3	1	2	0	3	0%	27%	C	1.0mm~3.0mm	C	C	C
			-미장, 마감재 균열 및 탈락	-주두 및 중간 휨, 전단균열(<0.2mm)	-주각 및 주두 휨, 전단균열(0.3mm~0.4mm)	-주두 휨균열(0.7mm)		-휨, 전단균열(>2.0mm)	A	C		-코어 내/외부 미장, 마감재 균열 및 탈락	C		

기둥과 코어 벽체의 하중-변위관계, 필로티층의 비틀림 및 현장조사에 의한 부재의 손상을 표 6.7.5, 표 6.7.6에 나타내었다. 기둥과 코어 벽체는 전단거동에 의해 전단균열 및 파괴가 발생하였으며 현장조사에 의한 손상도 평가결과와 유사한 경향을 나타내었다.

표 6.7.5 ETC(#130) 기존건축물의 코어 벽체 이력거동

(a) 부재위치	(b) 비틀림거동
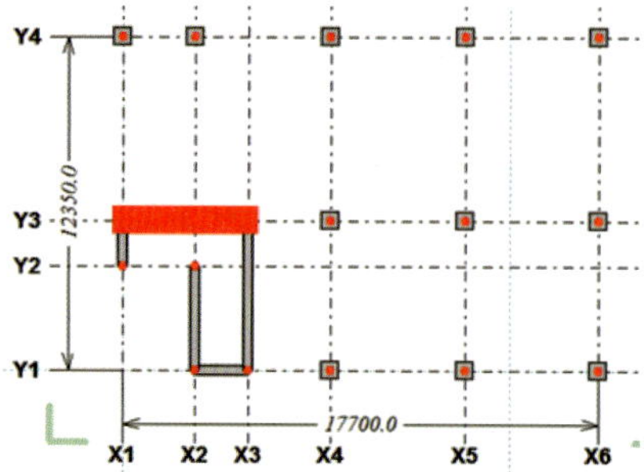	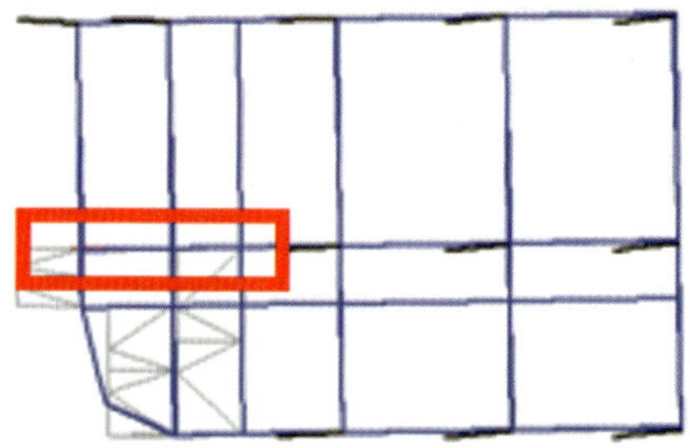
(c) 부재이력거동	(d) 피해사진
- Y방향 전단이력_포항지진 1.56배 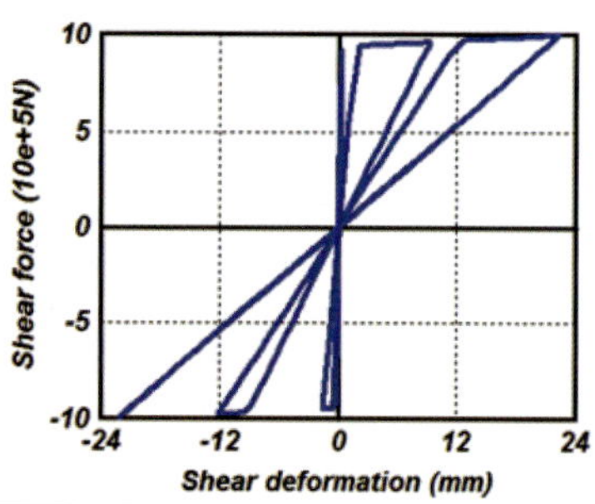	

표 6.7.6 ETC(#130) 건축물기둥의 이력거동

(a) 부재위치	(b) 비틀림거동
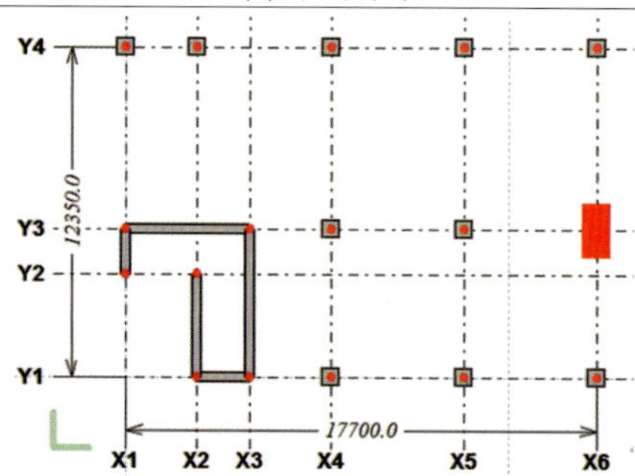	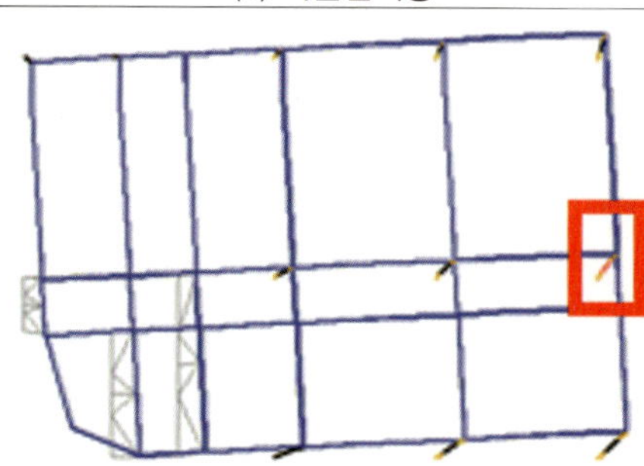

(c) 부재이력거동	(d) 피해사진
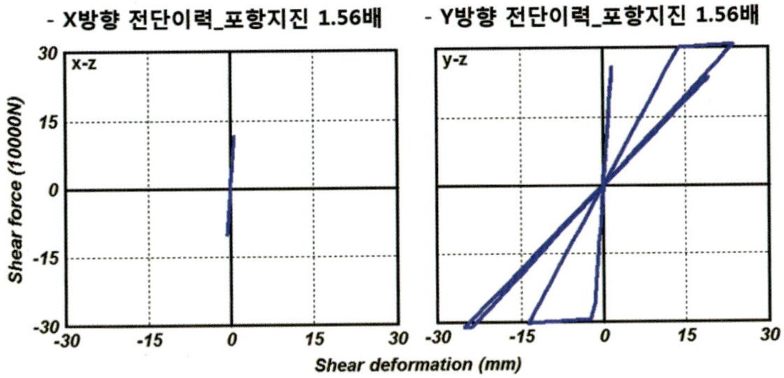	

6.7.3 내진보강안 제시 및 보강성능평가

본 절에서는 ETC 건축물의 내진성능평가 결과에 따라 내진보강을 실시하고 보강 후 내진성능을 평가한 결과를 기술하였다.

다층건축물에서는 엘리베이터 및 계단실을 위한 코어 벽체가 필연적으로 존재하게 되는데 필로티건축물에서는 특히 필로티층에서의 기둥과 코어 벽체간 강도 및 강성차가 큰 경우가 대부분이다. 지진하중 작용시 강성이 높은 코어 벽체는 기둥에 비하여 상대적으로 큰 수평하중을 부담하게 되어 손상이 집중되며 이에 반해 기둥은 강성비에 따라 극히 작은 손상이 발생하거나 탄성상태를 유지할 가능성이 높다. 따라서 필로티건축물의 내진성능향상을 위한 보강공법은 필로티층의 코어 벽체와 기둥의 강도 및 강성 차이에 따른 동특성 및 파괴메커니즘을 고려할 필요가 있다.

ETC 건축물의 내진보강은 그림 6.7.4에 나타낸 바와 같이 X방향으로 건축물 외부에 추가적인 강재 보강프레임을 신설하고 기존 기둥부재와 보강프레임간에 강재 슬릿 댐퍼를 설치하였다. 또한 외주부기둥 사이에 브레이스를 연결재로 하는 강재 슬릿 댐퍼(이하 브레이스 댐퍼)를 설치하였다. 필로티층의 편심을 완화하기 위한 대책으로 X방향 및 Y방향에 브레이스 댐퍼를 각각 1개소, 2개소씩 설치하였다.

강성이 작은 기둥부재에 높은 강성을 가지는 강재이력형 댐퍼를 설치하여 보강하는 경우,

기둥부재의 강도 및 강성을 향상시키고 기존의 강성이 큰 코어 벽체에 집중되는 하중 및 입력에너지를 분산시킬 수 있다. 또한 강재이력형 댐퍼는 강성이 크고 항복변위가 작아 조기에 항복하여 이력거동에 의해 지진입력에너지를 변형에너지의 형태로 소산시킨다. 따라서 기존의 구조부재에는 상대적으로 입력되는 하중 및 에너지가 저감되므로 손상을 저감하는 것이 가능하다.

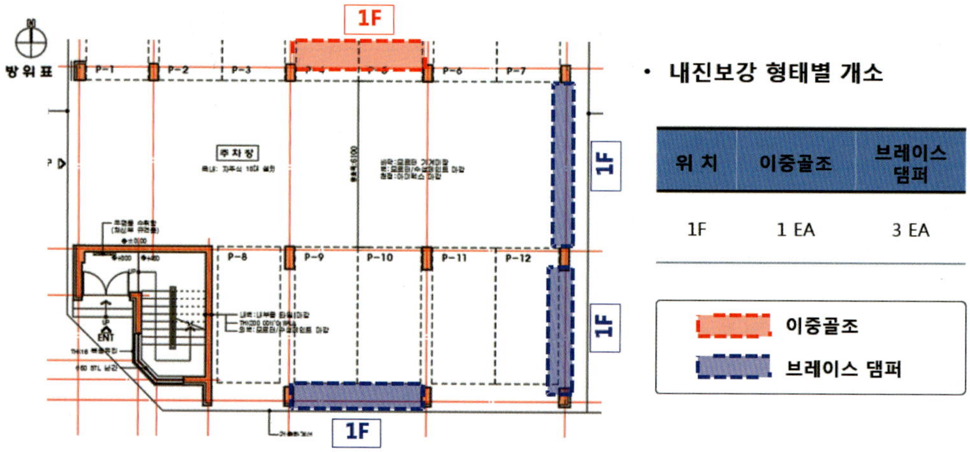

그림 6.7.4 내진보강공법 적용안

내진보강을 실시한 ETC 건축물의 해석모델은 그림 6.7.5 (a)와 같다. 기존건축물의 모델링은 6.7.2절에 전술한 바와 동일하다. 보강체의 경우 기존건축물과 마찬가지로 축력과 휨모멘트에 대하여 그림 6.7.5 (b)와 같이 MS모델로 설정하였으며, 전단특성은 그림 6.7.5 (c)와 같이 이선형거동의 골격곡선을 가지는 이력 모델로 설정하였다. 브레이스 댐퍼 및 CFT 기둥에 사용되는 강재와 콘크리트 재료강도는 SS275와 24MPa로 가정하였고, 단면은 각각 H−300×200×8×12, □−300×300×20으로 설정하였다. 표 6.7−7에는 내진보강 부재 일람표를 나타내었다.

표 6.7.7 내진보강 부재 단면 및 개소

#	단면	강재	콘크리트강도	개소
철골 브레이스	H−300×200×8×12	SS275	−	3EA
CFT 기둥	300×300×20t	SS275	24MPa	2EA

댐퍼는 강성과 항복내력을 가지는 스프링요소로 고려하여 1방향에 대한 강재 슬릿 댐퍼의 거동을 모사하였다. 하중-변위 이력곡선은 그림 6.7-5(c)와 같이 bilinear로 고려하였다.

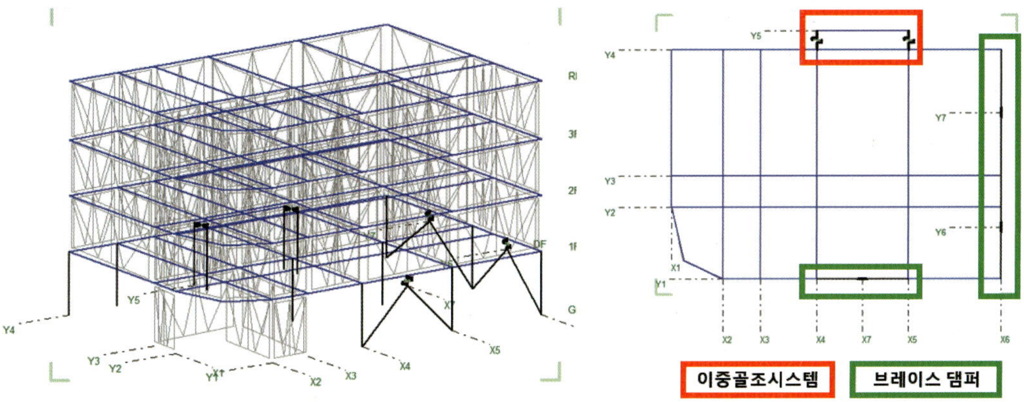

(a) ETC 내진보강 모델링

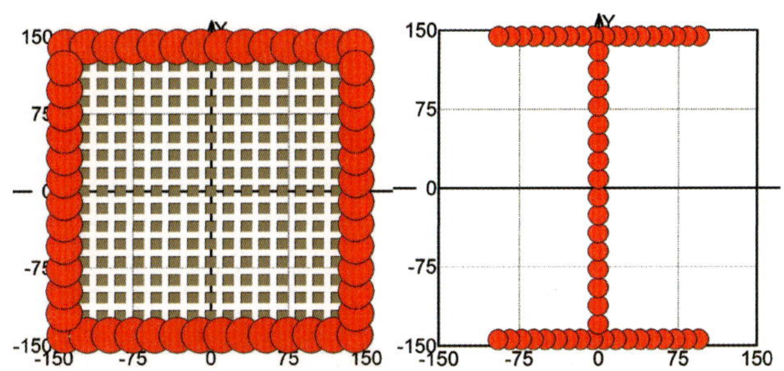

(b) 철골브레이스, CFT MS Model

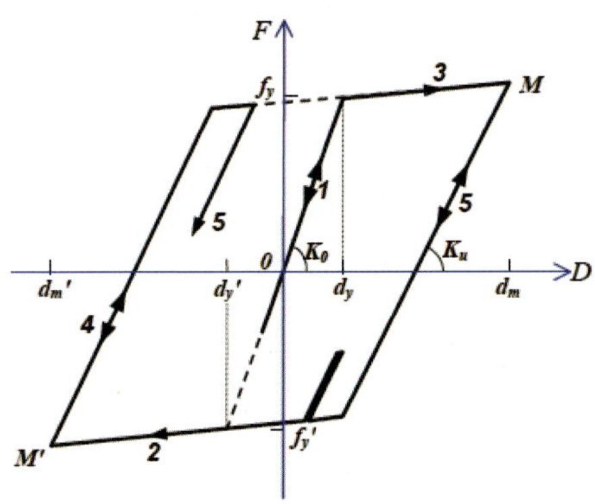

(c) 철골브레이스, CFT기둥의 전단특성 및 댐퍼의 이력특성

그림 6.7.5 해석모델(보강건축물)

댐퍼의 항복내력은 기존건축물 항복내력의 0.5배로 설계하였으며 항복내력에 맞추어 설계된 댐퍼 부재의 강성을 산정하여 해석에 적용하였다. 기존건축물 필로티층의 항복내력은 X방향과 Y방향으로의 Pushover 해석에 의하여 각각 1,800kN, 약 3,000kN으로 산정되었다. 이에 따라 댐퍼의 항복내력은 X방향 900kN, Y방향 1,500kN 이다. 설계된 댐퍼의 치수 및 개소를 표 6.7.8에 표시하였다.

표 6.7.8 댐퍼 상세

설계치	X방향	Y방향
슬릿 두께 [mm]	15	15
슬릿 폭 [mm]	45	41
슬릿 높이 [mm]	150	150
슬릿 개수 [개]	10	15
강종	HSA160	HSA160
항복점 [MPa]	160	160
탄성계수 [MPa]	206,000	206,000
항복하중 [kN]	149.5	186.2
항복변위 [mm]	0.39	0.41
댐퍼 개수 [개]	6	8
형상	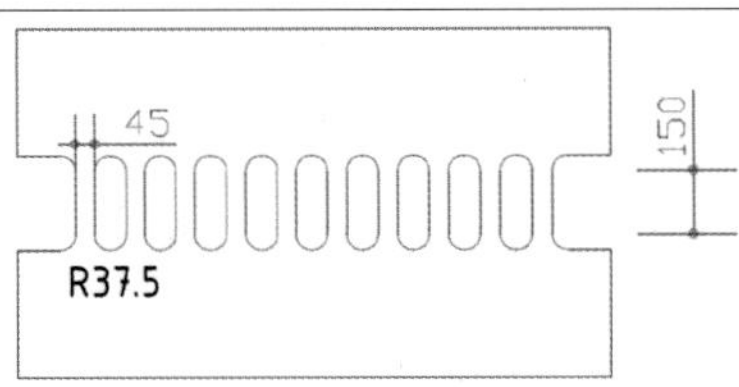	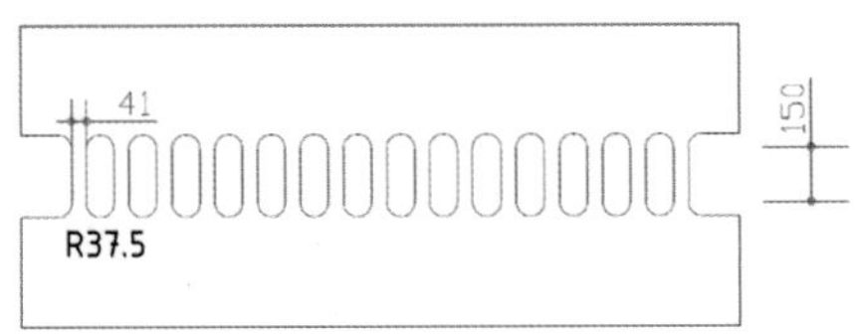

댐퍼를 설치하여 보강된 ETC 건축물의 비선형 정적해석에 의한 하중-변형관계를 그림 6.7.6에 나타내었다. 보강건축물의 하중-변형관계는 기존건축물과 댐퍼의 특성을 합한 것이 되며 보강건축물의 밑면전단력은 댐퍼의 내력 기여에 의해 50% 가량 증가되었다. 보강건축물은 댐퍼와 구조부재의 순차적 항복에 따른 삼선형거동에 의해 이력곡선을 나타낸다. 보강건축물에 하중이 작용하면 댐퍼의 항복변위가 구조물의 항복변위보다 작으므로 댐퍼의 항복이 구조물의 항복보다 선행한다. 하중이 증가하여 댐퍼의 항복변위에 상응하는 하중이

부가되었을 때 구조물의 저항능력은 (1) 댐퍼의 항복내력과 (2) 댐퍼의 항복변위에서의 필로티층 내력의 합이 된다. 댐퍼의 항복 이후, 필로티층 코어 부재의 항복, 기둥부재의 항복 순으로 진행하며 필로티층의 모든 부재가 극한하중에 도달하면 구조물의 수평방향 저항능력은 완전히 상실된다.

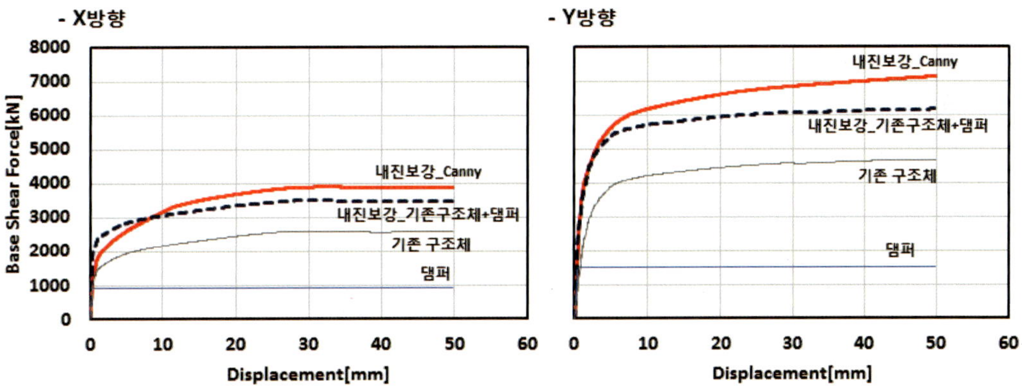

그림 6.7.6 비선형 정적해석에 의한 ETC(#130) 건축물의 일방향 거동

비선형 동적해석에 의하여 보강건축물의 내진보강 성능을 검증하고 댐퍼의 거동을 분석하였다. 입력지진파는 포항지역의 PHA2 관측소에서 관측된 파형을 이용하였다. 또한 기존 건축물의 성능평가에서와 마찬가지로 진앙거리 및 지반효과를 고려하여 지진가속도를 1.56배 곱하여 입력하였다. 실제구조물의 건물 배치방향을 고려하여 포항지진의 EW성분(X방향)과 NS성분(Y방향)을 가진하였다.

기존건축물과 보강건축물의 필로티층 최대응답변위를 표 6.7.9에 비교하여 나타냈다. 기존건축물의 X방향 최대변위는 33mm, Y방향 최대변위는 31mm로 나타났으며, 보강건축물의 X방향 최대변위는 9mm, Y방향 최대변위는 6mm로 측정되었다. 표 6.7.9에 나타낸 필로티층의 비틀림응답을 살펴보면, 보강건축물은 댐퍼 보강에 의하여 필로티층의 응답변위뿐만 아니라 편심에 의한 비틀림응답이 제어되고 있다.

표 6.7.9 ETC(#130) 기존건축물과 보강건축물의 최대응답변위

	기존건축물	내진보강건축물
X방향	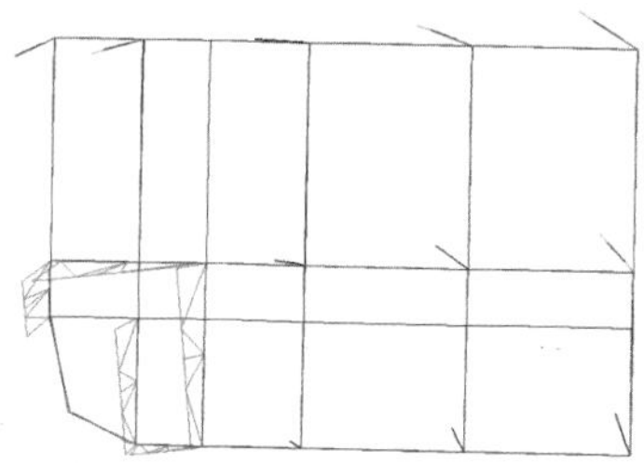	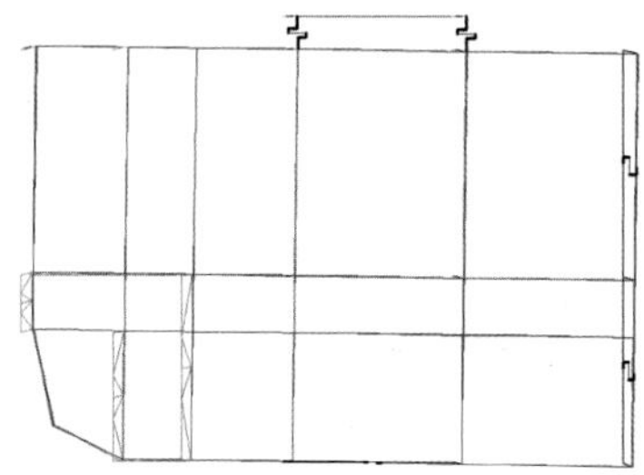
	X방향 최대변위 : 33mm	X방향 최대변위 : 9mm
Y방향	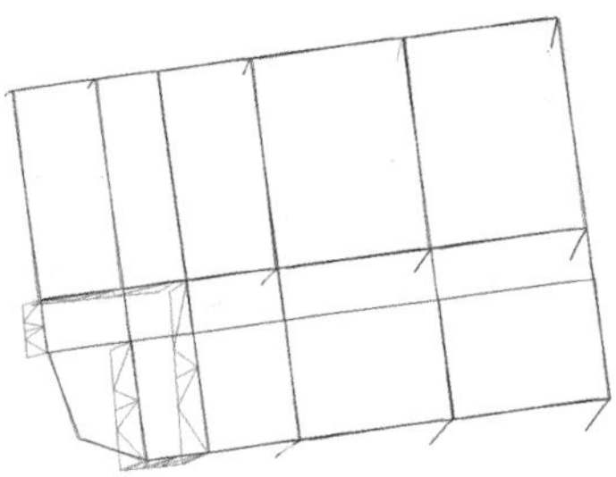	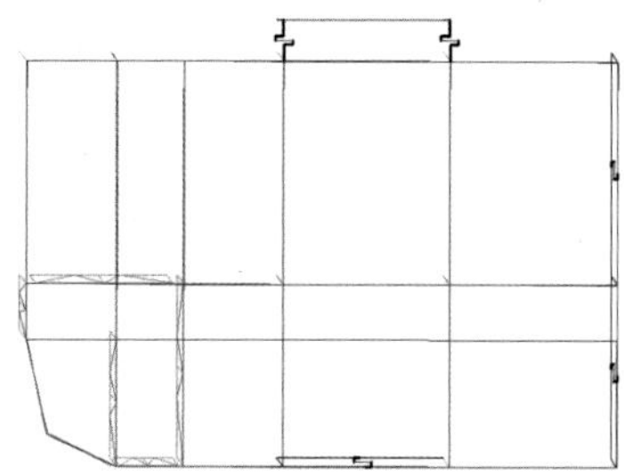
	Y방향 최대변위 : 31mm	Y방향 최대변위 : 6mm

기존건축물과 보강건축물의 필로티층 하중-변위관계를 그림 6.7.7에 비교하여 나타내었다. 보강건축물은 기존건축물에 비하여 항복 후 댐퍼의 안정적인 이력거동에 의하여 내력 및 강성의 열화가 관찰되지 않았으며, 동일변위 시 댐퍼에 의하여 저항능력이 증가하였다. 기존건축물의 최대변위는 가진 방향에 관계없이 내진보강건축물에 비하여 2배 이상의 큰 값을 나타냈고 하중-변위 관계의 면적은 대부분 필로티층에 배치된 기둥과 코어 벽체의 이력에 의한 것으로 나타났다.

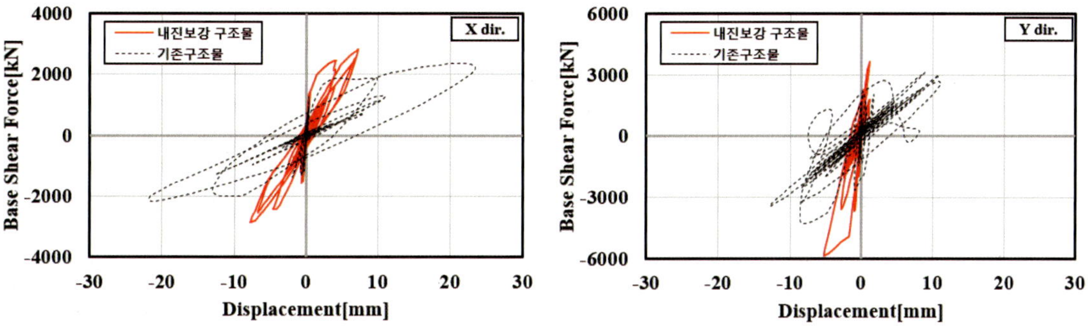

그림 6.7.7 비선형 동적해석에 의한 ETC(#130) 건축물의 하중-변위관계

기존건축물과 보강건축물에서 기둥과 코어 벽체의 이력거동을 각각 표 6.7.10, 표 6.7.11, 보강건축물에서 댐퍼의 이력거동을 표 6.7.11에 나타내었다. 보강건축물은 기존건축물에 비하여 부재의 응답변위가 크게 감소되었고, 각 방향으로 설치된 댐퍼의 안정적인 이력거동으로 인하여 기둥과 코어의 변형에너지가 크게 감소되었다.

표 6.7.10 ETC(#130) 기존건축물과 보강건축물 기둥의 전단이력거동

	기둥위치	전단이력거동
기존 건축물	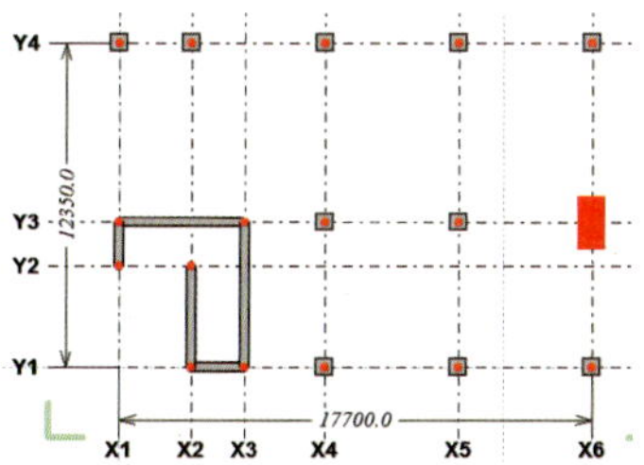	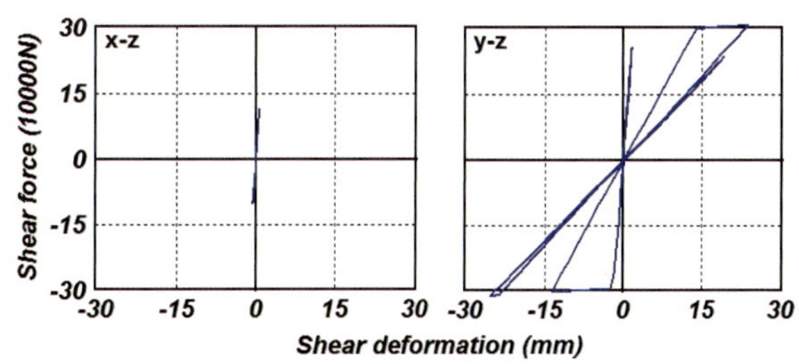
	기둥위치	전단이력거동
보강 건축물	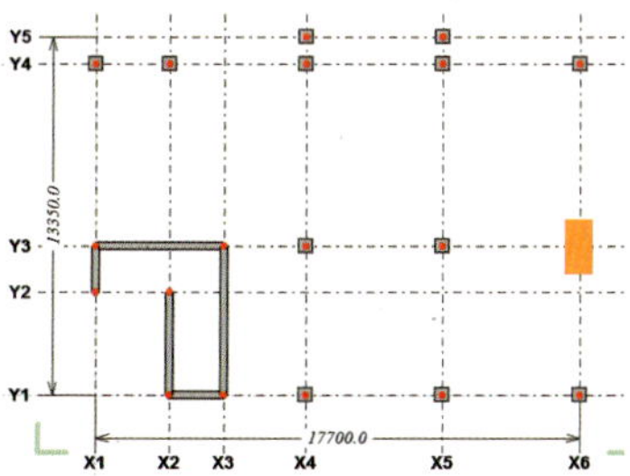	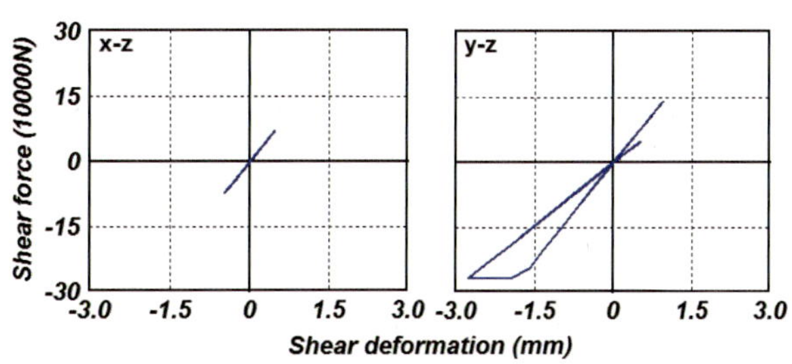

표 6.7.11 ETC(#130) 기존건축물과 보강건축물 코어의 전단이력거동

<table>
<tr><th></th><th>코어위치</th><th>전단이력거동</th></tr>
<tr><td>기존 건축물</td><td>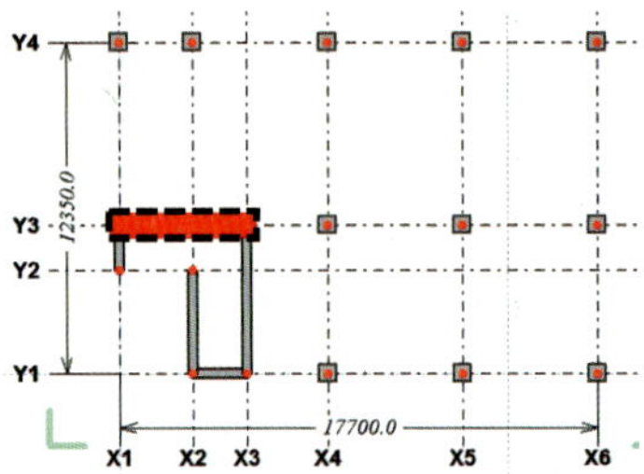
</td><td>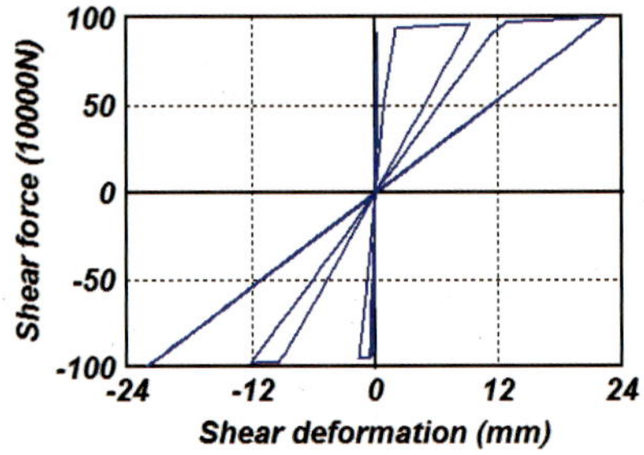
</td></tr>
<tr><th></th><th>코어위치</th><th>전단이력거동</th></tr>
<tr><td>보강 건축물</td><td>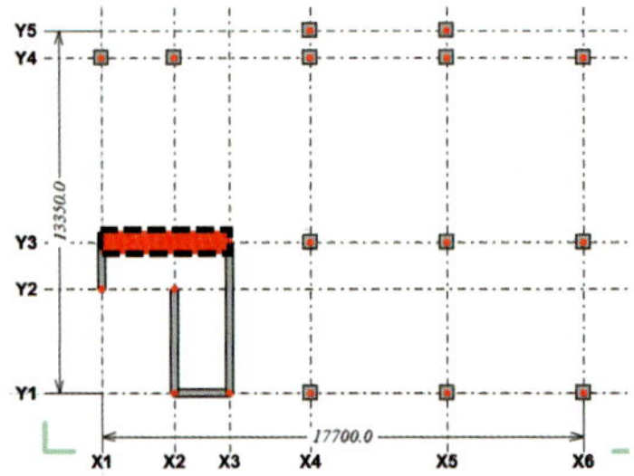
</td><td>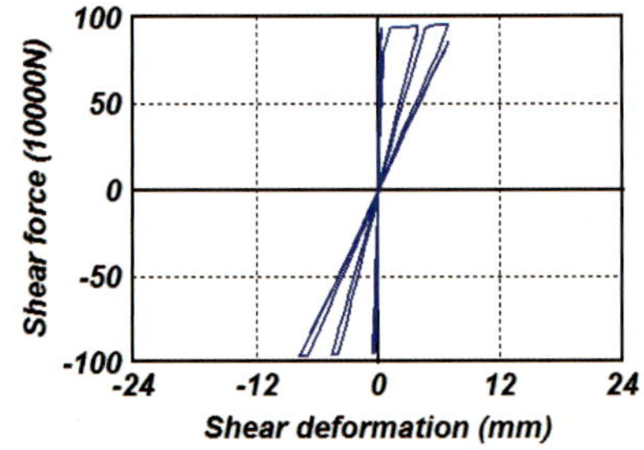
</td></tr>
</table>

표 6.7.12 ETC(#130) 보강건축물 댐퍼의 이력거동

<table>
<tr><th>댐퍼위치</th><th>댐퍼이력거동</th></tr>
<tr><td>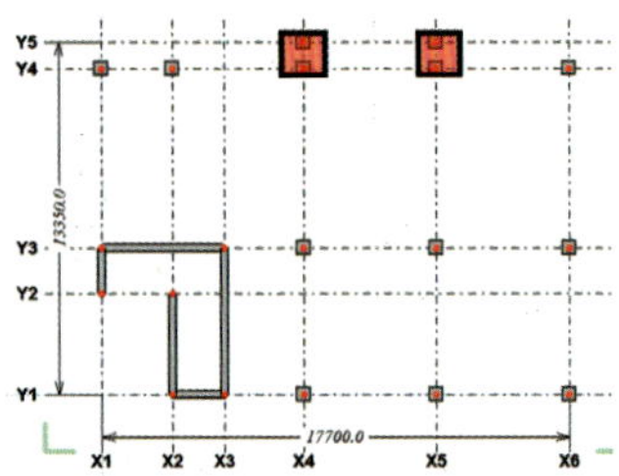
</td><td>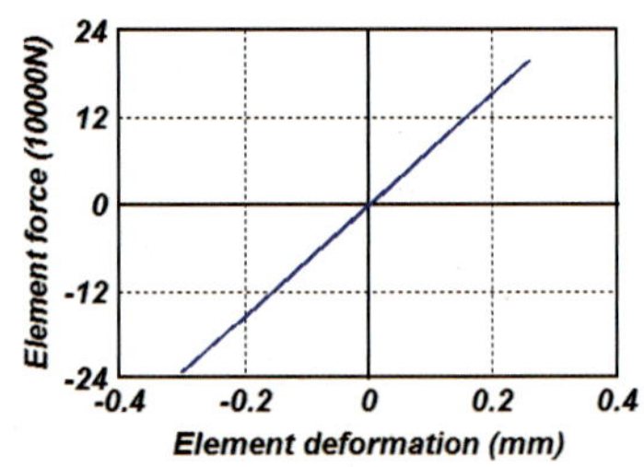
</td></tr>
<tr><td>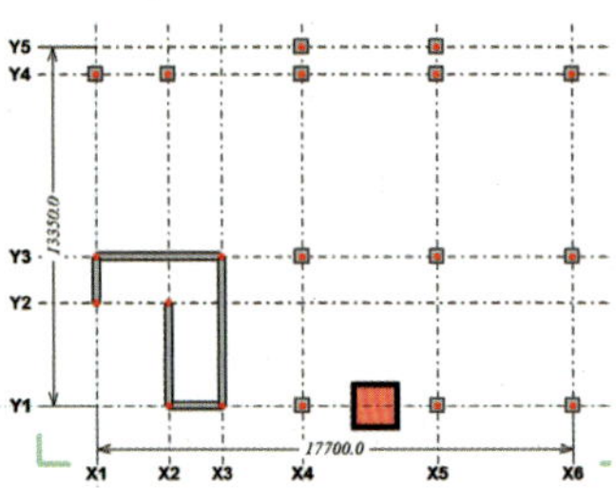
</td><td>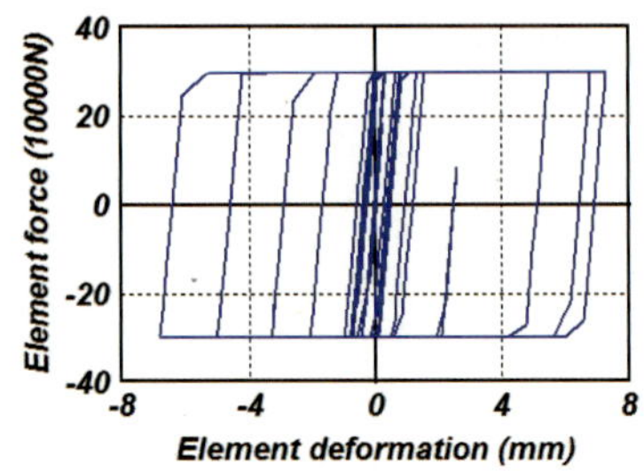
</td></tr>
</table>

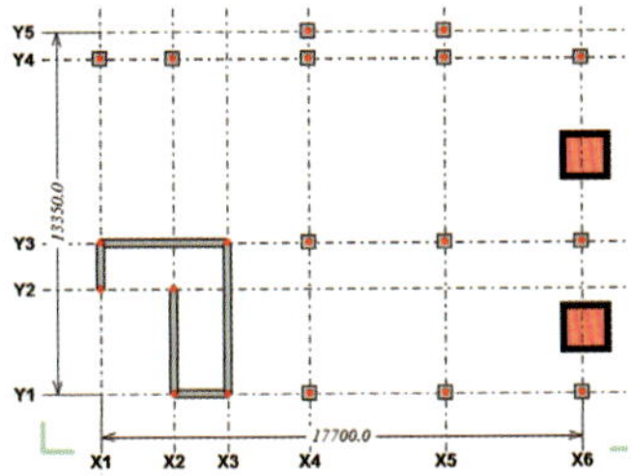

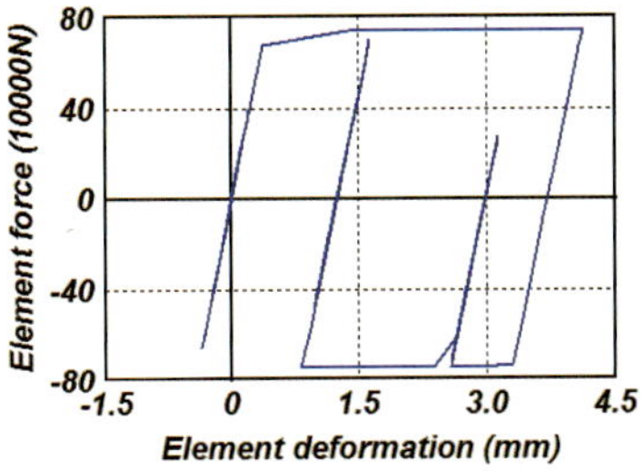

ETC(#130) 기존건축물과 보강건축물의 층별 최대층간변형각응답을 그림 6.7.8, 성능평가결과를 표 6.7.13에 나타내었다. 한국시설안전공단의 '기존시설물(건축물) 내진성능평가요령(2013)'에 따라 층간변형각을 이용하여 구조물의 내진성능을 평가할 경우, 내진설계가 된 경우와 되지 않은 경우로 나누어 평가한다. 평가요령에 따르면, 내진설계가 된 경우 대체로 내진설계가 되지 않은 경우보다 층간변형각을 최대 2배 정도 허용하는데, 보강건축물의 내진성능평가시 보수적으로 내진설계가 되지 않은 경우로 적용하여 평가하였다. 비선형동적해석에 의한 기존건축물 1층의 최대층간변형각은 0.78%(X방향), 0.43%(Y방향)으로 성능수준이 인명안전에 만족하지 못하였다. 반면, 제진시스템을 적용한 보강건축물의 최대층간변형각은 0.26%(X방향), 0.19%(Y방향)으로 즉시거주수준을 만족하는 것으로 나타났다.

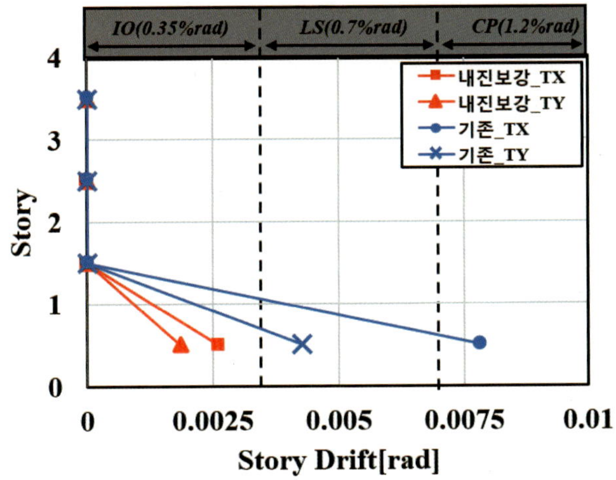

그림 6.7.8 ETC(#130) 기존건축물과 보강건축물의 층별 최대층간변형각응답

표 6.7.13 ETC(#130) 기존건축물과 보강건축물의 성능평가결과

	방향	필로티층 최대층간변형각	성능수준	최종판정
기존건축물	X방향	0.78% rad	붕괴방지	인명안전 인명안전
	Y방향	0.43% rad	인명안전	
보강건축물	X방향	0.26% rad	즉시거주	즉시거주 즉시거주
	Y방향	0.19% rad	즉시거주	

6.8 제진공법에 의한 필로티건축물의 내진보강공법

6.8.1 필로티건축물의 내진보강대책

필로티건축물의 1층 혹은 저층부는 주차공간을 확보하거나 상업시설로 활용하기 위하여 프레임 구조형식을 가지며 2층 이상의 상층부는 거주공간을 위하여 대부분 벽식구조로 이루어져있다. 필로티층은 기둥과 코어 벽체 및 최소한의 벽체만이 설치되어 있으므로 벽식구조인 상층부에 비하여 상대적으로 강도와 강성이 부족하다. 또한 지진하중이 작용할 경우 연층 혹은 약층 메커니즘에 의해 손상이 집중하거나 층 전체가 붕괴될 가능성이 매우 높다. 1995년 일본의 고베지진, 1999년 대만의 지지지진 및 터키의 이즈미트지진, 2009년 이탈리아 라퀼라지진 발생시 필로티건축물은 수직 비정형성으로 인하여 필로티 층 전체가 붕괴되거나 대변형이 잔류하는 등의 피해사례가 발생함에 따라, 필로티건축물의 지진취약성이 입증된 바 있다.

다층건축물에서는 엘리베이터 및 계단실을 위한 코어 벽체가 필연적으로 존재하게 되며 필로티건축물에서는 특히 필로티층에서의 기둥과 코어 벽체간 강도 및 강성차가 큰 경우가 대부분이다. 지진하중 작용시 강성이 높은 코어 벽체는 기둥에 비하여 상대적으로 큰 수평하중을 부담하게 되어 손상이 집중되며 이에 반해 기둥은 강성비에 따라 극히 작은 손상이 발생하거나 탄성상태를 유지할 가능성이 높다. 따라서 필로티건축물의 내진성능향상을 위

한 보강공법은 필로티층의 코어 벽체와 기둥의 강도 및 강성 차이에 따른 동특성 및 파괴메커니즘을 고려할 필요가 있다.

일반적인 필로티건축물의 내진보강 공법으로는 골조 내 철근콘크리트 벽체를 신설하거나 철골브레이스를 설치하는 방법 등의 강도향상 공법 또는 기둥을 강판이나 CFRP(Carbon Fiber Reinforced Plastics)와 같은 섬유시트로 감싸는 등의 연성향상 공법이 있다. 벽체를 신설하거나 철골브레이스를 설치하는 경우 필로티층의 차량이나 거주자의 동선에 영향을 줄 수 있으며 미관이나 채광에 불리한 점이 있다. 연성향상형의 경우 지진하중 작용시 건축물의 붕괴를 지연시켜 거주자의 대피시간을 확보할 수 있는 장점이 있으나 주요 구조부재는 손상이 발생함에 따라 재사용이 어려워 복구가능성이 낮다.

강성이 작은 기둥부재에 높은 강성을 가지는 이력형 댐퍼를 설치하여 보강하는 경우, 기둥부재의 강도 및 강성을 향상시키고 기존의 강성이 큰 코어 벽체에 집중되는 하중 및 입력에너지를 분산시킬 수 있다. 또한 강재이력형 댐퍼는 그림 6.8.1에 나타낸 바와 같이 강성이 크고 항복변위가 작아 조기에 항복하여 이력거동에 의해 지진입력에너지를 변형에너지의 형태로 소산시킨다. 따라서 기존의 구조부재에는 상대적으로 입력되는 하중 및 에너지가 저감되므로 손상을 저감하는 것이 가능하다. 댐퍼와 구조부재의 항복변형비가 4.0 이상인 경우 대부분의 지진에너지는 댐퍼에 의해 소산되는 것으로 밝혀져 있으므로, 주요 구조부재는 탄성상태를 유지할 수 있다.

전술한 제진공법에 의한 내진성능향상기법은 강성이 큰 코어 벽체와 상대적으로 약한 기둥을 가지는 필로티층의 구조적 특성을 고려한 것으로, 벽체 신설 및 철골브레이스 신설 공법과 비교하여 차량 및 거주자의 출입에 방해가 되지 않으며 지진하중이 작용하여도 구조부재의 손상을 최소화할 수 있는 장점을 가진다.

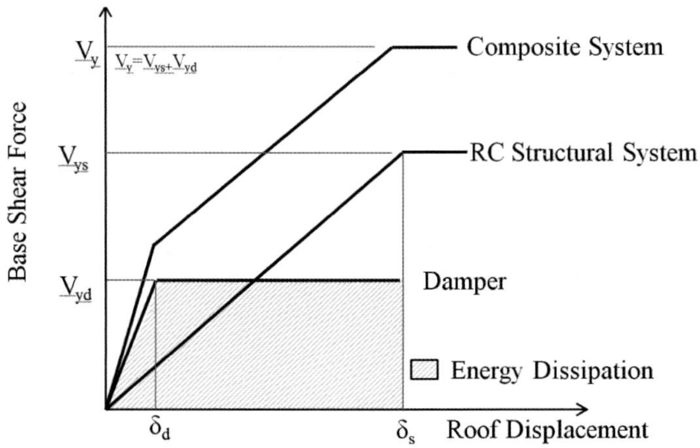

그림 6.8.1 제진보강에 의한 필로티층의 하중-변위관계

6.8.2 제진공법에 의한 내진보강성능 검증을 위한 실험연구

백은림 등(2014)은 기존 필로티건축물을 제진공법에 의하여 내진보강을 실시하고 동적 실험에 의하여 보강성능을 평가한 바 있다. 보강 후 내진성능을 비교하기 위한 대상으로 그림 6.8.2와 같은 평면을 가지는 기존 필로티건축물을 고려하였다. 철근 배근상세는 표 6.8.1와 같다. 전술한 비보강 실험체는 필로티층에 4개의 기둥, 테두리 보, ㄷ형 코어 벽체가 있고, 2층은 1층에서 연결되는 코어 벽체와 개구부를 가지는 외부벽체로 구성되어 있다. 또한 필로티층을 가지는 RC조 다세대 주거시설의 표본(그림 6.8.3)에 의한 고유주기(0.15~0.2초)를 확보하기 위하여 2층과 지붕층 슬래브에 각각 90kN의 부가질량을 설치하였다.

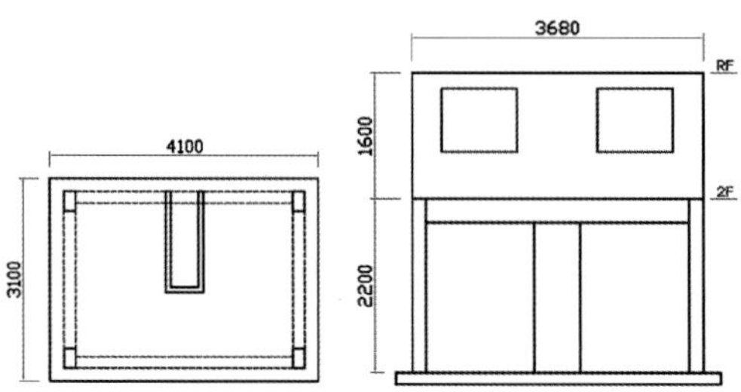

그림 6.8.2 실험체 평면 및 입면

표 6.8.1 철근상세

	Loc.	Size(mm)	Reinforcement Details
Column	-	300×180	Long. : 8EA-D13 / Hoop : D6@200
Wall	Core	THK. 80 (Double)	Vert. : D6@150 / Horiz. : D4@100
	2F	THK. 80 (Single)	Vert. : D6@150 / Horiz. : D4@100

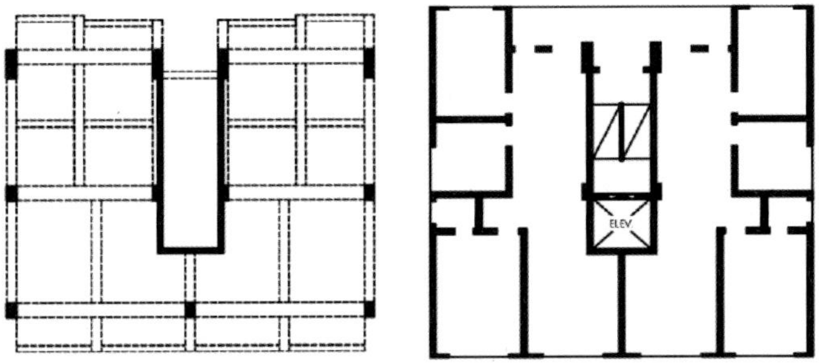

(a) 필로티층　　　　(b) 상층부

그림 6.8.3 표본건축물 평면도

보강실험체의 상세를 그림 6.8.4에 나타내었다. 강재댐퍼는 4개의 기둥에 설치되었으며 지진하중의 방향에 관계없이 저항능력을 발휘할 수 있도록 원형단면(ϕ18mm, 높이 100mm)의 강봉을 채용하였다. 댐퍼의 설계강성을 확보하기 위하여 강봉 상부 및 하부에 강재 지지플레이트를 설치하고 이를 접합플레이트를 이용하여 기둥 주각 및 주두에 앵커볼트와 무수축 모르타르를 이용하여 접합하였다. 지진하중 작용시 댐퍼의 변형이 구속되지 않도록 댐퍼와 지지플레이트는 기둥에서 80~90mm 가량 유격을 두고 설치하였다. 또한 가진방향으로 저항하는 X방향 코어 벽체는 기둥 및 댐퍼의 변형에 대응할 수 있도록 1.2mm 두께의 강판에 탄소섬유시트를 양면으로 부착한 강판섬유시트 복합패널을 설치하여 연성능력을 보완하였다. 패널에 의한 코어 벽체의 강성 증가는 약 5.9kN/mm으로 댐퍼보강에 의한 기둥의 강성증가량의 1/20 미만의 수준이므로 댐퍼보강 메커니즘의 기본이 되는 손상분포법칙에는 크게 영향을 미치지 않는 것으로 판단된다. 표 6.8.2에 비보강 및 보강실험체의 설계내력을 나타내었다. 강재댐퍼로 보강한 실험체는 비보강실험체에 비하여 강도는 약 2배, 강성은 약 3.3배 향상되었다.

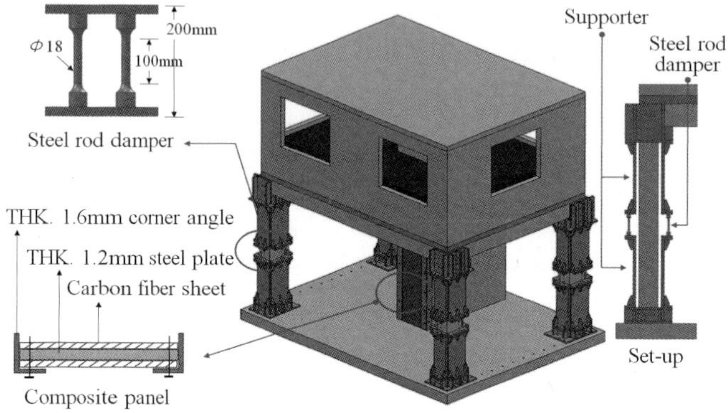

그림 6.8.4 보강실험체 상세

표 6.8.2 구조특성치

		개수	비보강	보강
항복내력(kN)	기둥	4	25.7	25.7
	코어	1	38.7	38.7
	댐퍼	8	–	18.7
합계			141.5	287.5
탄성강성(kN · mm)	기둥	4	5.3	5.3
	코어	1	39.6	39.6
	댐퍼	8	–	17.3
합계			61.1	199.2
붕괴모드			코어 휨파괴	댐퍼 항복

진동대실험에 사용한 입력파는 El Centro NS(1940년, PGA=351gal)이며 원파가속도의 10%, 50%, 100%, 120%, 150%, 180%, 200%, 220%로 스케일링하여 총 8단계의 가진레벨을 순차적으로 입력하였다. 그림 6.8.5와 같이 2층 및 지붕층 슬래브에 가속도계 및 변위계를 설치하여 응답가속도와 응답변위를 측정하였다. 기둥 및 코어 벽체의 변형률 측정을 위하여 기둥 주각 및 주두부의 주근, 가력방향(X방향) 코어 벽체의 중앙부 수평전단근, Y방향 코어 벽체의 양단부 주근에 스트레인게이지를 부착하였다.

그림 6.8.5 계측 및 실험체 셋업

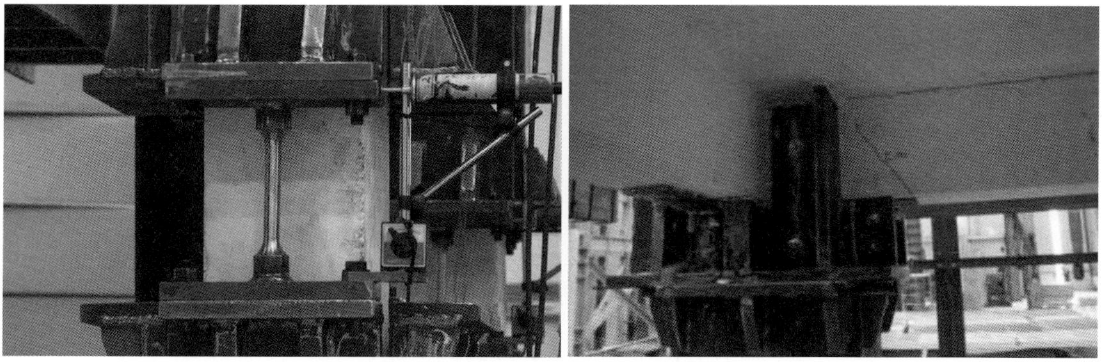

그림 6.8.6 실험체 상세

6.8.3 내진보강 성능검증을 위한 실험결과

1) 균열 및 파괴양상

비보강실험체는 가진 3단계인 El Centro NS 100%시 최초로 코어 벽체에 전단균열이 발생하였으며 가진 스케일 증가에 따라 균열폭이 증가되어 가진 5단계(150%)에서 코어 벽체가 전단파괴되었다(그림 6.8.7(a)). 반면 기둥은 주각 및 주두부와 기둥-보 접합부에 휨균열이 발생한 정도의 손상에 그쳤다. 이는 코어 벽체와 기둥의 강성차에 따라 코어 벽체에 작용하는 하중이 더 크기 때문으로 판단되며, 상대적으로 강성이 작은 기둥이 손상을 덜 받는다고 할 수 있다. 그림 6.8.7 (b)는 정면 좌측 기둥주각부의 균열상황으로 실험 전 초기균열이 관찰되었으므로 손상이 다소 집중되어 콘크리트가 일부 탈락하였으나 그 외의 기둥은 모두 양호한 상태로 나타났다.

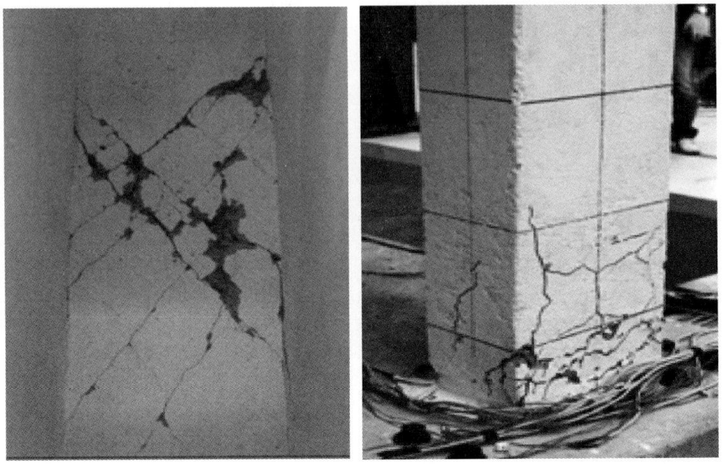

(a) 코어 벽체의 전단균열(가진 5단계) (b) 기둥 주각부의 휨균열(가진 5단계)

그림 6.8.7 비보강실험체의 손상(종국상황)

강재댐퍼로 보강한 실험체는 비보강실험체가 파괴된 가진 5단계(150%)에서 코어 벽체에 휨균열이 발생한 정도의 손상에 그쳐 기둥의 강성이 확보됨에 따라 코어 벽체에 하중이 집중되지 않고 분산된 것으로 판단된다(그림 6.8.8(a)). 이후 가진단계가 증가할수록 코어 벽체의 손상 심화 및 댐퍼 변형이 증가하였고 가진 8단계(220%)에서 코어 벽체 하부 콘크리트의 압괴가 심화되고 철근이 노출되어 실험을 종료하였다. 댐퍼 제거 후 기둥을 관찰한 결과 그림 6.8.8 (c)와 같이 댐퍼 접합플레이트 상부면에서 휨균열이 관찰되었으며, 콘크리트 탈락 등은 발생하지 않았다. 비보강 실험체의 코어 벽체는 전단균열에 지배되어 파괴된 반면 보강실험체에서는 상부 및 하부 접합면의 휨에 의한 콘크리트 압괴손상이 두드러지게 나타났다.

(a) 코어 벽체의 전단균열(가진 5단계) (b) 코어 벽체 하부 압괴(가진 8단계)
(c) 기둥주두부 휨균열(가진 8단계) (d) 댐퍼의 변형(가진 8단계)
그림 6.8.8 보강실험체의 손상

2) 탁월주기

비보강 및 보강실험체의 가진 스케일에 따른 고유주기의 변화를 그림 6.8.9에 나타내었다. 비보강실험체의 고유주기는 가진 1단계(10%)에서 0.17초로 나타났으며 손상이 크게 나타나지 않은 가진 3단계(100%)까지 완만한 증가를 보이다가 손상이 심화된 가진 4단계(120%) 및 5단계(150%)에서 주기가 급격히 증가하여 최종적으로 0.47초로 나타났다. 보강실험체의 경우 가진 1단계(10%) 고유주기가 0.19초로 나타났고 가진 5단계(150%)까지 크게 증가하지 않은 점으로 미루어보아 구조부재의 손상이 거의 발생하지 않은 것으로 추측된다. 이후 가진 스케일이 증가함에 따라 주기가 길어지며 최종 가진 8단계(220%)에서 0.69초로 나타났다.

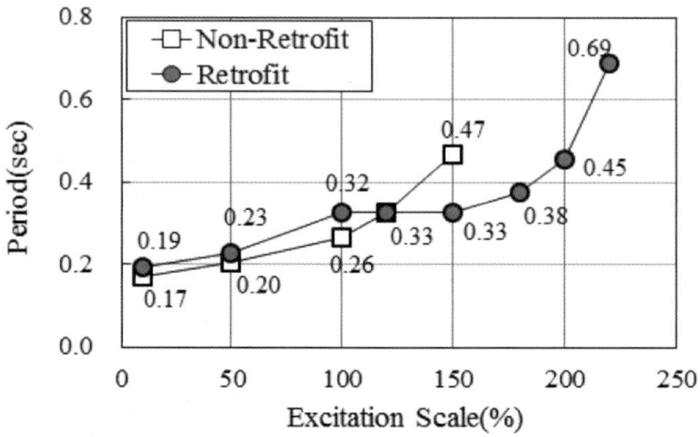

그림 6.8.9 가진 스케일에 따른 고유주기 변화

3) 가속도응답

가진 2단계(50%)와 5단계(150%)에서 비보강 및 보강실험체의 필로티층 응답가속도시간이력을 그림 6.8.10에 나타내었다. 두 실험체는 탄성상태에 가까운 가진 2단계에서 응답의 위상 및 진폭이 거의 일치하는 경향을 보였으며 가진 5단계에서는 초기 가진 시에 비하여 진동주기가 길어진 것으로 나타내었다. 특히 비보강실험체는 20~30초 사이에 응답가속도가 증폭되는 것으로 나타나는데, 이는 코어 벽체의 콘크리트 탈락에 의한 손상으로 주기변화가 발생하고 이로 인하여 응답의 증폭이 나타난 것으로 판단된다.

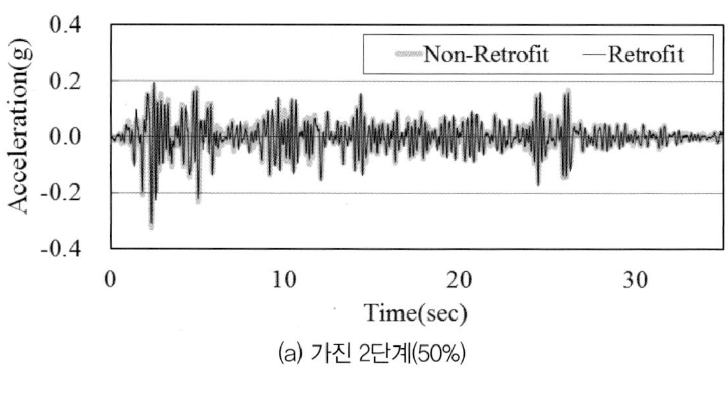

(a) 가진 2단계(50%)

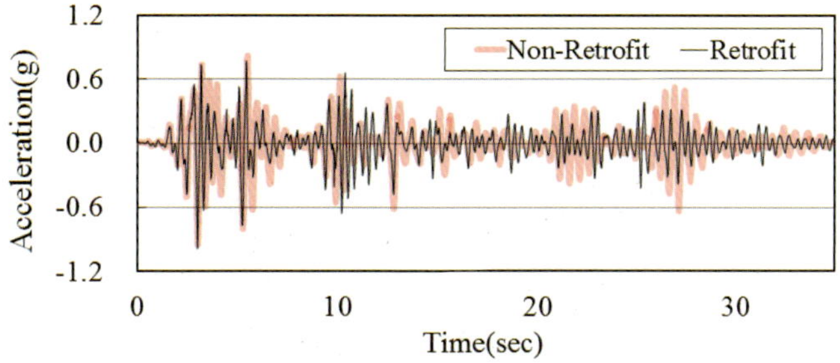

(b) 가진 5단계(150%)

그림 6.8.10 응답가속도시간 이력

가진 스케일에 따른 응답가속도의 층분포를 그림 6.8.11, 입력가속도에 대한 응답가속도의 비를 그림 6.8.12에 나타내었다. 응답가속도는 그림 6.8.11에 나타낸 바와 같이 두 실험체 모두 필로티층에서 크게 증폭되었으며 상대적으로 강성이 강한 상층부는 응답의 증폭이 작아 강체거동을 한 것으로 판단된다. 두 실험체는 가진 5단계까지 응답가속도의 크기가 거의 유사하게 나타내었다. 그러나 입력가속도에 대한 응답가속도의 비를 나타낸 그림 6.8.12에서는 비보강실험체의 경우 가진 스케일이 증가할수록 응답비가 증가하는 경향을 나타내었으나 보강실험체는 가진 3단계(100%)부터 가진 7단계(200%)까지 입력가속도의 크기에 관계없이 약 2.0~2.1 정도의 유사한 응답을 나타내었다. 이는 강재댐퍼의 제진효과에 의해 가속도응답이 제어되었기 때문으로 판단된다. 또한 손상이 크게 발생한 최종 가진단계에서는 응답가속도가 크게 저하되는 결과를 나타내어 손상으로 인해 강성 및 강도가 소실되었음을 유추할 수 있다.

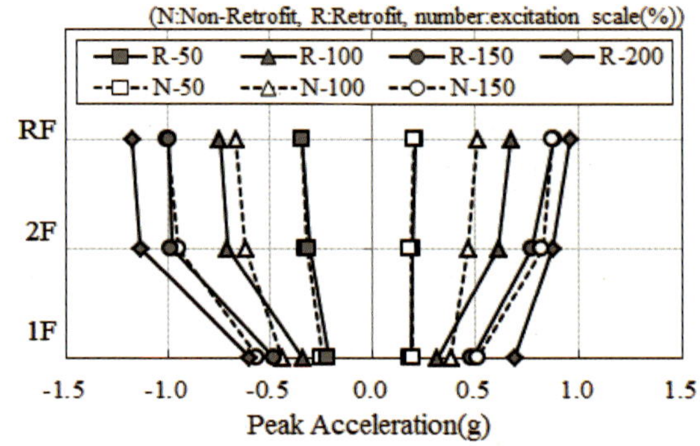

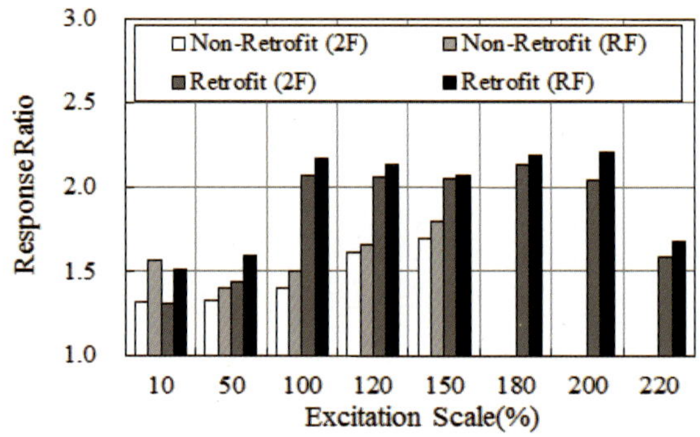

그림 6.8.11 층별 응답가속도(상)　　그림 6.8.12 입력가속도와 응답가속도의 비(하)

4) 변위응답

가진 3단계(100%)와 5단계(150%)에서 비보강 및 보강실험체의 필로티층 응답변위시간 이력을 그림 6.8.13에 나타내었다. 가진 4단계(120%)까지 두 실험체의 응답변위는 비슷하게 나타내었으며 5단계(150%)에서 비보강 실험체의 코어 벽체가 전단파괴됨에 따라 필로티층의 응답변위는 36mm(층간변형각 1/60)까지 증폭되었다. 그림 6.8.13 (b)에 나타낸 바와 같이 20~30초 사이에 비보강실험체의 응답변위가 증폭되는 것으로 나타나는데, 이는 코어 벽체의 균열이 크게 확장되고 콘크리트가 탈락되면서 강성이 크게 저하되었기 때문인 것으로 판단된다. 반면 보강실험체의 경우 가진 5단계(150%)에서 비보강실험체에 비하여 약 45% 수준의 변위응답이 나타나 응답저감율이 50% 이상으로 나타났다. 그림 6.8.14에 나타낸 층별 응답변위에서는 두 실험체 모두 필로티층의 응답이 크게 증폭되는데 반해 상층부는 크게 증폭되지 않아 응답가속도와 유사한 경향을 나타내었다.

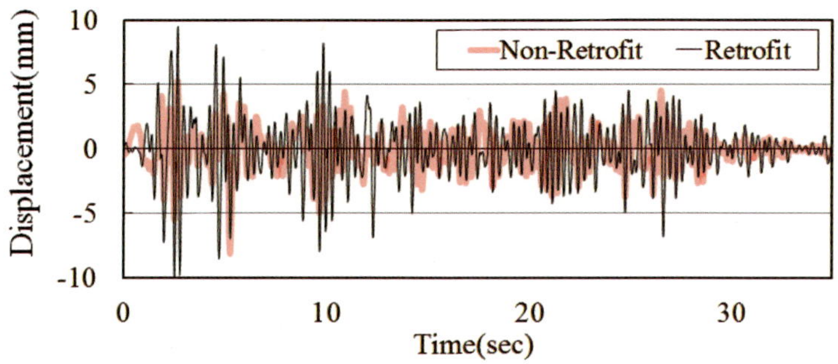

(a) 가진 3단계(100%)

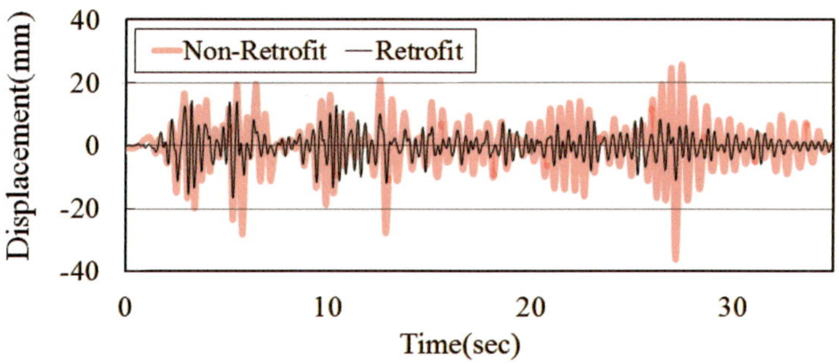

(b) 가진 5단계(150%)

그림 6.8.13 응답변위시간 이력

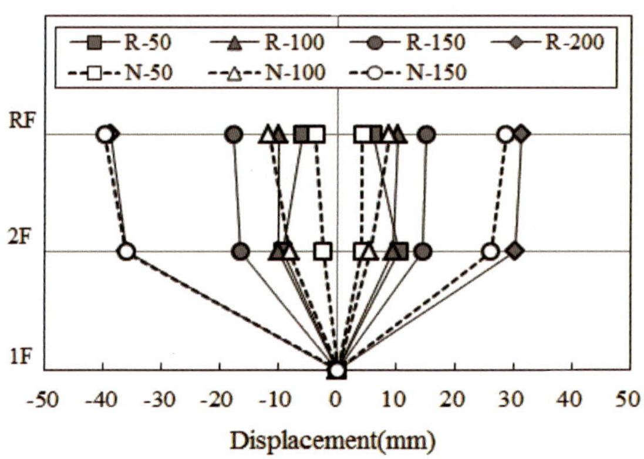

그림 6.8.14 층별 응답변위

5) 밑면전단력-필로티층 변위관계

그림 6.8.15에 가진 5단계(150%)시 밑면전단력과 필로티층의 변위관계를 나태었다. 그림 6.8.15 (a)의 비보강실험체는 에너지소산 면적이 거의 없이 원점지향에 가까운 형태로 거동하여 전형적인 벽구조형식의 이력루프를 나타낸 반면, 그림 6.8.15 (b)의 보강실험체는 댐퍼가 항복하여 Bi-Linear형의 거동이 반영되어 에너지소산의 형태를 나타내었으며 안정적인 이력으로 거동하였다. 또한 그림 6.8.15 (c)에 나타낸 최종 가진 8단계(220%)시 보강실험체의 거동은 댐퍼의 이력거동에 크게 지배되는 경향을 나타내었다.

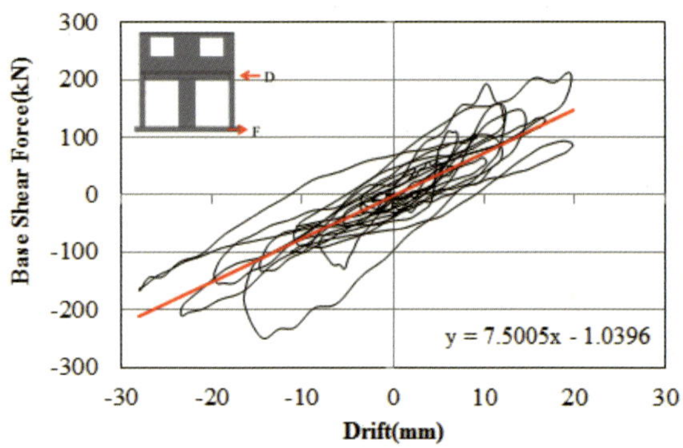

(a) 비보강실험체(가진 5단계)

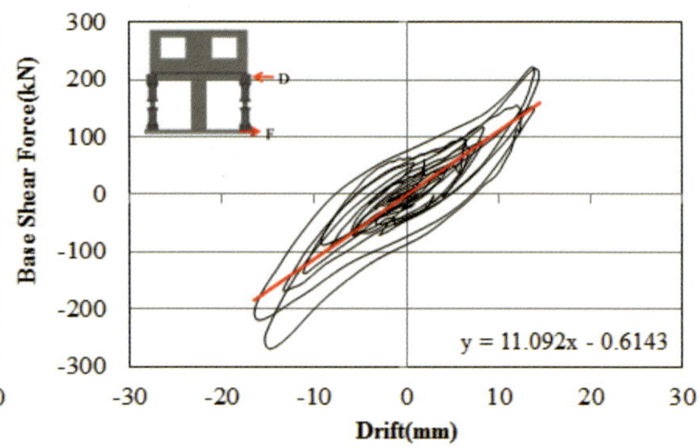

(b) 보강실험체(가진 5단계)

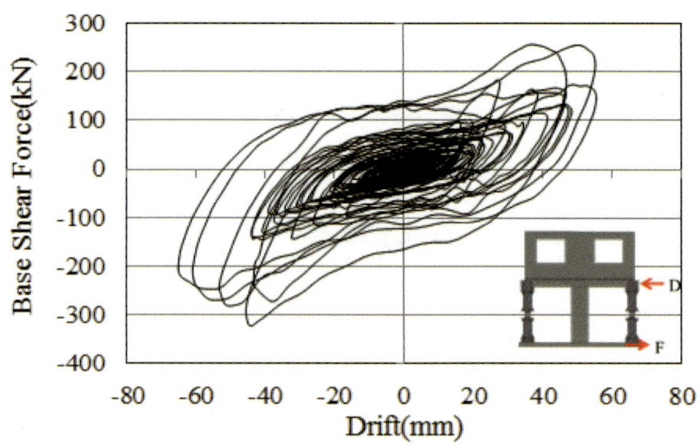

(c) 보강실험체(가진 8단계)

그림 6.8.15 밑면전단력-필로티층 변위관계

6) 부재별 손상도평가

비보강 및 보강실험체의 주요 부재에 발생한 손상을 변형률 응답을 이용하여 그림 6.8.16에 나타내었다. 비보강실험체의 경우 가진 4단계에서 코어 벽체의 전단보강근이 항복에 도달하였으며 5단계에서 4 정도의 항복비를 나타내며 크게 변형하였다. 보강시험체의 경우 기둥 주근의 일부 위치에서 항복에 도달하기도 하였으나 평균치는 항복변형률에 미치지 못해 가진 7단계까지 대부분의 기둥이 탄성상태를 유지한 것으로 나타내었다. 코어 벽체 또한 비보강 실험체가 파괴된 가진 5단계까지 항복하지 않았으며 그 이후 가진 스케일이 증가함에 따라 항복 후 손상이 다소 발생하였다. 반면, 강재댐퍼의 경우 가진 스케일이 증가함에 따라 댐퍼의 변형률도 비례적으로 증가하여 댐퍼가 소성거동에 의해 에너지를 소산시켰음을 추정할 수 있다. 특히 부재별 변형률 분포를 나타낸 그림 6.8.17 (a)에서 비보강실험체는 기둥보다 코어 벽체에 손상이 집중됨에 따라 손상분포가 부재의 강성에 지배된다는 것이 확인되었다. 반면 그림 6.8.17 (b)에 나타낸 보강실험체의 변형률분포에서는 댐퍼는 크게 항복하고 주요 구조부재는 탄성상태를 유지함에 따라 댐퍼를 이용한 내진보강이 구조부재의 손상제어에 효과가 있는 것으로 나타났다.

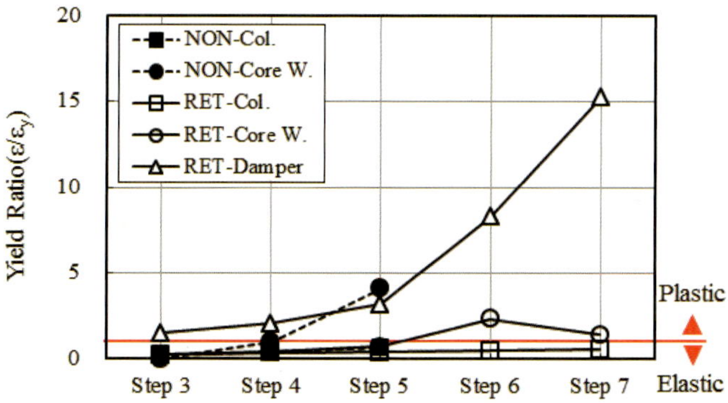

그림 6.8.16 가진 스케일에 따른 변형률응답

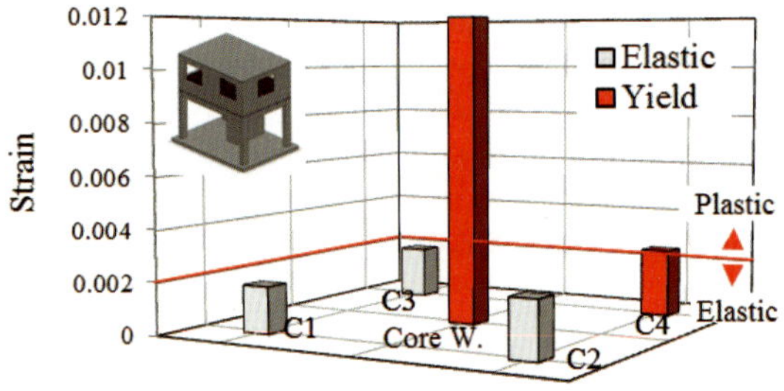

(a) 비보강실험체

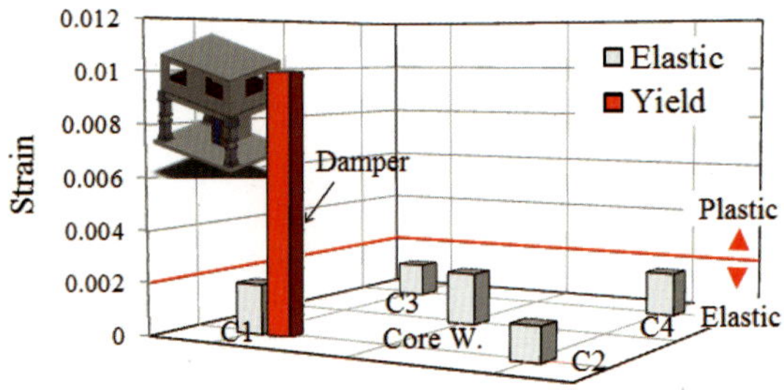

(b) 보강실험체

그림 6.8.17 부재별 변형률 응답분포 (가진 5단계)

7) 댐퍼의 거동

보강실험체에 설치한 강봉댐퍼는 강성확보 및 설계하중에 유동적으로 대응하기 위한 목적으로 교체가 가능하도록 강재 판 요소가 조립식으로 구성되어 있다. 이력거동을 하는 강봉댐퍼 외 상하부의 지지플레이트는 충분한 강성이 확보되어 지진하중 작용시 변형이 거의 발생하지 않는 것을 전제로 설계되었다. 그러나 그림 6.8.18에 나타낸 바와 같이 필로티층의 최대응답 시 상부 지지플레이트의 회전이 발생하여 보강재의 강성이 충분히 확보되지는 못한 것으로 판단된다. 이는 댐퍼와 기둥의 변위응답을 나타낸 그림 6.8.19와 같이 필로티층의 변위응답(d_c)이 댐퍼의 변형량(d_d)과 일치하지 않는 결과를 발생시켰다. 댐퍼의 변형량은 필로티층 변위의 1/7~1/3 수준으로 나타남에 따라 지지플레이트 접합부에서 회전변위가 발생한 것으로 판단된다.

그러나 댐퍼 및 기둥의 변형을 부재각으로 환산하여 나타낸 그림 6.8.20과 같이 댐퍼는 최대 0.18rad(약 1/5), 기둥은 0.02rad(약 1/50)으로 측정되어 댐퍼가 충분하게 변형하였으며, 이력거동에 의해 충분한 지진에너지를 소산시켰음을 알 수 있다.

(a) 초기상태

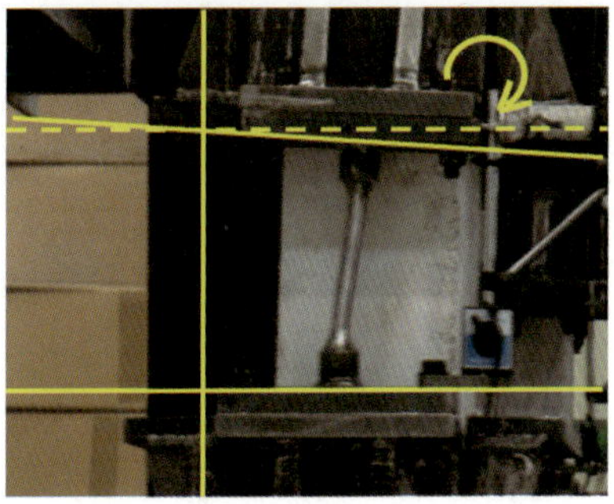

(b) 종국상황

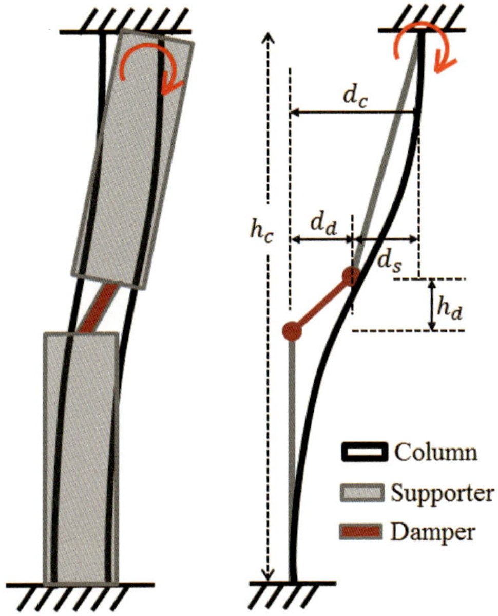

(c) 상부 지지플레이트의 회전

그림 6.8.18 댐퍼의 변형

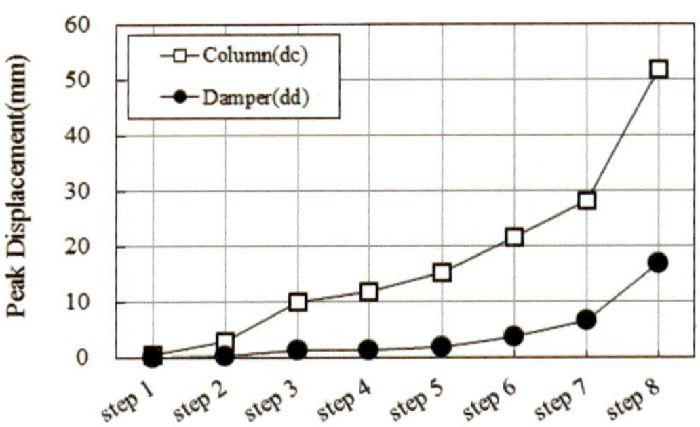

그림 6.8.19 기둥과 댐퍼의 변위

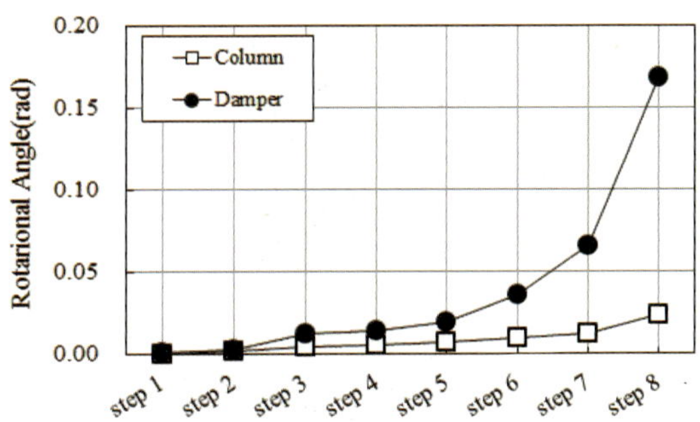

그림 6.8.20 기둥과 댐퍼의 변형각

표 6.8.3에 가진 스케일에 따른 댐퍼와 기둥의 잔류변형 및 누적잔류변형을 나타내었다. 누적잔류변형은 이론적으로 댐퍼와 기둥이 동일해야 하나, 가진 5단계(100%)까지는 기둥의 누적잔류변형이 댐퍼의 변형보다 크게 측정되었으며 6단계부터 최종 가진까지는 댐퍼의 잔류변형이 더 크게 측정되었다. 이는 5단계까지는 댐퍼 접합부에서 회전에 의한 변형

이 잔류되었으며, 6단계 이후에서는 댐퍼 접합부에 과도한 응력집중이 발생함에 따라 그림 6.8.21과 같이 댐퍼 상부접합부에서 앵커볼트가 탈락하는 등 접합부 손상이 발생하였고 이로 인하여 댐퍼 접합부에 Slip이 발생하였기 때문으로 여겨진다.

표 6.8.3 기둥과 댐퍼의 잔류변형

(단위 : mm)

가진 단계	가진 스케일(%)	댐퍼		기둥	
		잔류변형	누적치	잔류변형	누적치
1	10	0.00	0.00	0.07	0.07
2	50	0.02	0.02	0.02	0.09
3	100	0.01	0.03	0.06	0.14
4	120	0.00	0.04	0.12	0.27
5	150	0.06	0.10	0.09	0.36
6	180	0.41	0.51	0.20	0.56
7	200	1.43	1.94	0.44	1.00
8	220	3.26	5.20	0.72	1.71

(a) 앵커볼트 탈락

(b) 접합부 균열

그림 6.8.21 댐퍼 접합부의 손상

8) 에너지 소산능력

그림 6.8.22에 비보강 및 보강실험체의 가진 단계별 필로티층에서 소산된 변형에너지를 나타내었다. 변형에너지는 필로티층의 밑면전단력-변위관계에서 나타낸 면적으로 산출되

었다. 비보강실험체가 파괴된 가진 5단계(150%)까지 각 가진단계에서 소산된 변형에너지는 두 실험체가 비슷한 수준을 나타내었다. 이는 전술한 바와 같이 두 실험체에서 소산된 에너지의 양은 비슷하더라도 비보강실험체의 경우 구조부재의 손상에 의해, 보강실험체의 경우 댐퍼의 손상에 의해 변형에너지가 소산된 것으로 볼 수 있다. 또한 Akiyama(1985)에 의해 구조물에 입력되는 에너지의 양은 구조물의 총 질량과 고유주기에 의존하는 값이므로, 지진파에 의해 각 실험체에 입력된 에너지의 양은 비슷하기 때문에 보강실험체는 댐퍼의 이력거동에 의해 입력에너지를 대부분 흡수함에 따라 비보강실험체에 비하여 구조부재에 입력되는 에너지의 양이 저감되었다고 할 수 있다. 한편 보강실험체는 최종 파괴까지 비보강실험체에 비하여 약 5.5배 이상의 누적에너지를 흡수함으로써, 강재댐퍼 보강을 적용함에 따라 전체 구조물이 보다 큰 지진력에 저항할 수 있는 것으로 판단된다.

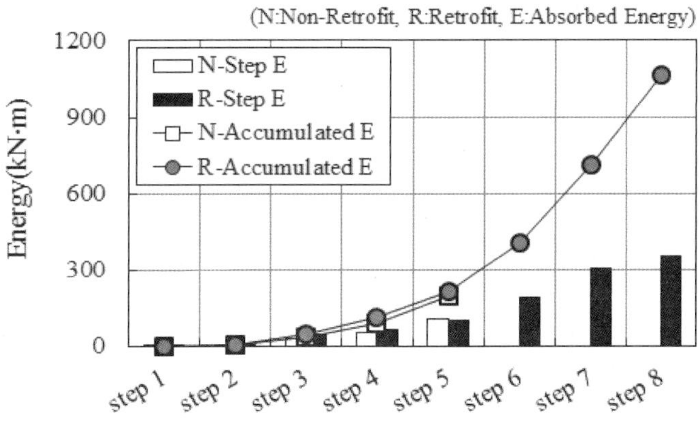

그림 6.8.22 누적입력에너지 비교

9) 소결

내진보강을 실시하지 않은 기존 필로티건축물에서는 필로티층의 코어 벽체가 전단파괴되는 반면 기둥부재에서는 휨균열이 발생하는 정도의 손상이 발생하여, 코어 벽체와 기둥의 강성차이에 의해 손상도가 다르게 나타내었다. 반면 강재댐퍼를 이용하여 보강한 필로티건축물에서는 비보강건축물이 파괴된 지진레벨에서, 댐퍼 부재의 항복 후 소성변형으로 인하여 지진입력에너지를 상당부분 흡수하였으며 코어 벽체 및 기둥은 탄성상태를 유지하였다.

따라서 강재댐퍼는 구조물에 입력되는 에너지를 저감하는 것으로 나타내었다. 또한 보강후 건축물은 최종 파괴까지 비보강건축물에 비하여 약 5.5배 이상의 누적에너지를 흡수함에 따라, 댐퍼 보강을 적용한 구조물에서는 더 큰 지진레벨에 저항할 수 있는 것으로 나타내었다.

보강여부에 관계없이 변위응답 및 가속도응답, 고유주기는 거의 유사하게 측정되었다. 이는 댐퍼의 강성이 충분히 확보되지 못한 결과로, 강성이 큰 댐퍼를 설치함으로써 골조의 접합부에 과도한 응력집중 및 하중이 작용하여 접합부가 손상됨에 따라 댐퍼 접합부의 회전 및 Slip이 발생하였기 때문인 것으로 추정된다. 따라서 댐퍼의 성능이 충분히 발휘되기 위해서는 댐퍼 및 골조접합부의 강성 및 강도가 확보되어야 할 것으로 판단된다. 또한 코어벽체의 강도가 부족한 경우 댐퍼가 충분히 에너지를 흡수하기 전에 코어 벽체가 파괴될 가능성이 있기 때문에 내진보강 시 각 부재간의 내력 및 강성관계를 명확히 산정하여 설계할 필요가 있다.

제7장

문화재건축의 피해 및 분석

김 호 수*

7.1 문화재 피해현황

2017년 11월 15일에 발생한 규모 5.4의 포항지진에 따른 문화재피해는 총 31건으로 나타났으며, 세부적으로는 국가지정문화재가 11건, 시도지정문화재 등이 20건이다. 기와탈락(12건), 벽체균열(13건) 등 대부분 경미한 피해로 확인되었다. 표 7.1.1은 각 문화재별 피해유형 및 피해내용을 나타낸다.

표 7.1.1 문화재 피해현황 (문화재청 보도자료, 2017)

a) 국가지정문화재 (11건)

연번	문화재명	종별	피해유형	피해내용
1	포항 보경사 승탑	보물 제430호	기타	상륜부 이동
2	포항 보경사 적광전	보물 제1868호	기와 탈락	보경사 적광전 천정 및 포벽 흙 표면 탈락, 내부 불단 하부 박석침하
3	경주 정혜사지 십삼층석탑	국보 제40호	기타	석탑 옥개석부재 이동
4	경주 양동 무첨당	보물 제411호	기와 탈락	내림마루 숫기와 및 수막새 탈락, 마루기와 1장 탈락
5	경주 기림사 대적광전	보물 제833호	벽체 균열	공포이완 및 균열
6	경주 양동마을 송첨 종택	국민 제23호	기와 탈락	송첨종택 서백당 담장기와 탈락
7	경주 양동마을 사호당 고택	국민 제74호	기와 탈락	와구토 다수 탈락 및 담장기와 이완
8	경주 양동마을 두곡 고택	국민 제77호	벽체 균열	담장벽체 훼손
9	경주 양동마을 수졸당 고택	국민 제78호	벽체 균열	대문벽체 균열, 화장실 내림마루 숫기와 흘러내림
10	경주 양동마을	국민 제189호	기와 탈락	양동마을 내 삼신고택 담장 일부 숫마루장 탈락, 마루기와 11장 탈락
11	경주 남산 용장계 지곡 제3사지 삼층석탑	보물 제1935호	기타	석탑축 변위

* 김호수 : 청주대학교 건축공학과 교수

b) 시 · 도지정문화재 (14건)

연번	문화재명	종 별	피해 유형	피해내용
1	포항용계정	도유형문화재 제243호	기와 탈락	배면담장 및 협문 화장실 기와 흘러내림, 석축 일부 배부름현상
2	포항 분옥정	도유형문화재 제450호	기와 탈락	담장기와 교란
3	포항 흥해향교 대성전	도유형문화재 제451호	벽체 균열	담장 일부파손 및 내림마루 탈락 대성전 담장파손 지붕기와탈락 및 벽체탈락
4	포항우각리 여주이씨고택	도유형문화재 제462호	기와 탈락	담장(15m)기와류 탈락 아궁이 벽체(경미파손)
5	상달암	도유형문화재 제290호	기와 탈락	담장기와 탈락
6	포항오덕리 사우정고택	도민속문화재 제81호	기와 탈락	일부기와골 이완 와구토 탈락 및 담장기와골 교란
7	포항 달전재사	도민속문화재 제143호	기타	담장붕괴
8	영덕 괴시동 물소와고택	도민속문화재 제169호	기와 탈락	담장숫기와 탈락(2m) 담장기와 다수 탈락
9	입암서원일원	도기념물 제70호	벽체 균열	관리사건물 미장 경미탈락
10	신숭겸 장군유적	도기념물 제1호	벽체 균열	표충사 전면 좌측 당골막이 탈락 (대구광역시)
11	포항 하학재	도민속문화재 제144호	벽체 균열	벽체균열 및 기둥균열
12	거동사대웅전	도유형문화재 제137호	벽체 균열	소로부분 이완, 창방 연결부분 벌어짐(영천시)
13	종오정일원	도기념물 제85호	벽체 균열	기와이완 30㎡ 벽체탈락 20㎡
14	포항 보경사 서운암 후불탱화 및 신중탱화	시도유형문화재 제367호	기타	보관장소인 인법당 기둥 3개 균열 및 뒤틀림

c) 문화재자료 (6건)

연번	문화재명	종 별	피해 유형	피해내용
1	연일향교대성전	문화재자료 제1호	기와 탈락	기와탈락
2	청하향교	문화재자료 제328호	벽체 균열	대성전 벽체탈락 및 균열 담장기와류 탈락
3	제남헌	문화재자료 제250호	벽체 균열	좌, 우 벽체 미장 탈락
4	기림사약사전	문화재자료 제252호	벽체 균열	약사 전내 헌다벽화, 포벽갈라짐
5	종덕재정당	문화재자료 제91호	벽체 균열	건물 기울어짐, 기둥담장 벽체 균열, 기와이탈 및 기둥 기울어짐, 바닥구들장 균열 및 벽체 틀어짐
6	경주 남산 지암곡 제2사지 삼층석탑	문화재자료 제600호	기타	3층 옥개석 및 노반 동북방향으로 이동

7.2 피해내용 분석 및 대책방안

(1) 석조문화재 피해내용 분석 및 대책방안

1) 석조문화재 피해현황

포항지진에 따른 대표적인 석조문화재 피해는 국가지정문화재 3건, 문화재자료 1건이다. 석조문화재의 피해는 석탑, 승탑 등의 상부에서 변위가 발생한 것으로 파악되었으며, 피해현황은 표 7.2.1와 같다.

표 7.2.1 석조문화재 지진피해현황 (문화재안전상황실 보고자료, 2017)

구분	포항 보경사 승탑	경주 정혜사지 십삼층석탑
지진 피해	○ 옥개석과 상륜부 연결부위의 모르타르탈락 ○ 모르타르탈락으로 인한 상륜부 이동 ○ 상륜부가 기울어짐에 따라 승탑 불안정	○ 12층 탑신, 12층 옥개석, 13층 탑신, 13층 옥개석, 노반이 돌아감 ○ 북서쪽으로 약 5cm 이동
지진 피해 현황	지진 전	

	지진 후	

<table>
<tr><th>구분</th><th>경주 남산 용장계 지곡 제3사지 삼층석탑</th><th>경주 남산 지암곡 제2사지 삼층석탑</th></tr>
<tr><td>지진 피해</td><td>○ 3층 옥개석 및 노반 이동</td><td>○ 3층 옥개석 및 노반 이동</td></tr>
<tr><td rowspan="4">지진 피해 현황</td><td colspan="2">지진 전</td></tr>
<tr><td></td><td></td></tr>
<tr><td colspan="2">지진 후</td></tr>
<tr><td>
</td><td>
</td></tr>
</table>

2) 석조문화재 지진피해내용 분석

포항지진으로 인해 피해가 발생한 석조문화재는 승탑과 석탑이 있으며, 승탑은 몸돌이 지나치게 길고 크며, 폭이 좁아서 안정감이 적다. 승탑의 경우 세장한 상륜부가 몸돌에 비해 지진에 취약하기 때문에 상륜부를 연결시켜 주는 모르타르가 파괴된 것으로 판단된다. 또한 석탑의 경우 하부에 비해 상부가 세장하며, 크기가 상부로 갈수록 급격하게 감소하기 때문에 상 · 하 부재 간 접촉 면적이 감소함으로써 하부에 비해 상부에 변형이 크게 나타난 것으로 판단된다.

포항지진과 같이 진동에너지가 크고, 단주기지진의 경우 무거운 하부보다 비교적 가볍고 크기가 작은 상부에 영향을 많이 미치게 된다. 이에 따라 포항지진에 따른 석조문화재의 피해도 대부분 상부의 미끄러짐 및 회전 등의 변형이 가장 큰 피해요인이다.

표 7.2.2 석조문화재 지진피해내용 분석

구분	피해현황	피해내용	피해원인
승탑	 	• 옥개석과 상륜부 연결부위의 모르타르탈락 • 상륜부가 기울어짐에 따라 승탑 불안정	• 몸돌이 지나치게 길고 크며, 폭이 좁음 • 세장한 형상으로 인해 지진에 취약함
석탑	  	• 12층 탑신 12층 옥개석, 13층 탑신, 13층 옥개석, 노반이 돌아감 (정혜사지 십삼층석탑) • 3층 옥개석 및 노반 이동 (지곡 제3사지 삼층석탑, 지암곡 제2사지 삼층석탑)	• 기단부가 크고 탑신부가 비교적 세장함 • 탑신부의 크기가 상부로 갈수록 급격하게 감소 • 상부의 질량이 비교적 매우 작음

3) 석조문화재 지진피해에 따른 대책방안

포항지진으로 인해 피해가 발생한 석조문화재의 대책방안으로 승탑의 경우 기울어진 승탑을 원위치로 복원시키는 것이 가장 중요하나 즉시 복원이 불가하다면 받침대 등을 이용하여 추가적인 지진에 승탑이 전도되지 않도록 해야한다. 또한 상륜부 연결부위의 모르타르탈락은 현재 큰 문제는 없을 것으로 판단되나 추가 지진 발생시 상륜부가 탈락될 우려가 있으므로 상륜부를 보강할 필요가 있다.

석탑의 경우 최상층 옥개석, 탑신, 노반 등이 미끄러지거나 회전하여 부재중심축이 일치하지 않아 추가지진 발생 시 탈락 및 비틀림 등의 구조적문제가 발생할 우려가 있으므로 원위치로 복원시킬 필요가 있다. 또한 부재와 부재사이의 미끄러짐이나 회전을 방지하기 위해 충전재를 사용하여 부착하거나 고임쇠 등을 사용하여 부재 수평을 맞추어 추가지진에 의한 피해가 없도록 해야 한다.

표 7.2.3 석조문화재 지진피해에 따른 대책방안

구분	대책방안
승탑	 • 기울어진 승탑 원위치 복원 • 받침대 등을 이용하여 2차적인 피해 방지 • 상륜부 연결부위 모르타르 재시공
석탑	 • 원위치 복원 • 충전재를 사용하여 상하부재 밀착 • 고임쇠를 사용하여 수평맞춤

(2) 목조문화재 피해내용 분석 및 대책방안

1) 목조문화재 피해현황

포항지진에 따른 주요 목조문화재 피해는 국가지정문화재 8건, 시도지정문화재 14건, 문화재자료 5건이다. 목조문화재의 피해는 지붕기와, 벽체, 골조, 담장 등의 위치에서 균열, 탈락 및 파손 등의 피해가 나타났으며, 피해내용은 표 7.2.4와 같다.

표 7.2.4 목조문화재 지진피해현황 (문화재안전상황실 보고자료, 2017)

구분	포항 보경사 적광전	경주 양동 무첨당
지진 피해	○ 천정 및 포벽 흙 표면탈락 ○ 내부 불단 하부 박석침하	○ 사당 지붕 내림마루 흘러내림 ○ 숫기와 및 수막새탈락
지진 피해 현황	  	 

구분	경주 기림사 대적광전	
지진 피해	○ 벽체 및 포벽 균열발생 ○ 대적광전 회벽 갈라짐, 남암 회벽탈락 ○ 남암 벽체탈락 및 당골 균열발생 ○ 공포부재 파손, 이완 및 균열발생	
지진 피해 현황	  	  

구분	경주 양동마을 송첨 종택	경주 양동마을 수졸당 고택
지진 피해	○ 서백당 담장 기와탈락	○ 대문벽체 균열발생 ○ 화장실 내림마루 숫기와 흘러내림
지진 피해 현황		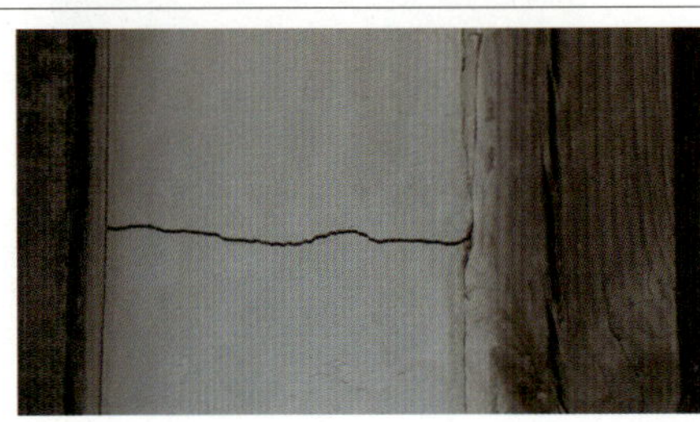

구분	경주 양동마을	포항 하학재
지진 피해	○ 양동마을 내 삼산고택 등 담장 일부 숫마루장탈락 ○ 담장 마루기와탈락	○ 벽체균열 및 기둥균열
지진 피해 현황		

<table>
<tr><th>구분</th><th colspan="2">포항 흥해향교 대성전</th></tr>
<tr><td>지진 피해</td><td colspan="2">○ 담장 일부파손 및 내림마루탈락
○ 대성전 담장파손
○ 지붕기와탈락 및 벽체탈락</td></tr>
<tr><td>지진 피해 현황</td><td>

</td><td>

</td></tr>
</table>

구분	종오정 일원	종덕재정당
지진 피해	○ 사당 지붕배면 기와탈락, 벽체탈락 (20㎡) ○ 삼문 좌측 내림마루 흘러내림 ○ 일성재 우측 내림마루 흘러내림	○ 관리사건물 기울어짐 ○ 기둥담장 벽체균열 ○ 기와이탈 및 기둥침하 ○ 바닥구들장 균열 및 벽체 틀어짐
지진 피해 현황	   	   

구분	청하향교
지진 피해	○ 대성전 벽체 탈락 및 균열 ○ 보 균열 발생 ○ 담장 기와류 탈락
지진 피해 현황	     

구분	제남헌	
지진 피해	○ 좌우 벽체 미장 탈락 ○ 담장 기와 탈락 ○ 보 균열 발생 ○ 지붕기와 흘러내림	
지진 피해 현황	  	  

구분	기림사 약사전
지진 피해	○ 약사전 내 헌다벽화 및 포벽갈라짐
지진 피해 현황	 

2) 목조문화재 지진피해내용 분석

포항지진으로 인한 목조문화재의 피해는 발생위치에 따라 지붕기와, 벽체, 골조, 담장으로 구분할 수 있다. 지붕기와의 경우 흙 반죽을 통해 부착했기 때문에 시간이 지남에 따라 부착력이 떨어져 충격에 쉽게 떨어질 수 있다. 이로 인해 지붕의 기와들이 지진하중으로 이완 및 흘러내림, 탈락된 것으로 판단된다.

벽체의 경우 흙과 가는 목재를 이용해 만들었으며, 벽체 내부목재는 시간이 지남에 따라 썩거나 손상되어 강도가 저하되기 때문에 철근과 같이 내부를 보강하기에는 부적합하고 압축력에는 강하나 인장력에 취약하다. 이로 인해 피해가 발생한 벽체들이 지진하중에 의해 균열이 발생하거나 취성파괴가 발생한 것으로 판단된다.

골조의 경우 목재로 구성되어 있고 이음, 맞춤 등을 이용하여 접합하였다. 목재는 오랜 시간이 지남에 따라 내구성저하 등의 영향으로 강도가 약해질 수 있으며, 접합부나 부재의 단부에서 균열이나 파괴가 발생하기 쉽다. 이에 따라 피해가 발생한 구조부재는 접합부가 파괴되거나 내구성저하로 인한 균열이 발생한 것으로 판단된다.

담장의 경우 흙과 돌을 이용해 담장을 쌓고 기와를 얹어 마감하였다. 그러나 담장 기와의 경우 기와 사이에 흙 반죽을 얇게 발라 쌓기 때문에 부착성능이 매우 떨어지며, 담장은 흙과 돌을 이용해 쌓기 때문에 횡력에 취약하며 심한 진동이 작용할 경우 파괴될 수 있다. 이러한 원인으로 인해 피해가 발생한 담장은 대부분 기와가 탈락되고 담장에 균열이 발생하였으며, 심한 경우 담장이 붕괴된 것으로 나타났다.

표 7.2.5 목조문화재 지진피해내용 분석

피해위치	피해현황	피해내용	피해원인
지붕	 	• 지붕기와 탈락 • 내림마루 흘러내림 • 지붕기와 이완 • 숫기와 및 수막새탈락	• 흙 반죽 접착을 통한 부착력저하 • 지붕경사로 인한 흘러내림
벽체	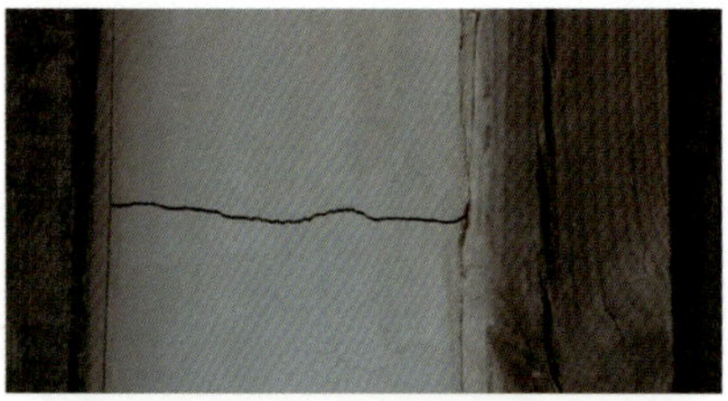 	• 벽체균열 발생 • 벽체탈락	• 흙을 사용해 만든 벽체는 내부보강재가 부족하여 압축력은 강하나 인장력이 낮음 • 벽체와 골조의 일체거동이 되지 않음

<table>
<tr><td>골조</td><td>
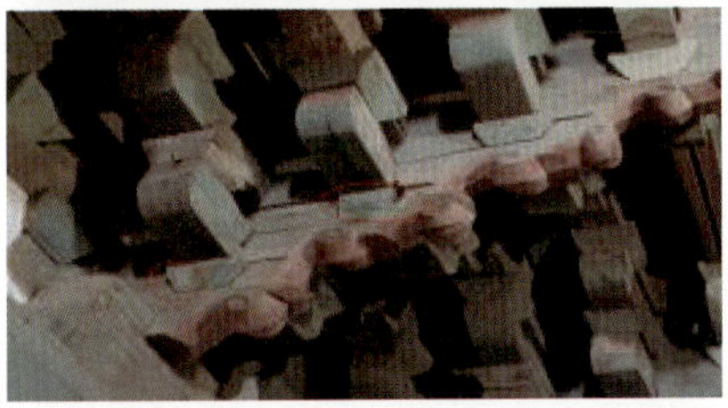</td><td>• 공포부재 파손, 이완 및 균열발생
• 보 균열발생</td><td>• 오랜 시간이 지남에 따른 강도저하
• 목재의 접합부, 단부 균열 및 파괴</td></tr>
<tr><td>담장</td><td>

</td><td>• 담장기와탈락
• 담장파손 및 붕괴
• 담장 균열발생</td><td>• 기와 사이에 흙반죽을 얇게 발라 쌓기 때문에 부착성능 저하
• 흙과 돌로 구성되어있기 때문에 횡력에 취약
• 심할 경우 붕괴가능</td></tr>
</table>

3) 목조문화재 지진피해에 따른 대책방안

포항지진으로 인해 피해가 발생한 목조문화재는 지붕의 경우 탈락되거나 흘러내린 기와를 원위치로 복원시키고, 이 때 흙 반죽이 아닌 다른 부착성능이 좋은 재료를 사용하여 부착해야 한다. 벽체의 경우 마감재가 탈락한 부분은 회반죽을 통해 원상태로 복원하여 원위치부재와의 결속력을 증가시켜 주어야 할 것으로 판단된다.

골조의 경우 균열이 발생한 위치에는 적절한 보수재료를 이용하여 균열을 메꾸어 주거나 주변에 보강재를 설치하여 균열이 진행되지 않도록 해야 한다. 또한 파괴된 부재는 즉시 교체해 주거나 임시보강조치를 실시하여 추가적인 피해가 없도록 한다.

담장의 경우 탈락되거나 흘러내린 기와는 부착성능이 좋은 재료를 사용하여 복원하고, 균열이 발생한 부분은 균열이 더 이상 진행되지 않도록 보수보강을 실시한다. 붕괴되거나 파손된 부분은 재건작업을 실시하여 원상태로 복원시켜야 한다.

표 7.2.6 목조문화재 지진피해에 따른 대책방안

구분	대책방안
지붕	 • 원위치 복원 • 부착 성능이 좋은 재료를 사용하여 부착

<table>
<tr><td>벽체</td><td>
• 탈락된 부분 복원
• 적절한 보수재료를 이용한 균열 보수보강</td></tr>
<tr><td>골초</td><td>
• 적절한 보수재료를 이용한 균열 보수보강
• 파괴부분 교체수리
• 임시 보수보강을 통한 안전성 확보</td></tr>
</table>

지붕

- 기와 원위치 복원
- 모르타르나 보수재료 등을 이용한 균열 보수보강
- 붕괴된 부분 재건

제8장
비구조요소의 피해 및 분석

최 경 규*

8.1 비구조요소 정의 및 분류

(1) 비구조요소 정의

건축구조물에서 사용되는 비구조요소를 FEMA E-74에서는 건축물을 구성하는 구조재 이외의 모든 요소로 정의하며, CCS그룹에서는 건축물의 구조체를 제외한 모든 요소로 정의내린다. 실제로 비구조요소는 천장재, 내장재, 기계 및 전기설비, 배관계통, 공기조화설비 등 매우 다양한 요소를 의미한다.

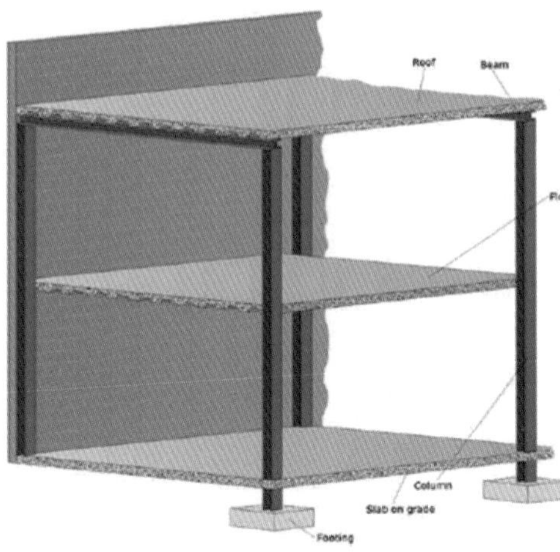

그림 8.1.1 건축용 구조체 (FEMA E 74)

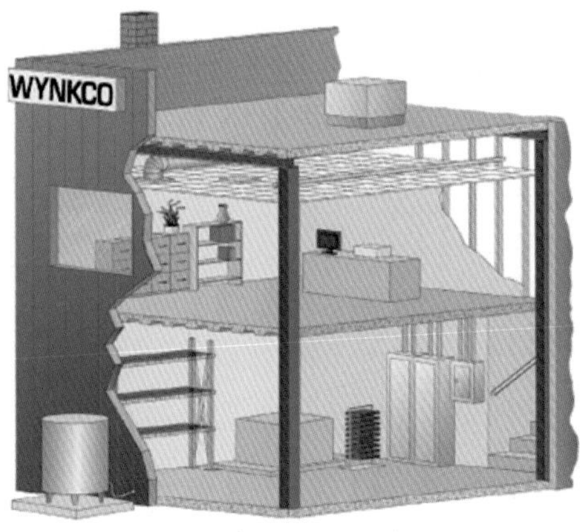

그림 8.1.2 건축용 구조체+비구조요소 (FEMA E 74)

* 최경규 : 숭실대학교 건축학부 부교수

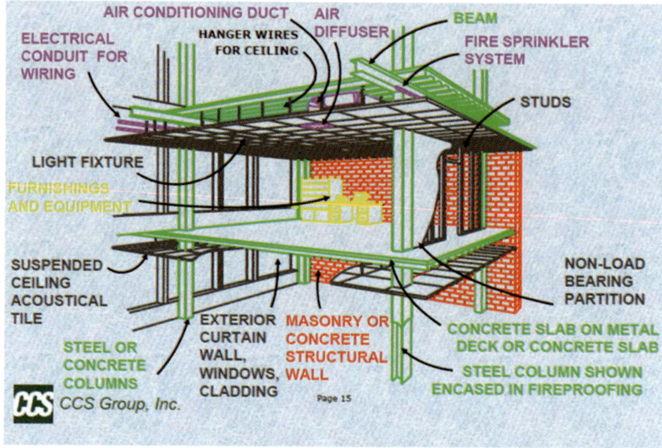

그림 8.1.3 구조체와 비구조요소의 정의 (CCS그룹)

(2) 비구조요소 특징

비구조요소는 종류가 매우 많으며, 하나의 비구조요소도 시공방법과 제품의 수준이 매우 다양하다. 따라서 비구조요소의 지진 피해특성이 다양하고 예측이 어려운 특징을 가지고 있다. 그럼에도 불구하고 현재 비구조요소는 공학적 설계가 이루어지지 못하며 대부분 단순시공되고 있는 실정이다.

(3) 비구조요소 분류

건축구조기준(KBC 2016)과 다르게 아래의 표 8.1.1과 같이 분류된다.

구분		비고
건축 비구조요소	천장재	천장재, 조명설비[(1)] 포함(HVAC 제외)
	내장재	가구전도[(2)], 실내문[(2)], 조적채움벽(학교) 포함
	외장재	외부 조적치장벽, 유리창, 패러핏, 외부미장 손상 포함
기계 및 전기 비구조요소	기계 및 전기설비	전기설비, 엘리베이터, 외벽 노출배선, 태양광 · 열 발전판 포함
	배관 및 공기조화설비	옥상설비, 건축물외벽 배관, 난방설비, 창가 실외기, HVAC 포함
건축 외 비구조요소	건축물 외 구조물	담장, 광고물 포함

(1) 조명설비의 경우 천장재 동반한 피해가 많아 천장재에서 함께 다룸

(2) 문 뒤틀림이나 가구전도의 경우 내장재에서 다룸

(4) 건축물

본 조사에서 다루어진 건축물은 다음과 같다.

1) **KTX 포항역사** (방문)
2) **한국전력공사 북포항지사** (방문)
3) **포항지역(초 · 중 · 고)학교** (일부방문)
4) **S대학교** (미방문)
5) **포항지역 주택 및 아파트** (미방문)
6) **M중증장애인 주거시설(이하 M시설)** (방문)
7) **포항 교통방송국** (미방문)
8) **Y어린이집** (미방문)
9) **H대학교** (방문)
10) **포항지역 상가** (일부 방문)

8.2 비구조요소 피해사례

각 요소별 피해사례를 정리하면 다음과 같다.

(1) 천장재

1) **KTX 포항역사 :** 천장에 매달린 지시 · 전광판 주변의 중량천장재 다수 탈락 (그림 8.2.1)
2) **포항 교통방송국 :** 목재로 된 천장재가 탈락하여 방송기기를 덮치면서 방송사고 발생 (그림 8.2.2)
3) **S대학교 :** 기숙사건축물 복도 및 계단실 천장재와 천장재 틀 모두 탈락하여 붕괴 (그림 8.2.3)
4) **H대학교 :** 복도천장재 일부 탈락 (그림 8.2.4)
5) **포항지역 (초 · 중 · 고)학교 :** 강당 무대 위 천장조명 탈락, 교실 및 복도 천장재 일부 탈락, 강당 천장의 브레이싱 탈락하여 바닥에 박힘 (그림 8.2.5, 그림 8.2.6)
6) **흥해읍 요양병원 :** 간호사실 천장재 일부 탈락
7) **포항시내 상가건축물 :** 천장재와 함께 조명 탈락

그림 8.2.1 포항역 천장재 탈락

그림 8.2.2 포항교통방송국 천장재 탈락
(ref. 한국스포츠경제 기사)

그림 8.2.3 S대학교 천장재 붕괴

그림 8.2.4 H대학교 천장재 탈락

그림 8.2.5 C중학교 강당 천장 브레이싱 탈락

그림 8.2.6 S고등학교 강당 조명 탈락

(2) 내장재

1) **M시설 :** 지하기계실의 내부 블록채움벽이 전도되며 수배전반, 수도배관, 난방시설이 손상되는 2차피해 발생 (2개동 중 1개동 건축물기능 상실) (그림 8.2.7)

2) **H초등학교 :** 구조체(보)와 조적칸막이벽 경계로 균열이 발생하여 미장 파손 (그림 8.2.8)

3) **D중학교 :** 내부 타일마감재 파손 및 탈락

4) **D고등학교 :** 체육관 내부마감재 일부 탈락

5) **H중학교 :** 복도 대리석마감재 일부 파손 (그림 8.2.9)

6) **한국전력공사 북포항지사 :** 내부 타일마감재 파손 및 탈락 (그림 8.2.10)

7) **포항지역 빌라 :** 계단실 내부 타일마감재 파손 및 탈락

8) **포항지역 주택 :** 화장실 조적채움벽 파손 및 전도, 문틀 틀어짐으로 인해 문 개방 불가로 대피문제 발생 (문 개방 신고 43건) (그림 8.2.11)

그림 8.2.7 M시설 블록벽 전도

그림 8.2.8 H초등학교 내부 미장 손상

그림 8.2.9 H중학교 내부 대리석 마감 파손

그림 8.2.10 한국전력공사 북포항지사 타일 탈락

그림 8.2.11 포항지역 주택 문 손상

(3) 외장재 및 유리창

1) **KTX 포항역사 :** 에스컬레이터 위의 유리마감재가 파손되며 낙하

2) **H대학교 :** 외부 조적치장벽이 구조체와 분리되어 붕괴 및 낙하로 인명피해 발생, 유리창파손 및 창틀의 파손으로 창 자체 탈락 (그림 8.2.12) (인명피해는 경상이지만 큰 인명피해를 유발할 수 있음)

3) **H초등학교 :** 외부 조적치장벽이 기둥과 분리되어 붕괴 및 낙하 (그림 8.2.13)

4) **흥해지역 상가 :** 옥상의 조적식 패러핏 전도 및 낙하로 주변차량 파손, 외부 대형유리창 파손 (그림 8.2.14) (패러핏 전도로 인해 외벽에 노출되어있던 배관 및 전선 손상)

5) **포항시내 상가 :** 다수의 대형유리창 파손 (그림 8.2.15) (상업건축물 기능 정지)

6) **포항지역 아파트 :** 중량의 외부마감재 탈락으로 차량 파손 (그림 8.2.16)

7) **Y어린이집 :** 조적패러핏 전도로 차량 파손 (그림 8.2.17)

8) **포항지역 주택 :** 외부 조적치장벽으로 마감된 다수의 건축물에서 탈락피해 발생

그림 8.2.12 H대학교 외부 조적치장벽 탈락 및 유리창 파손

그림 8.2.13 H초등학교 외부 조적치장벽 붕괴

그림 8.2.14 흥해지역 상가 패러핏 전도

그림 8.2.15 포항시내 상가 대형유리창 파손

그림 8.2.16 포항지역 아파트 외장재 탈락

그림 8.2.17 Y어린이집 조적패러핏 전도

(4) 기계 및 전기설비

1) **KTX 포항역사 :** 엘리베이터 기능 정지
2) **한국전력공사 북포항지사 :** 엘리베이터 기능 정지 (그림 8.2.18)
3) **M시설 :** 엘리베이터 기능 중지 및 지하블록벽으로 인한 수배전반 손상으로 정전 (그림 8.2.19)
4) **H대학교 :** 12대 중 11대 엘리베이터 기능 정지, 건축물 내부시설 중량의 기계 전도 (그림 8.2.20)
5) **흥해지역 상가 :** 패러핏이 낙하하며 외벽에 있던 전선이 손상하는 2차피해 발생 (그림 8.2.21)

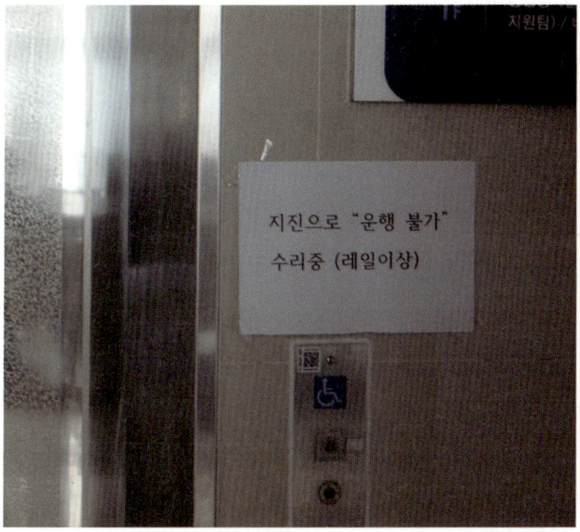

그림 8.2.18 한국전력공사 북포항지사 엘리베이터 고장

그림 8.2.19 M시설 배전설비 피해

그림 8.2.20 H대학교 중량기계 전도

그림 8.2.21 흥해지역 상가 외벽배선 손상

(5) 배관 및 공기조화설비

KTX 포항역사 : 배관 파손으로 누수 및 단수 (그림 8.2.22)

H초등학교 : 옥상에 위치한 물탱크가 기울어짐(전도가 우려됨) (그림 8.2.23)

M시설 : 지하실 난방시설 위치 이동 및 배관 파손 (그림 8.2.24) (2개동 중 1개동 건축물 기능 상실)

포항지역 주택(빌라) : 외부에 노출된 가스관 파손 (그림 8.2.25) (빌라의 경우 가스관이 외부에 많이 노출되어 있음)

포항지역 주택(아파트) : 옥상 물탱크 파손 (그림 8.2.26)

흥해지역 상가 : 옥상의 배기설비가 이동(설비의 이동으로 패러핏과 충돌 예상), 패러핏 전도로 외벽에 노출되어 있던 배관 파손 (그림 8.2.27)

그림 8.2.22 KTX 포항역사

그림 8.2.23 H초등학교 옥상 물탱크

그림 8.2.24 M시설 지하 난방시설 위치 이동

그림 8.2.25 포항지역 빌라 외부 노출 가스관 피해

그림 8.2.26 아파트 옥상 물탱크 전도로 파손
(ref. 아이맥스트럭처 윤병익대표)

그림 8.2.27 흥해지역 상가 옥상 배기설비 위치 이동 및 외벽 배관 파손

(6) 건축물 외 구조물

H대학교 : 기독교시설의 십자가 기울어짐, 농구장의 농구대 전도 (그림 8.2.28)

학산동 상가(학원) : 조적담장 전도로 주변차량 파손 (그림 8.2.29)

양덕지역 아파트 : 단지 내 분수대 파손 (그림 8.2.30)

포항지역 주택 : 다수의 담장이 균열 및 파손 · 전도되며 인명피해 발생 (그림 8.2.31)
(두부 외상으로 인한 중상자 1명)

그림 8.2.28 H대학교 기독교시설 십자가 기움

그림 8.2.29 학산동 상가 담장 전도

그림 8.2.30 포항지역 빌라 담장 전도

그림 8.2.31 양덕지역 아파트단지 내 분수대 파손

8.3 비구조요소 피해특성 분석

(1) 구조체손상과 비구조요소 손상의 관련성

구조체와 비구조요소의 손상을 성능수준에 따라 정리하면 아래의 표 8.3.1와 같다.

피해건축물	성능수준	
	구조체(1)	비구조요소(2)
KTX 포항역사	즉시사용 = 부분달성 예상 인명안전 = 달성	인명안전 = 실패 (기능수행이 요구됨)
한국전력공사 북포항지사	즉시사용 = 부분달성 예상	위치유지 = 미달성
H초등학교	인명안전 = 실패 붕괴방지 = 미확인	인명안전 = 실패
H대학교	인명안전 = 달성 예상	인명안전 = 실패
M시설	즉시사용 = 부분달성 예상	인명안전 = 실패 (기능수행 및 위치유지가 요구됨)

(1) 구조체 성능수준 : 즉시사용 〉 즉시거주 〉 인명안전 〉 붕괴방지
(2) 비구조요소 성능수준 : 기능수행 〉 위치유지 〉 인명안전 〉 고려안함

(2) 피해규모 및 양상

각 요소의 피해규모와 주요특성을 정리하면 다음과 같다.

1) 천장재

천장재 낙하로 2차적 재산피해 및 인명피해 발생가능성이 매우 높음

천장 중 M-Bar 시스템의 천장이 주로 파괴

기둥이나 지시판, 벽면 등 다른 요소와 인접한 천장재 다수 탈락

천장의 브레이싱이 압축·인장을 받으며 분리되어 탈락

2) 내장재

내장재 중 타일의 피해 다수

우려하였던 학교의 조적채움벽 전도는 큰 피해가 없음

문틀 틀어짐으로 문 개방이 되지 않아 대피에 어려움

3) 외장재

외장재로 인한 인명피해 및 재산피해 다수 발생

패러핏의 경우 옥상설비의 충돌로 전도가능성이 매우 높음

포항지진 피해 중 외부 조적치장벽 피해 다수

4) 기계 및 전기설비

다수의 엘리베이터 기능 정지 (균형을 잡아주는 가이드 슈 이탈)

전기설비의 피해로 건축물기능 상실

외관상 피해가 보이지 않아도 내부피해로 인해 기능 정지

내장재, 외장재 전도로 인한 2차적 피해를 입음

포항지역에 많은 태양열발전판이 존재하였으나 피해사례는 크지 않음

6) 배관 및 공기조화설비

수도 및 난방설비 피해로 건축물기능 상실

내장재나 외장재 전도로 인한 2차적 피해를 입음

옥상설비의 위치 이동으로 패러핏과 충돌가능성 매우 높음 (패러핏 전도 유발)

7) 건축물 외 구조물

다수의 담장 전도피해 발생 (중상자 발생)

2차적으로 재산 및 인명피해 유발가능성이 매우 높음

8.4 피해수준 및 보강방안

(1) 전체 피해집계

행정안전부 중앙재난안전대책본부 보고자료에서 보고된 전체 피해현황은 다음과 같다.

인명피해 : 92명 (6명 입원치료, 86명 귀가) 중 5명 중상

포항지역 피해액 : 1,235억원 (11월 30일 포항시 발표)

사유시설 피해 : 31,000개소

(주택 28,811개소, 상가 1,995개소, 공장 162개소, 기타 32개소)

공공시설 : 644개소

(학교건축물 235개소, 면사무소 · 공원시설 155개소, 항만시설 29개소, 국방시설 88개소, 문화재 31개소, 기타 106개소)

신고접수 : 3,174건 (엘리베이터 구조 신고 24건, 주택 문개방 신고 43건)

엘리베이터 안전점검결과 : 740대 중 59대 운행정지

상 · 하수도 등 피해 : 45개소

포항시 일대 정전 : 1,057세대

화재 : 4건 (전신주 2건, 분전반 1건, 난로전도 1건)

(2) 보강방안

포항지진 피해에 대한 분석을 바탕으로 비구조요소의 대표적인 보강방안을 제시하면 다음과 같다.

III-8

1) 천장재 (브레이싱)

안전한 폐쇄형 상세 적용

압축시 유연한 케이블 브레이싱 사용

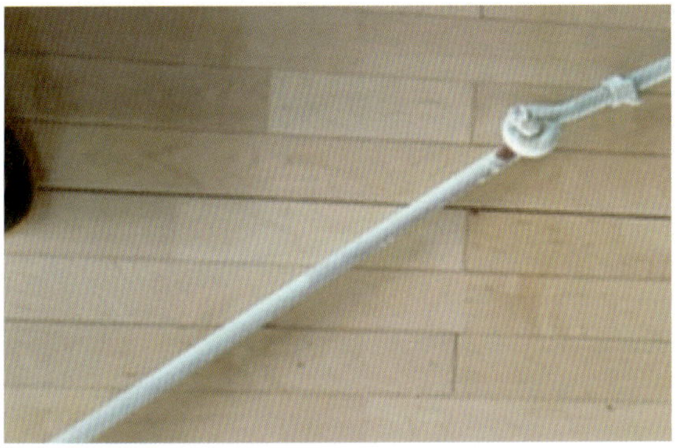

그림 8.4.1 포항지진 천장 브레이싱 탈락

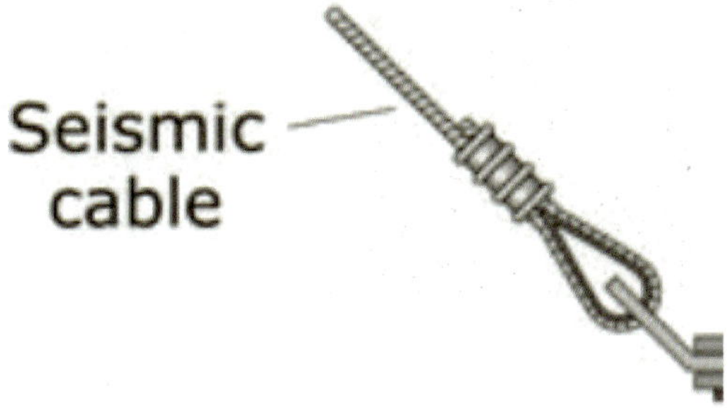

그림 8.4.2 케이블 사용 및 폐쇄형 상세 예 (FEMA E 74)

2) 내장재 (조적 · 블록칸막이벽)

석재칸막이벽 상단에 앵글을 설치하여 전도 방지 (FEMA E 74)

그림 8.4.3 포항지진 블록칸막이벽 전도

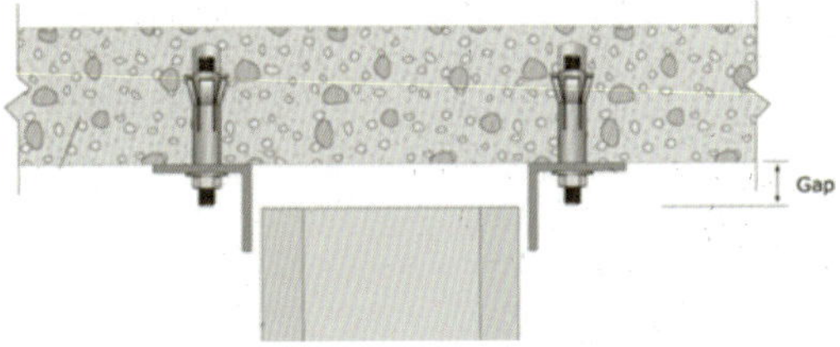

그림 8.4.4 내부 칸막이벽 상단 앵글 설치 예
(FEMA E 74)

3) 외장재 (외부 조적치장벽)

구조체에 스터드와 클립을 설치하여 마감재 고정 (FEMA E 74)

그림 8.4.5 포항지진 외부 조적치장벽 탈락

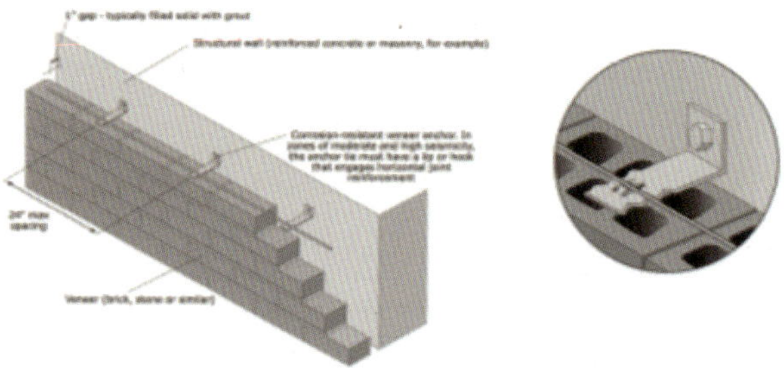

그림 8.4.6 외부 석재마감재 고정의 예 (FEMA E 74)

4) 기계 및 전기설비 (기계)

장치 하단에 앵커링 / 스누버 설치

정밀기계의 경우 면진장치 설치 (FEMA E 74) (정밀 센서를 장착한 기계의 경우 앵커링 시 오히려 가속도를 전달하여 내부센서 손상 및 기능정지 발생가능성이 높음)

그림 8.4.7 포항지진 기계전도

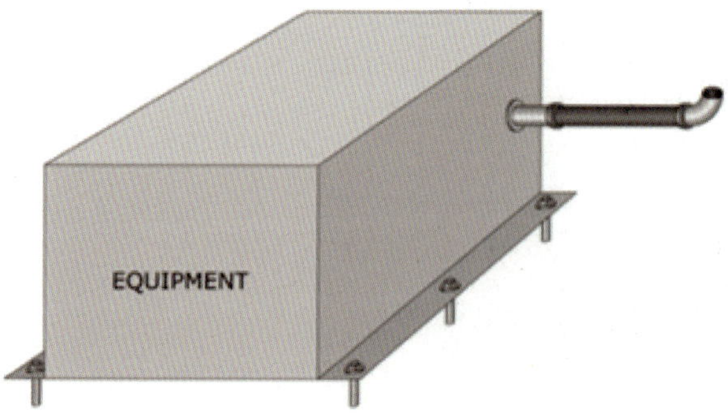

그림 8.4.8 내진 앵커 설치의 예 (FEMA E 74)

그림 8.4.9 단방향 내진 스누버 설치의 예 (FEMA E 74)

그림 8.4.10 면진장치(Vibration Isolation) (FEMA E 74)

8.5 비구조요소 내진안전성 향상을 위한 정책적 제안

포항지진에서 관측된 비구조요소의 피해현황을 바탕으로 내진안전성 확보를 위하여 몇가지 정책과 과업을 제시하면 다음과 같다.

(1) KBC 비구조요소 기준 개선

KBC에서는 비구조요소가 지진하중편(0306)에서 제시되고 있으며 KBC에서는 건축물 전체에 대한 성능설계법이 도입되었으나 비구조요소의 성능설계법이 불명확한 실정이다. KBC에서 비구조요소 설계시 성능목표별이 아닌 내진설계범주와 연계하여 적용범위(0306.10.1.)가 제시되고 있으며 내진등급에 따라서 허용치가 제시(0306.10.2.)되고 있다. 반면 ASCE 42.1.13의 경우 비구조요소 설계 시 성능목표 별로 설계가 가능한 상황이다.

(2) KS규격 개선

비구조요소 제품에 대한 KS규격(ex. KS D 3609 건축용 강제 받침재)은 있으나 대부분 수직하중에 대한 규격위주로 제시되어 있는 실정이다. 따라서 비구조요소 제품들의 수직하중 뿐만 아니라 지진하중에 대한 성능검증이 가능하도록 KS기준 개선이 필요하며 기술개발 장려가 필요하다.

(3) 시공계획서 제출 / 책임 구조기술사 검토

KBC 2016에 비구조요소 설계방법(0306.10)이 제시되어 있으나 실무에서 사용하기엔 어려움이 많다. 따라서 시공시 비구조요소 내진설계를 포함하는 시공계획서 제출의 의무화 및 책임구조기술사 검토 제도화가 필요하다.

(4) 국내제품 성능검증 선행

기계식 앵커 등으로 HILTI사 등 해외 제품(또는 중국산)을 주로 사용하고 있다 반면 국내제품의 기술적 검증이 충분하지 못한 실정이다. 따라서 내진 앵커 및 정착부품의 국산화를 위해서는 국내제품의 성능검증이 선행되어야 한다.

(5) 제품 설계시 PR설계법(표준내진상세) 개발 : 연구개발 측면

일부 비구조요소가 PR설계(표준내진상세)가 제시되나 시공자의 능력과 판단에 너무 의존하고 있다. 따라서 실무엔지니어가 사용하기 편리하게 공학적 설계와 함께 PR설계법(표준내진상세)이 함께 개발되어야 한다.

8.6 부록

포항지진에서 관측된 다양한 비구조요소에 대한 피해사례에 대한 사진자료를 정리하면 다음과 같다.

(1) 천장재

천장재의 대표적인 피해사례는 아래와 같음

그림 8.6.1 천장재의 대표적 피해사례

(2) 내장재

내장재의 대표적인 피해사례는 아래와 같음

그림 8.6.2 내장재의 대표적 피해사례

(3) 외장재

외장재의 대표적인 피해사례는 아래와 같음

그림 8.6.3 외장재의 대표적 피해사례

(4) 기계 및 전기설비

기계 및 전기설비의 대표적인 피해사례는 아래와 같음

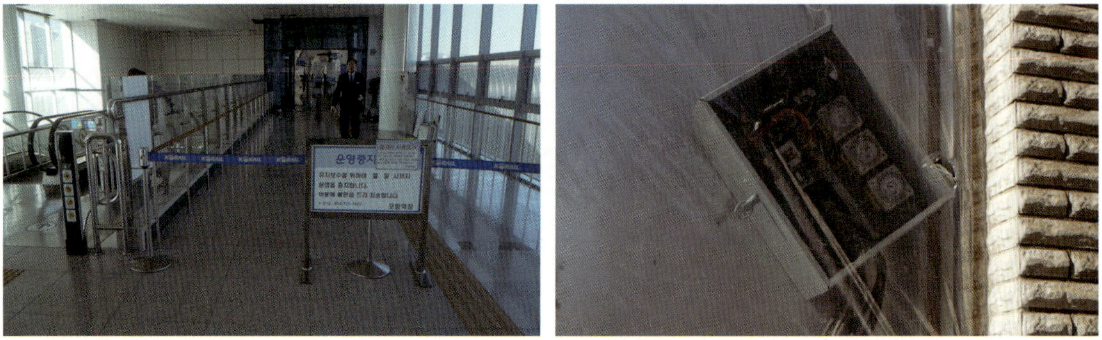

그림 8.6.4 기계 및 전기설비의 대표적 피해사례

(5) 배관 및 공기조화설비

배관 및 공기조화설비의 대표적인 피해사례는 아래와 같음

그림 8.6.5 배관 및 공기조화설비의 대표적 피해사례

(6) 건축물 외 구조물

건축물 외 구조물의 대표적인 피해사례는 아래와 같음

그림 8.6.6 건축물 외 구조물의 대표적 피해사례

제9장

지진피해 경감을 위한 지진방재대책 수립방향 제언

집필진 공동

빈번한 지진으로 지진방재가 생활화되어 있는 일본은 과거 대지진의 경험과 함께 건축에 관한 법률을 개정해 왔다. 일본의 지진방재를 위한 건축관련법 개정사례를 살펴본다.

일본은 1981년의 건축기준법 개정부터 "신 내진설계기준"을 도입하였는데, 이는 건축관련법 개정역사에 큰 획을 그었다고 할 수 있다. 1981년 이후 개정법 적용을 받은 건축물은 1995년 발생한 규모 7.2의 한신대지진에도 피해가 거의 없었던 것으로 보고되고 있어 신 내진설계기준은 적절히 개정되었다는 평가를 받고 있다. 한신대지진의 교훈으로 다수의 법률이 개정, 보강되어 현재까지 이르고 있다. 관련법 제정 및 개정역사를 간단히 정리하면 표 9.1로 요약할 수 있다.

표 9 1.1 일본의 건축관련법 제정 및 개정역사

연도	개정법규	개정된 주요사항	영향을 미친 지진
1924	시가지 건축물법 제정	내진기준 도입 (RC조에 지진력을 규정)	1923년 관동대지진(M7.9)
1950	건축기준법 제정	지진력에 대한 필요벽량 제정 골조 종류와 벽의 강도 제정	1948년 후쿠이지진(M7.1)
1981	건축기준법 개정, 신내진설계기준 도입	1, 2차설계, 층간변형각, 보유내력 등 도입	1978년 미야기지진(M7.4)
1995	내진보강촉진법 제정	1981년 이전 건축물에 대한 내진보강촉진법 제정 신내진 이전 건축물의 내진진단 의무화	1995 한진대지진(M7.2)
2000	건축기준법 개정 품질확보촉진법 성능표시제도 도입	지반조사의 의무화 구조의 안정성, 화재 시 안전, 사회적 약자 배려 등 주택의 성능표시제도	-

전술된 내용을 바탕으로, 우리나라 지진안전성 확보를 위하여 요구되는 법제도적 정비의 방향에 대하여 일본의 건축관련법 개정사례와 연계하여 다음을 제언한다.

9.1 내진보강촉진법

한신대지진의 교훈으로 1995년 12월 25일부터 시행된 법률로, 지진으로 인한 건축물의 붕괴 등의 피해로부터 국민의 생명, 신체 및 재산을 보호하기 위해 건축물의 내진보강 촉진을 위한 조치를 취함으로써 지진에 대한 건축물의 안전성 향상을 꾀하고, 공공의 복지를 확보하는 것을 목적으로 하고 있다.

1981년 이전에 건축된 건축물 중에서 특히 다수가 이용하는 일정규모 이상의 건축물을 "특정건축물"로 지정하고, 그 소유자로 하여금 건축물이 현행의 내진기준과 동등 이상의 내진성능을 확보할 수 있도록 내진진단이나 보강에 매진해야 하는 "노력의무"가 지워진다. 또 내진보강계획이 동법에 적합한지 인정을 받으면 내진보강에 관한 일정의 규제완화나 공적 융자자금 우대, 보조금 교부 등의 완화조치도 규정되어 있다.

내진보강촉진법은 2006년에 개정되어 이후 10년간 내진화율 90%라고 하는 구체적인 수치목표도 세우고 있다. 이를 실현하기 위해서 건축물의 소유주가 "자신의 문제"와 "지역문제"로 나누어 다뤄야 할 필요성이 제기되어, "특정건축물"의 대상이 확대되었다.

또 내진화율 목표달성을 위해 특정 행정청에 의한 "내진보강촉진계획"의 정책수립이 의무화되어 2008년 4월에는 모든 도와 현에서 계획이 실시되었고, 순차적으로 시, 군으로 계획수립과 내진보강 실시가 추진되고 있다.

내진보강촉진법은 2013년 11월 재개정으로 병원, 상점, 여관 등의 불특정 다수가 이용하는 건축물 및 학교, 요양원 등 피난을 배려할 건축물 중 대규모인 것 등에 대해 내진진단을 시행하고 보고할 것을 의무화했으며, 그 결과를 공표하도록 하고 있다.

또 내진보강을 원활히 촉진하기 위해 내진보강계획의 인정기준이 완화되어 보강공사의 확대로 인한 새로운 보강공법도 인정받을 수 있게 되었을 뿐 아니라, 용적률이나 건폐율 등의 특례장치도 마련되었다.

소유주가 다수인 건축물에 대해서는 내진보강 필요성의 인정을 받은 건축물에 대해 대규모의 내진보강을 시행하려 하는 경우에 있어서의 결의요건을 완화했다. 게다가 내진성에 관한 표시제도를 신설해, 내진성 확보 인정 건축물은 그 표시를 할 수 있게 했다.

9.2 주택품질확보촉진법

내진보강촉진법과 함께 우리나라의 향후 법 개정에서 참고해야 할 제도로 2000년 4월부터 시행된 주택품질확보촉진법(주택성능표시제도)을 들 수 있다. 이 제도는 품질이 좋은 주택을 소비자에게 공급함과 동시에 법적으로 건축주를 보호할 목적으로 제정되었다. 품질확보촉진법은 10년 하자담보기간/주택성능표시제도/분쟁처리기관 신설"의 3가지로 구성된다.

(1) 10년 하자담보기간

시공회사는 발생하는 하자에 대해서 건축 후 10년간 무상보수나 배상책임을 지는 것으로, 하자담보책임대상이 되는 것으로는 주택의 기초, 기둥, 바닥, 지붕 등 기본구조 부분과 누수 등에 관한 부위로 한정하고 있다. 또, 2008년 10월 시행된 주택하자담보이행법에 따라 시공회사는 하자담보보험 등의 가입이 의무화되었다.

(2) 주택성능표시제도

소비자가 구입하거나 계약하는 주택의 성능을 타 주택과 비교할 수 있도록 통일된 기준으로 주택의 성능을 표시하는 제도이다. 이 제도의 이용 여부는 주택을 취득하는 사람이나 주택 생산자, 주택 판매자가 임의로 선택할 수 있다. 평가하는 성능은 하기의 10개 항목이다.

구조의 안정성(내진성능, 내풍성능, 내적설성능, 지반의 허용지지력의 설정방법 등, 구조 안정성능)

화재 시의 안정(주택 내외에서 발생한 화재에 대한 내화성능, 감지기의 설치 등)

열화의 경감(주택의 내구성능, 열화대책)

유지관리에 대한 배려(주택설비 유지관리 용이성) 온열환경(주택의 단열성능, 에너지효율 등)

공기환경(포름알데히드 방사량 등 환기성능)

빛, 조망환경(주택개구부의 크기나 유효채광에 관한 성능)

음환경(주택 내외의 음에 대한 차음성능) 고령자 배려(배리어 프리-Barrier Free 성능)

방범(개구부의 침입방지대책)

9.3 우리나라 지진방재정책의 방향

우리나라는 일본에 비해 지진의 규모나 빈도면에서 안전하다고 여겨져 내진기준이나 내진보강촉진에 관한 법률이 일본에 비해 약하다고 평가할 수 있다. 일본이 규모 7.0 이상의 대지진을 경험하면서 건축관련기준법을 개정해 온 것은 당시 기준으로는 지진으로부터 인명이나 재산을 충분히 지킬 수 없다는 판단에 따른 것이다.

우리나라는 1988년에 처음으로 내진설계기준이 제정되어 2016년까지 5번의 개정을 거쳐 왔다. 현재는 2층 이상 또는 연면적 500㎡ 이상으로 새로 지어지는 건축물에 대해서 KBC 2016의 내진설계기준이 적용된다.

현재의 내진설계 기준을 벗어나 건축되어 있는 기존의 부적합 건축물에 대해서는 내진보강을 촉진할 수 있는 법률이 제정되어야 한다. 우선은 단계적으로 다수가 이용하는 건축물과 공공건축물에 대해서 내진진단 의무를 부여하고, 동시에 우선 내진보강 대상으로 지정해, 필요에 따라서는 보강에 따른 일정의 규제완화나 공적 융자자금 우대, 보조금 교부 등의 완화조치를 취하고, 또 경우에 따라서는 내진보강 명령을 내리는 등, 내진보강촉진을 위한 장치가 마련되어야 할 것으로 사료된다.

2016년 쿠마모토에서 발생한 지진으로 구 내진설계기준의 적용을 받은 건축물이 많이 붕괴되었지만 1981년 개정된 신 내진설계기준이 적용된 건축물의 붕괴 또한 적지 않았다. 특히 1층을 주차장 등으로 이용할 수 있도록 기둥만으로 또는 벽이 적은 공간으로 구성되어 있는 필로티구조 형식 건축물의 피해가 많았다.

필로티구조는 직하형 지진에서 두드러지게 나타나는 수평동(롤링)에 매우 약한 구조물이다. 포항지진으로 가장 많은 피해를 입은 구조형식 또한 필로티구조물이다. 이 구조형식의 설계에서는 1층에 필요한 벽량을 요구한다던가, 편심에 따른 구조물의 뒤틀림이나 건축물 강성의 중심(강심)을 반드시 고려해야 하는 등의 기준법상의 보완이 있어야 할 것으로 본다.

한편 일반 건축구조물의 내진설계기준의 강화와 함께, 건축문화재에 대한 명확한 내진대책의 수립을 위한 별도의 노력이 필요하다. 따라서 문화재와 관련하여 추가 지진으로 인한 지속적 피해방지를 위해 문화재의 보수방안 및 지진방재대책에 대해 제언하고자 한다.

(1) 문화재의 지진피해현황에 대한 체계적인 안전관리체계 필요

1) 지진발생으로 인한 문화재의 지진피해현황을 조사하고, 석조 및 목조문화재 각각의 주요부재에 미치는 영향을 파악할 필요가 있다.
2) 지진과 같은 자연재해로 인한 피해뿐만 아니라, 물리적인 훼손으로 인한 문화재피해도 고려하여 각각의 상황에 맞는 유기적, 효율적 안전관리체계가 마련되어야 한다.
3) 객관적인 데이터측정을 통한 과학적 기초자료가 축적되어야 한다.

(2) 문화재의 특성에 맞는 지진방재대책 필요

1) 지진에 대한 문화재의 안전성을 확보하기 위해 관련분야 전문가의 주기적인 조사가 이루어져야 하며, 조사자료를 체계적으로 관리할 수 있는 문화재 유지관리 시스템의 구축이 필요하다.
2) 문화재 내진성능을 개선하기 위해서 문화재의 축조 및 구조형식, 재료적 특성을 고려한 보강방법의 개발이 필요하다.

(3) 지진에 대한 종합적인 문화재 보존관리방안 및 예방적 차원의 기술개발 필요

1) 문화재의 종류 및 형식, 구조 및 재료, 환경특성 등을 고려하여 종합적 보존방안이 제시되어야 하며, 문화재의 안전한 보전을 위한 내진성능평가기준을 마련해야 한다.
2) 재해예측을 통한 위험도분석 및 사전 예방조치방안을 마련하며, 피해발생 후 합리적인 수리시점을 파악하여야 한다.
3) 수리복원 시 문화재 가치를 보전하기 위한 현장실무지침 및 안전관리 매뉴얼 개발이 필요하다.

집필위원 및 집필부문

직책	성명	소속/직급	집필부문
위원장	오상훈	부산대학교 건축공학과 교수	Ⅰ－2 경주지진의 지진파특성 Ⅰ－4 조적조건축물의 피해 및 분석 Ⅱ－2 포항지진의 지진파특성 Ⅱ－6 필로티건축물의 피해 및 분석
간사	최경규	숭실대학교 건축학부 교수	Ⅱ－8 비구조요소의 피해 및 분석
위원	김광희	부산대학교 지질환경과학과 교수	Ⅰ－1 한반도의 지각구조 및 지진발생 메커니즘 Ⅱ－1 경주지진 여진과 포항지진 발생 메커니즘
	김승직	계명대학교 건축공학과 교수	Ⅱ－4 아파트건축물의 피해 및 분석
	김혜원	국립재난안전연구원 지진대책연구실 시설연구관	Ⅰ－3 경주지진 피해규모 및 집계현황 Ⅱ－3 포항지진 피해규모 및 집계현황
	김호수	청주대학교 건축공학과 교수	Ⅰ－6 문화재건축의 피해 및 분석 Ⅱ－7 문화재건축의 피해 및 분석
	이강석	한양대학교 건축학부 교수	Ⅰ－5 철근콘크리트구조의 피해 및 분석 Ⅱ－5 학교건축물의 피해 및 분석
	이승재	한국기술교육대학교 디자인·건축공학부 교수	Ⅱ－4 아파트건축물의 피해 및 분석
	하기주	경일대학교 건축공학과 교수	집필 총괄
	집필진 공동		Ⅱ－9 지진피해 경감을 위한 지진방재대책 수립 방향 제언

경주 · 포항지진 건축물 피해조사

발 행 일	2018. 8. 20 (제1판 발행)
발 행	사단법인 대한건축학회 (www.aik.or.kr)
저 자	경주 · 포항지진 건축물 피해조사 집필위원회
출판/제작	도서출판 공간예술사 신 창 근
주 소	서울시 종로구 사직로 9가길 6 (필운동, 301호)
T E L	(02) 737-1020
F A X	(02) 737-1500
홈페이지	www.spacearts.co.kr
e-mail	spacearts@korea.com
편 집	공간예술사 편집/기획팀
디 자 인	(02) 363-1020
등 록	제 9-315 호
I S B N	89-7799-107-2 93540

정 가	30,000원